畜禽生产新技术丛书

畜牧兽医类专业适用

牛高效生产技术

主　编　何东洋
副主编　林志平
编　者　沈　超　文　风　陈　剑
　　　　蒋蓓蕾

苏州大学出版社

图书在版编目(CIP)数据

牛高效生产技术/何东洋主编. —苏州：苏州大学出版社，2012.9(2015.1 重印)
(畜禽生产新技术丛书)
畜牧兽医类专业适用
ISBN 978-7-5672-0263-4

Ⅰ.①牛… Ⅱ.①何… Ⅲ.①养牛学 Ⅳ.①S823

中国版本图书馆 CIP 数据核字(2012)第 210431 号

书　　名：牛高效生产技术
作　　者：何东洋　主编
责任编辑：陈孝康
策划编辑：管兆宁　施小占
封面设计：吴　钰

出版发行：苏州大学出版社
地　　址：苏州市十梓街 1 号　　**邮编**：215006
网　　址：http://www.sudapress.com
印　　装：江苏淮阴新华印刷厂
地　　址：淮安市淮海北路 44 号　　**邮编**：223001

开　　本：787mm×960mm　1/16　　**印张**：17.5　　**字数**：340 千
版　　次：2012 年 9 月第 1 版
印　　次：2015 年 1 月第 3 次印刷
书　　号：ISBN 978-7-5672-0263-4
定　　价：36.00 元

苏州大学版图书若有印装错误，本社负责调换，服务热线：0512-65225020

《畜禽生产新技术丛书》编委会

总 序

随着社会主义新农村建设的顺利推进以及现代畜牧业的发展，畜禽养殖不仅逐步走上了规模化、标准化和产业化的道路，而且成为了增加农民收入的重要支柱产业之一。但是，畜禽生产中良种普及率的提高不快、科学养殖方法的普及不广、疫病防治制度的落实不够等问题仍然在一定程度上制约着畜牧业的发展。为此，编者结合多年生产和教学实践经验，从实际、实用、实效出发，本着服务农村、服务农民、服务农业的精神编写了这套畜禽生产新技术丛书。

丛书分为《畜禽营养与饲料利用技术》、《牛高效生产技术》、《禽高效生产技术》、《猪高效生产技术》、《动物防疫与检疫技术》、《宠物疾病防治技术》、《畜禽产品加工与贮藏技术》、《畜禽养殖基础》等分册。丛书编写中吸收和采用了本领域的生产新技术，尤其是根据畜禽养殖的实际生产过程并参照国家相关的职业资格标准，重构了学习内容和编排了学习顺序，以期使学习内容和学习过程更加贴近生产实际，以培养学习者科学组织畜禽生产以及解决生产中实际问题的能力。

丛书的编写遵循项目课程教学的要求，总体上采取了模块化的体例结构，以生产任务引入理论知识，通过案例分析讲解知识，指导实践操作。各分册的体例略有不同，大多附有知识目标、技能目标、单元小结和复习思考题等相关栏目，以便于学习者掌握知识重点、实践操作技能并巩固提高。

丛书的编写充分考虑了学习者的知识背景、学习习惯、认知能力。理论知识的阐述简明扼要，深入浅出，技能培养以养殖生产任务为主线，贴近生产，针对性强，在重要的学习环节穿插了必要的图表，图文并茂，具有很强的实用性、科学性和先进性。

丛书可为各类规模养殖场畜牧兽医技术人员、广大养殖专业户提供生产指导，也可作为职业教育畜牧兽医类专业的教学用书，还可以作为职业农民以及大学生村官的专业培训教材使用。

本书的编写得到了诸多生产企业的生产一线技术专家的热情指导和帮助，在此一并表示感谢。

由于编者的水平与能力有限，不足之处在所难免，敬请指正。

丛书编委会

前 言

《牛高效生产技术》一书是根据《国家中长期教育改革和发展规划纲要(2010—2020年)》及教育部《关于全面提高高等职业教育教学质量的若干意见》(教高〔2006〕16号)和《关于进一步深化中等职业教育教学改革的若干意见》(教职成〔2008〕8号)的精神,秉承创业教育与专业教育相结合的理念,参照《家畜饲养工职业资格标准》编写的。

《牛高效生产技术》的编写围绕着牛标准化生产项目的筹备、奶牛品种识别与选育、牛的繁殖、奶牛的饲养管理、挤乳与乳的初步处理、肉牛生产、牛的保健、牛场的经营管理等内容,有利于学生开展基本理论知识的学习以及培养实践能力和生产岗位能力。

教材的编写采取了“阅读与认知”、“体验与实践”、“拓展与延伸”的框架结构。“阅读与认知”主要是与生产技能相关的基本概念、基本知识的学习;“体验与实践”重在培养学习者的生产技能和职业能力;“拓展与延伸”是相关知识或技能的提升和拓宽。教材共设八个项目,由江苏联合职业技术学院淮安生物工程分院何东洋拟定编写提纲,其中项目一、三、四由何东洋编写,项目二由文风(淮阴快鹿牛奶有限公司)、陈剑编写,项目五由林志平(南京卫岗乳业有限公司)编写,项目六由林志平、蒋蓓蕾编写。项目七由沈超、林志平编写,项目八由沈超编写,全书由何东洋、林志平负责统稿。

本教材在编写中参阅了大量有关牛生产的教材、专著与资料,在此一并致谢。本书供职业院校畜牧兽医类专业作为教材使用,也可作为畜牧兽医技术人员、养牛生产者的培训教材或参考书。限于作者的水平,书中的缺点和不足在所难免,敬请广大读者和同行、专家批评指正。

编 者

目 录

项目四 奶牛的饲养管理

项目五 挤奶技术

项目六 肉牛生产

项目七 牛的保健

项目八 牛场的经营管理

项目一

牛标准化生产项目的筹备

任务一　牛场经营方向与经营规模的确定

阅读与认知

筹备牛生产项目时，首先要确定牛场的经营方向。牛场的经营方向主要包括奶牛生产、肉牛生产、种公牛生产三种。目前，我国的种公牛站一般都由国家投资经营，所以，在筹备养牛项目时主要选择奶牛生产或肉牛生产。

牛场的经营规模，就是指奶牛场饲养奶牛的头数或肉牛场每年出栏的肉牛数。要根据市场需求和牛场（或养殖户）自身的经营能力等方面，确定牛场适度的经营规模。要综合考虑土地、人力、物力、财力等资源及交通运输、饲养技术、饲料来源、产品的销售等因素，在充分的市场调研的基础上确定适宜的牛场规模。规模太小，资源得不到充分利用；规模太大，条件跟不上，无法保证生产的正常运行。所以，牛场经营的方向与规模的大小，直接决定牛场的投资效益。

确定牛场经营方向、经营规模，还需要考虑如下因素：一是生产目标和销售目标的一致性，生产计划应为销售计划服务，坚持以销定产，以盈利为目标，以销售额为结果，以生产为手段，全面安排各生产阶段的规模和任务；二是要充分、统筹利用各种生产要素，以最少的生产要素（牛舍、资金、劳力）投入，求得最大的经济效益；三是坚持饲料供给量与牛群饲养量相平衡，使饲料种类及数量与各月份的牛群结构及饲料需要量相平衡，避免季节性饲料不足的现象发生。

一、发展养牛业应具备的基础条件

1. 优良的肉牛和奶牛品种

奶牛的来源很大程度上决定了奶牛场今后的生产水平,因此,可选用专用的奶牛品种;肉牛可选购引进的良种肉牛品种,或是国内的优质黄牛与国外引进的良种肉牛杂交所产生的架子牛。

2. 饲料丰富

牧区牛场应选择牧地广阔,牧草种类多、品质好的场所,牛场附近要有可种植牧草的优质土地,以便种植高产牧草补充天然饲草的不足。农区养牛以舍饲为主,更要有足够的饲料、饲草基地或饲料、饲草来源。若利用草山、草坡放牧,也应有充足的放牧场地及大面积人工草地。尤其是青、粗饲料的供应要充分。要有计划、有步骤地利用土地、荒滩,甚至部分耕地栽种优质牧草、青贮玉米或精饲料。

3. 必要的资金

随着农村经济的发展,资金可以通过自筹、银行信贷等途径加以解决。根据总投资确定合理的固定资产投资比重,要确保牛场有充分的流动资金,防止现金流不足影响到牛场的经营。由于养牛业有定期的收入,流动资金周转快,故还贷的能力较强。

4. 先进的生产技术

主要应掌握牛的饲养管理、育种、繁殖及疾病防治等方面的先进技术。

二、影响牛生产经济效益的因素

1. 饲料费用

饲料费用是牛生产支出中最大的项目,通常占总费用的55% ~65%。因此,必须加强饲料管理工作,要因地制宜,大力开发饲料资源;要科学饲喂、合理搭配饲料。

一般年产奶5000kg的奶牛在舍饲条件下全年(包括干奶期)需精料2000kg,青干草1500kg,青贮料7500kg,块根类料1000kg。2岁青年牛全年需精料1000kg,青干草1500kg,青贮料3700kg,块根类料730kg;1岁育成牛全年需精料730kg,青干草1000kg,青贮料1800kg,块根类料730kg;犊牛(0 ~6月龄)需精料200kg,青干草400kg,青贮料500kg,块根类料200kg。

肉牛在育肥期间每天要喂青干草10kg,补饲精料3 ~5kg。此外,还应考虑食盐及钙、磷等矿物质的供应,并定期考核饲料利用效果,以达到降低饲料成本的目的。

2. 劳动定额与劳动报酬

工资报酬通常占总成本的15% ~20%。为取得良好的经济效益,必须充分调动劳动人员的积极性，提高劳动生产率。并按照不同的工作岗位，规定适当的劳动定额，按劳取酬，多劳多得。劳动定额因机械化、自动化水平和生产设备条件不同而不同。例如，采取手工挤奶的挤奶工，一般每人应管理奶牛 10～12 头。饲养工：每人负责成年母牛 25～30 头，并兼管拉草拌料；每人管理犊牛 20～30 头，要求成活率不低于 95%；每人管理育成牛 30～40 头，日增重达到一定标准，成活率为 99%。在规模化牧场，人均饲养牛头数 15～30 头。

3. 种牛的质量

种牛的质量直接影响产奶量或产肉量。要提高生产率，必须选择适合本地区饲养的优良品种，选择经过后裔鉴定及外貌鉴定的优良种公牛的精液，不断改良牛群。应按照国内统一的鉴定标准，对原牛群进行鉴定，并选出良种母牛群，作为育种的基础群（或称“种子群”），同时要明确牛群所存在的优、缺点。

肉牛生产与架子牛的品种选择，饲料的加工、配合、供应，肉牛的肥育技术，产品的深加工、销售等有密切的关系。因此，必须提高科学的饲养管理水平，改变传统的饲养管理方法。

体验与实践

一、进行市场调查与分析

在实施养牛生产前必须进行市场调查，调查当地人口的总量及饮食习惯、生活水平，牛肉或牛乳及乳制品的品牌及价格等。

通过调查，根据国家有关政策，结合本地区的主、客观条件，制定出一定时期内生产发展的方向、经营目的、生产规模及所要达到的生产目标等。然后对调查中收集到的大量资料，进行认真的分析研究，尤其对生产技术的状况、发展趋向、市场需求、饲料供应、能源条件、销售渠道、价格等进行预测，拟定出一定时期（1 年、5 年或 10 年以上）内的生产规模、经营目标及实施方案等。

二、确定生产规模和生产方向

由于生产规模和方向受多种因素制约，如土地、牛舍数量、饲料资源、筹措资金的额度、劳动力情况及周围环境条件等因素；以及牛群结构、品种、生产性能及饲养管理水平等技术因素。这些因素相互交错，相互影响，因此，必须全面分析这些因素，科学确定生产规模。

1. 根据劳动力确定生产规模

以家庭劳动力为前提的小型养牛场，牛群数量应视一个劳动力能正常饲养的头数来确定。在手工劳作的情况下，一个劳动力的饲养量为20～30头母牛。在实际生产中，往往由于工作安排、生产训练、工作适应、工作效率等原因，实际的劳动消耗时间比预计需要的要多。不同的牛群结构和存栏数，对劳动力和劳动时间的需要也有直接影响，如同样规模的奶牛生产比肉牛生产对劳动时间的需要多；存栏数的多少，也直接关系到生产工序的准备时间；运输饲料、垫草，清除粪便等方面的机械化程度，也会影响劳动时间。专业户养牛和剩余劳动力养牛应依据劳动力状况、技术水平来确定饲养规模和生产方向。

2. 根据生产资料确定规模

生产资料是饲养规模的决定性因素，而其中栏舍数量则属于限制性因素。饲养量直接体现对栏舍的利用率，利用率高，则栏舍成本低。例如，新建肉牛舍$1m^2$造价约300元，每头牛需$6m^2$，计1800元。一年出栏两批肉牛，以折旧费、资金利息、维修费等共为造价的10%计，每头牛的栏位费用为$1800\times10\%\div2=90$元。在栏舍数量确定的情况下，应提高其利用率。广大农村多利用旧房改建牛栏舍，就应该以其最大利用来考虑饲养规模。应在现有生产要素的基础上，确立合理的经营规模，采取科学的饲养管理技术，降低劳动消耗，以提高设施、资金的利用率与周转率，提高经济效益。

3. 根据预期目标确定规模

这是规模化牛场必须采取的方法。养牛企业在生产投资中，大部分采用贷款投资方式，这就必然涉及在一定期限内还贷的问题。在投资总额确定的情况下，必须加强市场调查，做好单位产品利润测算。预期目标必须是具体的，进行预期利润、预期价格、预期成本的计算以确定还贷年限。规模化牛生产虽然投资多，但生产效率高，仍然可以获得高效益。

三、投资经费的概算

1. 肉牛养殖投资经费概算

首先要考虑资金、饲料、销售渠道与市场信息、人员与技术等因素，既要获得一定的规模效益，又要考虑可能存在的风险。通常一个劳动力平均饲养肉牛30～40头，一头肉牛饲养的流动资金为3000～4000元，对为增加家庭收入的一般农户而言，以存栏量为5～20头的饲养规模比较好；对肉牛专业户而言，以存栏量为20～100头比较好；对能雇佣劳动力的专业户或牛场而言，以存栏量为100～500头的饲养规模比较好。

农区、牧区、半农半牧区、丘陵山区、城乡郊区有其各自的生产条件和特点，要充分利用当地的自然资源，降低饲料成本。以下以年出栏1000头肉牛（每4个月一批）的育肥场的投入、土地、建筑、公用工程、设备与流动资金为例对投资经费的概算加以说明。

建筑牛舍1幢，每幢长60m，宽10m(跨度)，可饲养100头肉牛(每头需饲养面积6m^2左右)。计全年每幢出栏300头。

饲料库、附属用房以及氨化池、青贮池、道路、粪场、堆草场、水电等，建造费用为15～20万元。

地磅、铡草机、饲料粉碎机、电动机、变压器、拖拉机、手推车、饲养工具、兽医器械、药品设施用具等，购买费用为5万元左右。

购青年牛和饲料、饲草需30万元。

总计需50万元。

2. 奶牛养殖投资经费概算

以建一个饲养50头奶牛(其中成母牛30头，犊牛20头)的奶牛场为例：

基建投资。建双列式牛舍1幢，长30m，宽12m(如果使用机械化供应饲料，则牛舍宽度需要13～14m)，建筑面积360m^2，附属用房70m^2，运动场1000m^2(每头奶牛需要舍饲面积7m^2左右，运动场为舍饲面积的3倍)，以及青贮池、氨化池等。

购买饲料粉碎机、挤奶用奶桶、运输工具等有关设备。

购成母牛30头，犊牛20头。

饲料费及人工费、水费、电费等。

经费测算与所在地区、设备质量、牛的品种、建筑材料价格等因素有关，一般而言，建一个饲养50头的奶牛场，进入正常运行，投入生产约需要资金50万元。

任务二　牛场场址的选择与规划布局

阅读与认知

牛场场址选择是否合理、牛舍建筑是否符合牛生理要求、总体布局是否有利于生产等，将直接或间接地影响牛生产能力的发挥。

一、牛场场址的选择

应根据国家畜牧业发展规划、城镇建设发展规划、农田基本建设规划和各地区产业化发展建设目标等选择场址。要适应现代养牛业的发展趋势，因地制宜，并根据资金、技术、场地和饲料等资源情况确定养殖规模。场区面积可根据饲养规模、管理方式、饲料贮存和加工条件等来确定。

1. 地势与地形

牛场应选择在地势高，总体平坦（最好北高南低），地势稍有缓坡（1% ~3%，最大25%），地下水位低的地块上，切不可建于低洼处，以免汛期积水及冬季防寒困难。不宜在平原沼泽洼地、丘陵山区的峡谷建场，因为平原沼泽洼地潮湿阴冷，光线不足，空气流通不良，不利于牛的健康和生产潜力的发挥；丘陵山区虽然地势高，但风势较大，气候变化剧烈，易使奶牛乳房和乳头皮肤干裂或受损害，且交通往往不便，易给饲料以及产品运输带来困难。

地形要开阔整齐，避免狭长和多边角形，通常方形有利于场地规划和建筑物布局。要综合考虑当地的气象因素，如最高温度、最低温度、湿度、年降雨量、主风向、风力等因素，着重考虑防暑。

2. 土质

砂壤土最理想，黏土最不适合。砂壤土土质松软，抗压性强，透水性好，雨水、尿液不易积聚，有利于牛舍及运动场的清洁与卫生，有利于防止蹄病的发生。要远离被污染的土壤。

3. 水源

由于牛生产中需水量很大，一头奶牛一天总用水量为250 ~300kg（包括饮水、洗刷牛舍和牛体用水等），所以水资源是建奶牛场优先考虑的因素。因此，必须有充足、清洁、质优、无污染的水源。

凡被工业污染的水，沿海地区的盐碱水，以及被寄生虫、微生物和有毒物质污染的水均不能使用。从水源角度分析，一般井水、泉水等较好，河溪、湖泊和池塘等地表水经过净化处理，达到国家饮水卫生标准后才可使用。

4. 电源、通信

场址所在地要求电源充足，通信方便，这是现代化、规模化牛场生产及对外交流、合作的必备条件。

5. 交通条件及其与居民区等方位的关系

奶牛场周围地区应为无疫病区，牛场与牛场之间要有一定的卫生距离。要远离居民区的垃圾和污水排出处，远离化工厂、屠宰厂、制革厂等。一般离居民区500m以上，离村庄500 ~800m，距主干公路、铁路至少1000m，且周围要有绿化隔离带，以利防疫和环境控制。要避免有家畜在附近放牧。从环保角度考虑，周边若有成片农田，利于粪污物的处理。一般一头奶牛配套2亩农田较适宜。同时要考虑饲料供给、产品运出及工作人员的往来等交通便利因素。

农村若利用旧房舍改建牛舍，或在庭院内新建牛舍，要尽量做到远离人居的房屋，至少不能门窗相对，以防人畜共患病的发生。专业户的牛舍一定要单独建庭院，以利于防疫，便于管理。如果要发展养牛专业村，最好的办法就是建立牛的饲养小区，可采用统一建场、分户饲养的办法，这样有利于科学养牛知识的传授和规模化管理。

二、牛场规划与布局

（一）奶牛场规划应考虑的因素

牛场通常分三个功能区，即生产区（牛舍及饲料贮存、加工、调制建筑物等）、管理区（包括与经营管理有关的建筑物，产品加工、贮存和农副产品加工建筑物以及职工生活、福利建筑物与设施等）、病牛管理区（兽医室、隔离舍等）。规划时应考虑以下内容：

1. 奶牛分群

奶牛按不同的月龄、不同的生理阶段、牛奶产量进行分群，将相同类型的集中在一起，实现分群饲养，而各类牛舍建筑面积、数量，取决于牛群的结构划分与规模。

2. 集中挤奶（挤奶厅）

挤奶厅是奶牛场生产的核心，也是牛奶质量管理的核心，更是技术和投资的核心。所以挤奶厅的设计位置、奶牛行走路线和距离、挤奶停留时间、挤奶设备的规格和选型等，就显得格外重要。根据规模大小，可选用转盘式、鱼骨式和并列式挤奶机械。

3. 应用全预混日粮（TMR）技术

TMR 技术的推广应用，可显著提高奶牛产奶水平，减少饲料浪费，节省劳动力和饲养成本，有利于奶牛保健。奶牛场规划设计时，除了要确定饲料区位置、辅助设施建筑及其面积外，还要结合 TMR 技术应用，制定饲料配制操作工艺及确定饲喂车辆行走路线、牛舍饲喂通道宽度等。TMR 技术应用可防止奶牛挑食，但对饲料的原料质量要求高。

4. 自由卧栏

奶牛自由卧栏可为奶牛提供清洁、舒适的休息环境，提高牛舍利用率，有利于提高牛奶品质，减少乳房炎的发生，有利于夏天防暑降温和冬天防寒措施的落实。奶牛自由卧栏的设计，在满足生产管理要求的同时，尽可能模仿柔软的草地，宽度、长度空间都能满足奶牛自由活动，起立时有充足前冲空间。拴系饲养，卧床长度在 175～180cm，宽度为 110cm。卧床垫料厚度不低于 12cm，垫料的选择注意结合粪污处理方式。

5. 机械化清粪及粪污处理

目前清粪方式多种多样，先进的规模化牧场已经开始使用刮粪机清粪。原则是清粪过程不干扰奶牛休息和采食，清粪要及时。粪污的运送不能污染道路和环境，牧场设计时要考虑粪道、料道分离，粪污处理有减量化处理、资源化处理、生态化处理、无害化处理等方式,如生产沼气、堆肥发酵等方法。从环保方面考虑,牧场设计在注意实行雨污分流、污水进行干湿分离后,干粪可用于生产有机肥,污水经处理后灌溉农田或作为中水回用。

(二) 牛场的分区规划原则

牛场的分区规划应遵循以下原则:一是在满足生产要求的前提下,节约用地,少占或不占耕地;二是要全面考虑粪尿和牧场污水的处理和利用;三是要充分考虑今后的发展,对生产区的规划要留有余地,应从人畜保健的角度出发,以建立最佳生产联系和卫生防疫条件为前提,合理安排各区位置。

(三) 牛场分区规划的具体实施要点

1. 管理区

牛场的经营管理活动与社会经常发生极密切的联系。因此,在规划此区域时应有效利用原有的道路和供电线路,可利用原有的建筑物,充分考虑饲料和其他生产资料的供应、产品销售以及与居民点的联系。

农副产品加工以及牛产品加工是牛场生产经营的组成部分。如加工企业规模较大,应在与牛场保持方便联系的情况下,独立组成生产区。若加工区设在管理区内,须自成单元,场外运输应严格与场内运输分开。

管理区与生产区应加以隔离,外来人员只能在管理区活动,不得进入生产区。

2. 生产区

生产区是牛场的核心。因此,对生产区的规划、布局应给予全面、细致的研究。此外,为减轻运输负荷,饲料地宜配置在生产区周围。

饲料的供应、贮存、加工调制是牛场的重要生产环节,与之有关的建筑物是生产区的重要组成部分。其位置的确定,必须兼顾饲料由场外运入以及再由其中运到牛舍进行分发两个环节。要求既便于饲料运入而又不需外面车辆进入生产区内,同时又要与牛舍保持最快捷而又最方便的联系。与饲料有关的建筑物,原则上应配置在地势较高处,并应保证卫生安全。

牛场对干草与垫草的需要量很大,其堆放位置的确定除应遵守上述原则外,还要考虑防火方面的安全。必须堆放在生产区的下风向,并与其他建筑物保持 60m 的防火间距。如已设置可靠的防火林带,此距离可适当缩短。但奶牛实行散养时,可不受此限制。

家畜粪尿及其他废弃物的堆放、处理和利用,具有极其重要的公共卫生意义。因此,贮粪场的设置既应考虑便于运出以及运至田间施用,同时应保证堆放期间不造成环境的污染和蚊蝇等滋生。根据牛群规模,配套合理的贮粪场容积,粪场不应露天,须加盖防雨棚。

3. 病牛管理区

包括兽医诊疗室、病牛隔离舍等。为防止疫病传播与蔓延,此区应设在生产区的下风向与地势较低处，并与牛舍保持300m的卫生间距。病牛隔离舍应尽可能与外界隔绝，隔离区四周应有天然的或人工的隔离屏障（如界沟、围墙、栅栏或浓密的乔、灌木混合林等），设单独的通路与出入口。处理病、死牛的尸坑或焚尸炉等设施，应距牛舍300～500m。管理区的污水与废弃物应严格控制，防止疫病蔓延和对环境的污染。

三、牛场建筑物的合理布局

为了便于饲养管理，应尽可能缩短运输路线。修建数栋牛舍时，应坐北向南，采用长轴平行配置，以利于采光、通风和保温。当牛舍超过4栋时，可2行并列配置，前后对齐，相距10 m以上。牛舍内应设牛床、工作室、值班室和饲料室。牛舍应有运动场，内设自动饮水槽、凉棚和饲槽等。牛舍四周和道路两旁应绿化、美化；以调节小气候。

饲料调制室应靠近牛舍，饲料库靠近饲料调制室，以便运输。青贮窖、草垛等可设在牛舍附近，以便取用，但必须防止牛舍和运动场的污水渗入窖内。草垛应距离房舍60 m以上。

贮粪场及兽医室要设在牛舍下风向的地势低洼处。兽医室和病牛舍要建筑在牛舍300 m以外的偏僻地方，以避免疾病传播。

场部办公室和职工宿舍应设在牛场大门口和场外地势较高的上风向，以防疫病传染。场部应设门警值班室和消毒池。

任务三　牛场建筑物及卫生设施的设计

阅读与认知

一、牛舍

（一）牛舍的环境要求

牛场气候环境，有别于其他地区的气候，称为“小气候”。影响小气候的因素主要是气温、空气湿度、气流速度、光照、灰尘以及有害气体等。

1. 温度

牛借助于产热和散热进行体温调节，保持最适的体温范围以适应外界环境的变化。在牛的代谢作用与体热产生处于最低限度时，这个温度范围称为“等热区”。奶牛的等热区为10℃～16℃。奶牛舍内最适宜的温度如表1-1所示。

表1-1 奶牛舍内的适宜温度

	成母牛舍	犊牛舍	产房	哺乳犊牛舍
最适宜温度/℃	9~17	6~8	15	12~15
最低温度/℃	2~6	4	10~12	3~6
最高温度/℃	25~27	25~27	25~27	25~27

2. 湿度

空气湿度对奶牛的影响，主要是牛体的蒸发散热。一般湿度愈大，对体温调节的影响越大。在高温或低温时，湿度升高对产奶量的影响主要是通过影响机体热调节造成的。高温、高湿的环境会影响牛体表水分的蒸发，从而使牛体热不易散发，导致体温升高。低温、高湿的环境又会使牛体散发热量过多，引起体温下降。空气湿度在55%~85%时，对牛体的直接影响不太显著，但高于90%则对奶牛危害较大。所以，奶牛舍内的空气湿度以不超过85%为宜。

3. 气流

气流的主要作用是对流散热。对流散热是借助牛体周围气流的流动来实现的。在一定范围内，对流速度越快，牛体散热越多。在高温或低温情况下，风速对产奶量的影响非常明显。

4. 有害气体

规模化养牛生产中，牛舍内有害气体主要来自呼吸、排泄和生产中的有机物分解。主要为NH_3、CO_2和H_2S等。NH_3的浓度达到50g/m^{3}时，对奶牛生产性能有影响。奶牛舍内H_2S浓度最大允许量不应超过10g/m^3，一氧化碳浓度应低于0.8g/m^3。H_2S和一氧化碳浓度过高对奶牛有较大危害，同时也影响人的健康。CO_2虽然不会引起奶牛中毒，但CO_2浓度表明了牛舍空气的污浊程度，对牛舍空气质量的卫生评定具有重要意义。

5. 光照

牛舍一般为自然采光，分直射光和散射光两种。夏季应避免直射光，以防增加舍温，冬季为保持牛床干燥，应使直射光射到牛床。进入牛舍的光受屋顶、墙壁、门、窗玻璃等影响，强度远比舍外低。

6. 灰尘

牛舍内的灰尘来源于空气的带入、刷拭牛体、清扫地面、抖动饲料等。灰尘落入牛奶中影响卫生；落在皮肤上与皮肤分泌物、皮屑、毛等混在一起黏在皮肤上使其发痒，牛只骚动不安；若灰尘中混有病原微生物，还会使皮肤发炎，严重时溃烂；灰尘落入眼内会发生结膜炎，严重时导致失明；灰尘被吸入呼吸道则引起肺炎等呼吸道疾病。虽然舍内灰尘难免，但要控制在最低程度。

7. 微生物

牛舍内微生物的含量与灰尘的含量有直接关系。灰尘多,微生物也多。在通风换气不良、饲养密度大的牛舍内常易发生传染病,故应尽量减少灰尘的产生。

8. 噪声

据报道,噪声超过 110 ~ 115dB 时,牛奶产量下降 10%,个别会更加严重,同时还会引起早产、流产。奶牛能忍受的噪声极限,尚无资料可查,一般参考人的标准为 85dB。

(二) 牛舍建筑形式

我国大部分地区地处温带,冬季不太寒冷,而夏、秋季节炎热高温,且持续时间较长,在建奶牛舍时应以防暑为主,兼顾防寒。采用简易开放式牛舍较为合适,冬季气温较寒冷的地区可建半开放式奶牛舍,即三面有墙,南面敞开,夏季北窗开放,以加强南北气流交换,起到良好的防暑降温作用;冬季把北窗封闭,南立柱间挂上塑料布,以起到保温作用。

为节省奶牛舍的建设费用,要因地制宜,就地取材,在满足奶牛对环境条件的要求的前提下,设计越简易越好。可推广敞棚开放式奶牛舍,这种牛舍造价低,饲养管理操作方便。这种牛舍为双列对头式,中间建一条宽 3 ~ 4m 的料道,料道两边为两条宽 25 ~ 30cm 的食槽沟,两食槽沟外是长 1.8 ~ 2.0m 的牛床,牛床是坡度为 1.5% 的粗糙水泥地面,每头奶牛占牛床的宽度为 1.2 ~ 1.4m,牛床之外就是奶牛运动场。牛床与运动场之间设立一条宽 30cm 的尿沟。为使下雨天饲养人员和喂料不被雨淋,敞棚宽度以能遮住料道和牛床为宜。

二、运动场

运动场的主要作用是供奶牛自由运动和休息,保持奶牛常年自由运动,可有效提高奶牛的身体素质、消化机能并提高产奶能力。据测定,长期自由活动的奶牛采食量要比拴养的奶牛提高 4% ~ 6%,而产奶量相应提高 5% ~ 8%。

(一) 运动场的位置

舍外运动场应选在背风向阳、地形开阔的地方。可在两栋牛舍之间或牛舍两侧分别设置。如受地形限制,可在场内比较开阔的地方单独设置运动场。

运动场的地面不宜为凉、硬的水泥地和砖铺地,以防止奶牛患蹄叶病、关节肿大等疾病。最好先用碎石或煤渣打基础,以切断地下水的毛细管作用,在碎石上用三合土砸实,三合土上再铺 10 ~ 15cm 厚的干沙土等。

(二) 运动场的面积及建筑要求

1. 面积

运动场的面积要根据牛的饲养头数来决定。成年奶牛:$20m^2$/头;青年牛:$15m^2$/头;

带犊母牛：12～15m²/头；种公牛：30m²/头；2～6月龄犊牛：4～7m²/头；后备牛：5m²/头。在封闭舍内饲养育肥牛，一般不设运动场。

2. 建筑要求

运动场要中间稍高，四周略低，以便于排水，场内设自由饮水槽。四周要架设栏杆，栏杆一般是上、下两条横杆，栏杆高1～1.2m。每个运动场还要设立出入栏门，门宽1m左右。在两侧及南侧，应设遮阴棚或种植树木，以利防晒遮阴。运动场围栏外设排水沟。

三、饲料贮存设施

(一) 青贮窖

青贮料是牛场使用量最大的粗饲料品种之一。青贮窖设计是否合理会直接影响青贮的数量和质量。

1. 选择建窖位置

首要是临近场区外道路，便于运输储备；从防疫角度讲，切忌运输饲料车辆穿行于生产区和奶牛舍；从使用角度讲，青贮窖与干草棚、精料库紧密相连，并应靠近生产区，缩短运料距离；选择地势高、地下水位低、排水良好、地面干燥、土质坚硬的地方建窖。

2. 确定建窖形式

青贮窖有地上式、半地上式、地下式和塔式等。半地下、地下式可减少建设投资，但防雨效果差。塔式青贮窖防雨效果好，适用于小规模牛场，但不方便机械化操作。现代规模化奶牛场由于青贮数量大，青贮建筑多采用地上建筑形式，以利于排水和大型机械作业。建筑一般为长方形槽状，三面为墙体，一面敞开，数个青贮窖连体。

3. 计算青贮窖建筑面积

青贮窖建筑面积应根据年需要量来确定。北方一般一年一次收获期，故青贮储备量应不小于13个月（青贮饲料经过一个月左右的时间发酵才能使用）。南方一年可收获二季，青贮储备量应不少于8个月。牛为青贮饲料贮备量一般按混合群奶牛平均每头每年6～7t计算。

根据青贮储备年度计划数量，设计青贮窖建筑面积和规格数量。青贮堆放高度一般为3.5～4m，因为青贮堆得高，可以减少青贮顶部霉变损失，但过高又不利于使用。有了堆放高度就可计算青贮窖建筑面积。例如，1000头牛场年青贮量为7000t，以青贮1m³为600～800kg（平均700kg/m²）计算，总体积为10000m²，如堆放高度为4m，建筑面积为2500m²，相当于5个50m（长）、10m（宽）、4m（高）的青贮窖。南方地区的奶牛场每年可进行夏、秋两季青贮，青贮窖面积可按70%设计。

4. 青贮窖的长、宽、高度的设计

设计青贮窖时，宽度是考虑的重点，规模较小的牧场若青贮窖建得较宽，则每次开窖，青贮料暴露时间过长，易造成二次饲料发酵甚至霉变，不仅影响营养价值，还影响奶牛健康和牛奶产量；规模大的奶牛场若青贮窖较窄，不仅建筑造价升高，而且不利于饲喂设备在窖内操作，特别是在田间直接收割粉碎的青贮方式，运输车辆无法在窖内转弯，影响工作效率。

青贮窖的宽度主要取决于牛群规模和每天平均喂量，窖的取料长度以每天大于0.5m为好。若每天取料长度为1m，则1000头奶牛需要青贮窖的宽度为：1000头×20kg/头÷700kg/m^3÷4m（窖高）÷1m（长度）=7.2m，所以1000头规模奶牛场青贮窖宽度为8～10m较合适。过宽的青贮窖在储备时会影响封窖速度，进而影响青贮质量，饲养规模大的牧场，一般以15～20m为宜（图1-1）。

青贮窖高度一般不超过4 m，太高致使用拖拉机压实有困难，取用不方便。青贮窖的长度主要取决于场地大小，同时要考虑窖的宽度和TMR搅拌机运行方式（固定、牵引式）。若是牵引式TMR搅拌车，可到窖内取青贮料，窖可以设计长些；若是固定式TMR搅拌机，窖太长则影响青贮转运效率。

5. 青贮窖的墙体设计

青贮窖墙体为钢筋混凝土或毛石结构。考虑到墙体承受的压力，不推荐使用砖混结构。墙面要求平整光滑、耐酸腐蚀，墙体气密性要好。墙体上窄下宽呈梯形，有利于青饲储备时的碾压，当青贮下沉时有利于压得更加严实。墙体不必过高，一般3m高左右即可，青贮堆放时高度要求高于墙体，一般达到3.5～4m。窖的地面比场地高20cm，设排水沟，并向窖的开口有一定的坡度，以利于排水。青贮窖的排水要进行特殊设计，使青贮期间的汁液等废水排入污水沟，雨水排入雨水系统，避免造成环境污染。

6. 青贮窖排水设计

青贮窖窖口地面要高于外面地面10cm，以防止雨水向窖内倒灌；窖内从里向窖口做0.5%～1%坡度，便于窖内挤压液体排出，同时也起到防雨水倒流浸泡；青贮窖口要有集水井，通过地下管道将收集的雨水等排出场区，防止窖内液体和雨水任意排放。如青贮窖体较长，集水井可设在青贮窖中央，然后由窖口和窖内端头向中央集水井放坡，坡度为0.5%～1%，中央的集水井通过地下管道连通，然后集中排出。

7. 供电设计

现场制作青贮，使用青料切碎机加工青料，需要动力电源，要根据青贮储备计划、年度储备总量、制作加工时间限制、每大收储数量、设备每小时加工能力和设备投入数量、设备耗电情况设计用电计划。供电采用地下电缆，连接配电柜，配电柜应设在青贮窖口靠近墙体的位置。

8. 青贮制作技术要求

首先是适时收割；其次是“切碎、快储、压实、封严”。

青料的收贮主要有两种方式,一是秸秆运到现场制作,二是采用收割机切碎后运到青贮窖。规模化牛场青贮窖的储备量很大,完全靠现场制作有一定局限性,所以要考虑采用收割机方式,在田间将秸秆切碎,用翻斗车将切碎的原料运到青贮窖,或现场制作和收割机收割两种方式共同使用。

实践证明,优质青贮特别是全株玉米青贮,是提高奶牛产奶量的关键,青料的收储工作是奶牛饲料筹备工作中非常重要的环节。

（二）干草库

干草是奶牛重要的粗饲料,特别是苜蓿干草营养价值较高,所以干草库的设计既要防雨又要考虑通风,确保库存干草的品质(图1-2)。

图1-1　青贮窖

图1-2　干草库

1. 干草库的面积

干草库的面积与牛群规模、日平均喂量、储存量、堆垛高度及草捆密度有关。按混合牛群每头日均干草喂量4kg、每立方草捆重300kg、平均堆垛高度5m、通道及通风间隙占20%,储存量按180d计算,则1000头规模的奶牛场干草库面积 = (1000头 × 4kg/头 · d^{-1} × 180d) ÷ 300kg/m^3 ÷ 5m ÷ 80% = 6000m^2。

2. 建筑设计

一般设计为轻钢结构,檐高5～6m,墙体下部为50cm砖混墙体,之上为单层彩钢瓦,上下均留有通风口。地面为混凝土,比周围场地高20cm。

大型牧场干草库不要设计成一栋或连体式,干草库之间要有适当的防火间隔,配置消防栓和消防器材,维修间、设备库、加油站要与干草库保持安全的防火间距。

（三）精料库

奶牛精料补充料是奶牛日粮的重要组成部分,占泌乳牛日粮干物质50%左右,直接关系到产奶量和牛奶质量。

1. 精料库面积

精料库的面积与牛群规模、日平均喂量、储存时间、码堆高度有关。一个1000头的奶牛场，混合群日平均每头精料喂量为7kg，库存满足两个月饲喂量，平均堆放高度2m，通道和垛间通风间隙约20%，则精料库面积＝（1000头×7kg/（头·d）×60d）÷600kg/m^3÷2m÷80%＝437.5m^2，精料加工机组占地面积100m^2，配合好的精料使用成品仓，整个精料库面积600m^2即可满足需要。

2. 建筑设计

一般设计为轻钢结构，檐高5～6m，墙体下部为50cm砖混结构，之上为单层彩钢瓦，上下均留有通风口。地面为混凝土，比周围场地高20cm。

3. 精料库内部设计

如在当地购买散装玉米等原料，则需要设计2.5m高隔墙将原料库隔成几个区，存放袋装原料的区域全部为通仓，只需要把地面硬化即可。

特大型牧场需专门设计饲料加工车间，玉米等粒状谷物原料可使用立筒仓，如玉米使用立筒仓存放，则原料库面积可适当缩小。

（四）饲养方式和饲喂工艺对饲料区设计要求

1. 散栏式饲养

目前国内外现代化奶牛场均采用散栏式饲养方式。散栏式饲养是将奶牛采食、休息、挤奶和运动区域分开，与传统拴系饲养相比更加符合奶牛的习性和生理需要，奶牛能够全天候自由采食、自由运动，便于实行机械化饲喂，提高劳动生产率。

2. 饲喂方式

与拴系饲养各种饲料分道饲喂不同，散栏式饲养工艺可完全实现TMR机械饲喂。饲料区设计时要考虑TMR搅拌车的转弯半径、车的高度（精料和干草库门高度要合适），要给TMR配制留有足够的操作空间。

3. 喂料设备的选择

TMR搅拌车有自走式、固定式和牵引式三种。自走式喂料车可自行取料，进退灵活，运行效率高，配料操作所需场地面积小，但设备一次性投入大；固定式喂料车需要设计TMR配料区，同时需配备发料车、铲车，运行成本高；牵引式喂料车可分别到干草库、精料库和青贮窖取料，机动性较好，目前在规模化奶牛场中使用较普遍，但需要设计好道路的转弯半径，保证TMR喂料车运行通畅。

为了防疫需要，饲料区有独立对外的大门，门口设消毒池，外来运输饲料的车辆进入饲料区必须经过消毒池，而且限定在干草库、精料库等指定区域进行卸料作业；内部配送车辆（TMR喂料车）在场区内封闭运行，饲料区员工经过统一的消毒更衣室进入饲料区。

4. 饲料区配套设施

饲料区的配套设施主要有地磅、机修间、设备库和加油站。

选择地磅时不仅要注意量程（最大称重），同时要选好台面的长度，大型牧场应选择量程100t、台面长度18m的地磅。

机修间经常使用电焊、切割等产生火花的工具，要和干草库保持足够的防火距离。

设备库主要用于放置拖拉机、喂料车、装载机和青贮收获设备。南方地区的设备库要能防雨；北方寒冷地区的还要采取保温措施，以保证冬季喂料车正常运行。

大型牧场每天要消耗很多柴油，需要建加油站；中小牧场在设备间储存柴油桶即可。

四、场内道路的设置

场内道路要求直而短，以保证生产顺利进行。

路面材料可为柏油、混凝土、砖、石或焦渣，路面应不透水，向一侧或两侧有1%～3%的坡度。

道路宽度根据用途和车宽决定，通行载重汽车并与场外相连的道路需3.5～7m；场内的小型车、手推车道路需1.5～5m。但须考虑回车道、回车半径及转弯半径。

道路两侧应植树，设排水沟。

清洁道（运送饲料、产品和用于生产联系的道路）和污染道（运送粪污、病畜、死畜的道路），不得混用或交叉，以保证卫生防疫安全。

管理区和隔离区分别设与场外相通的道路。

场区内部通过环形道路将各个牛舍饲料道串联起来，以保证喂料车运行通畅快捷，提高饲料配送效率。如果牛舍粪污都是通过地下管渠输送，整个场区都是净道，就不存在净道和污道分开的问题，喂料车运行更加方便。

五、牛场的公共卫生设施

（一）卫生防疫设施

为保证牛场防疫安全，避免一切可能的污染和干扰，牛场四周建较高的围墙和坚固的防疫沟，在各区域间及入口处也应设置卫生防疫设施。

（1）牛围墙内侧挖沟深1.7～2.0m、宽1.3～1.5m，用砖、石头砌沟壁，内表面光滑且不透水，水深1m左右。

（2）场内各区域间，设较小的防疫沟或围墙，或种植隔离林带。

（3）在牧场大门入口处，应有消毒设施。

车辆消毒池：深15～20cm，宽3m，池内有碱性消毒液，先用水冲刷车体，车辆过池时车轮受碱液浸泡消毒。

工作人员消毒通道：行道式消毒通道，仅对鞋子进行消毒；巷道式消毒通道，设有紫外线灯和消毒池，能达到双重消毒效果；封闭式消毒通道，有专用的消毒室，拥有洗澡、更衣、换鞋、气雾消毒、紫外线消毒和消毒液浸泡消毒等设备，消毒效果彻底。

（二）排水设施

场区排水设施的作用是排除雨水、雪水，保持场地干燥卫生。为减少投资，一般可在道路一侧或两侧设明沟排水，沟壁、沟底可砌砖、石，也可将土夯实做成梯形或三角形断面。排水沟最深处不应超过30cm，沟底应有1% ~2%的坡度，上口宽30 ~60cm。

有条件时，也可设暗沟排水（地下水沟用砖、石砌筑或用水泥管），但不宜与舍内排水系统的管沟通用，以防泥沙淤塞影响舍内排污，并防止雨季污水池满溢，污染周围环境。

（三）贮粪池

设在生产区的下风向，与牛舍保持100m以上的卫生间距（有围墙及防护设备时，可缩小为50m），并便于运往农田。贮粪池长30 ~50m，宽9 ~10m，深1m。每头牛所需贮粪池的面积为2.5m^2。

（四）牧场绿化

1. 绿化的意义

牧场绿化可净化空气。绿色植物通过光合作用吸收CO_2，放出氧气；能吸收大量有害气体；能吸收、过滤和阻止放射性物质的传播；绿化是良好的天然吸尘器，对灰尘、粉尘有明显的阻止、过滤和吸附作用；能分泌抗生素，杀死结核、霍乱、红痢、伤寒等病原菌并净化水源。

场区绿化是良好的“天然消音器”，可减少噪音对牛场的污染，还具有改善场区小气候，防疫、防火等作用。

2. 绿化的类型

包括防风林、隔离林、行道绿化、遮阳绿化、绿地等。

防风林应设在冬季上风向，沿围墙内外设置。最好是落叶树和常绿树搭配，高、矮树搭配，植树密度可稍大些，乔木行株距可2 ~3m，灌木绿篱行距可1 ~2m，乔木应棋盘式种植，一般种植3 ~5行。

隔离林设在各场区之间及围墙内外，夏季上风向的隔离林，应选择树干高、树冠大的乔木（北京杨、柳、榆树），行株距应稍大些，一般植1 ~3行。

行道绿化指道路两旁和排水沟边的绿化，起路面遮阳和排水沟护坡作用。靠路面可植侧柏、冬青等作为绿篱，其外再植乔木。也可在路两侧埋杆搭架，种植藤蔓植物，使上空3 ~4m处形成水平绿化。

遮阳绿化一般设于牛舍南侧和西侧，或设于运动场周围和中央，起到为牛舍墙、屋顶、门窗或运动场遮阳的作用。

遮阳绿化一般应选择树干高而树冠大的落叶乔木（北京杨、加拿大杨、辽杨、槐、枫等树种），以防夏季阻碍通风和冬季遮挡阳光。遮阳绿化也可以搭架种植藤蔓植物。

空地绿化是指牧场内裸露地面的绿化，可植树、种花、种草，也可种植有饲用价值或经济价值的植物，如苜蓿、草坪、果树等。

拓展与延伸

一、牧场粪污处理方法与途径

在做好奶牛生产工作的同时，必须注重对环境的保护，尤其是牧场产生的牛粪、污水等。如果不注意处理方式，很容易污染周边环境，严重的会造成河流污染，与周边居民产生矛盾。所以，牧场必须高度重视环保，在经济条件许可的情况下，借助科技手段，尽力做好此项工作。

(1) 牧场在选址时应尽量考虑周边环境，最好远离村庄、河流，附近有大片农田，用于承载粪污。最理想的牧场规模是，每头牛配套2亩以上的农田。

(2) 牧场可以实行干清粪处理系统。将干清粪集中到贮粪池，贮粪池上方必须建有阳光棚顶，这样既利于光照蒸发，又可防止雨淋。

(3) 新建牧场要考虑设计雨污分流系统。牧场牛舍屋檐有接水槽，屋面雨水接入雨水沟；牛舍内部设计专有的污水通道，牛尿液等污水汇集到污水处理池，以便集中处理。

(4) 污水可以用于制作沼气发电，干清粪可以用于堆肥，规模牧场可以生产有机肥，产生较好的经济效益。

二、牧场污水处理技术路线

1. 雨污分离

雨水经雨水沟排出场外水渠；污水经收集进入污水管道。

2. 干湿分离

由污水管道排入沉淀池的污水利用干湿分离机进行分离，分离后的渣滓进有机肥厂生产有机肥，粪水进入调匀池。

3. 厌氧处理

调匀池的污水经管道进入厌氧池进行生物处理后可有效减少化学需氧量、氨氮的含量。

4. 好氧处理

经厌氧处理后的污水流入好氧池经好氧菌处理后，再流入二沉池。

5. 二沉池

水质沉淀，污泥回用。

6. 过滤池

采用吸附矿石对水质进行过滤。

7. 生态塘

由二沉池排出的水经管道排入生态塘再进行水生植物净化，生态塘采用“S”流。

8. 消毒池

由生态塘排入的水经消毒池消毒后抽进储水池。

9. 储水池

80% 的处理后废水作为中水用于冲洗牛舍、夏季牛房喷淋等，20% 的处理后废水用于农田灌溉。

任务四　牛饲料加工与供应

阅读与认知

一、牛的消化特点

奶牛消化系统构造与肉用牛和役用牛完全相同，消化特点上也有相似之处，但在营养需要方面有很大的区别。

（一）胃的组成

牛的胃由“四个胃”组成，分别是瘤胃（俗称“草胃”）、网胃（俗称“蜂巢胃”）、瓣胃（俗称“百叶胃”）和真胃（又称“皱胃”）。

牛的胃不仅能消化大量的粗饲料，还能产生单胃动物所不能产生的氨基酸和多种维生素，因此，牛的饲养方法有别于其他单胃动物。

牛四个胃的总容积和机能与奶牛品种、年龄和饲养管理方式有着密切的关系。初生犊牛瘤胃和网胃发育不完全，容积也只有成年牛真胃的 1/2 左右，还未能建立起微生物体系。犊牛所吃下的牛奶直接通过食道沟进入真胃和小肠内进行消化吸收。随着犊牛年龄的增长，瘤胃和网胃迅速发育。当犊牛 3 月龄时，瘤胃和网胃的容积比初生时增长了约 10 倍，此时，瘤胃黏膜乳头也随之增长、变硬，并建立起较为完善的微生物体系，具备消化饲料粗纤维的能力。根据犊牛消化器官的发育规律与特点，犊牛出生后 20 ~ 30d 可训练吃粗饲料，以促使瘤胃和网胃健康地发育。

（二）反刍

牛在摄食时，饲料一般未经充分咀嚼，就匆匆吞咽进入瘤胃，通常在休息时饲料又返回到口腔再仔细地咀嚼，这种独特的消化活动，称为反刍。反刍可分四个阶段，即逆呕（食物自胃返回口腔的过程）、再咀嚼、再混合唾液和再吞咽到瘤胃。然后由瘤胃中微生物进行分解消化，再依次进入网胃、瓣胃、真胃进行消化。一般饲喂后经0.5～1.0h开始出现反刍。每一次反刍的持续时间平均为40～50min，然后间歇一段时间再开始第二次反刍。

牛每天反刍的时间累计起来有6～8h。犊牛出生后，逐渐开始采食草料，到3～6周龄时，瘤胃内开始出现正常的微生物活动并逐渐开始反刍，随着瘤胃内微生物的生长发育，到3～4月龄时开始正常反刍，6月龄时基本建立完全的复胃消化功能。牛在一昼夜中采食、休息和反刍约各占1/3的时间。

（三）唾液分泌

牛的唾液分泌量较大，每日每头牛的唾液分泌量为100～200L。唾液分泌有助于消化饲料和形成食团；唾液中含有碳酸盐和磷酸盐等缓冲物质和尿素等，对维持瘤胃内环境和内源性氮的重新利用起着重要作用。唾液的分泌量和各种成分含量受牛采食行为、饲料的物理性状和水分含量、饲粮适口性等因素影响。

（四）瘤胃发酵及嗳气

瘤胃中寄居着大量的细菌和原虫，不断发酵瘤胃中的饲料营养物质，产生挥发性脂肪酸及气体（如CO_2、CH_4、H_2S、NH_3等）。这些气体只有通过不断地嗳气排出体外，才能预防臌气。牛在饲喂后0.5～2h期间是其产气高峰期。当牛采食大量带有露水的豆科牧草和富含淀粉的根茎类饲料（如甘薯）时，瘤胃发酵作用急剧上升，如所产生的气体来不及嗳出，就会出现“臌气”。此时若不及时机械放气和灌药止酵，就会使牛窒息死亡。

二、奶牛饲料类型与营养特点

用做奶牛饲料的动植物原料虽有上百种，但要将其合理搭配并不是一件容易的事，搭配不合理，不仅给奶牛带来健康危害，而且影响奶牛繁殖和产奶潜力的正常发挥，缩短产奶寿命，以致减弱或丧失产奶和生殖能力。

（一）奶牛饲料类型

奶牛饲料归纳起来有四大类：

粗饲料类：包括干草、秸秆和牧草等。

精饲料类:包括玉米、麸糠、饼粕、动物下脚料、矿物质和维生素。

青绿多汁饲料类:包括鲜牧草、瓜果、蔬菜等。

填充料类:包括豆腐渣、糖渣、粉渣、酱渣和酒糟等。

这四大类饲料缺少任何一类都会给奶牛带来营养缺乏症(称为营养代谢病)。

(二) 奶牛营养特点

1. 蛋白质

蛋白质是构成奶牛机体和维持生命的物质基础,是奶牛生长发育、繁殖后代和产奶不可缺少的主要营养物质。蛋白质是形成奶的主要原料,必须在饲料中合理地供给。含蛋白质较丰富的常用奶牛饲料有:饼粕、鱼粉和优质牧草等。

奶牛若缺乏蛋白质饲料,则产奶量下降,出现贫血、水肿,抗病力减弱,逐渐消瘦;犊牛则生长发育受阻,甚至形成僵牛。

饲料中蛋白质含量过多,轻者造成蛋白质浪费,重者增加了肝脏和肾脏的负担,使肝、肾功能衰退。短时间内饲喂过多的蛋白质,虽有超常挖掘产奶量的功效,但会明显缩短正常产奶期和产奶寿命。因此,生产中要根据奶牛不同产奶阶段科学提供蛋白质营养,提高奶牛对蛋白质饲料的利用率,降低生产成本。

牛能够利用非蛋白氮(NPN)。牛的瘤胃中有大量的微生物,可以利用 NPN 合成菌体蛋白。在牛饲料中均匀加入一定浓度的非蛋白氮,可以代替部分蛋白质饲料。

2. 糖类

糖类又称碳水化合物,包括单糖、寡糖和多糖。糖在牛的消化道中分解为挥发性脂肪酸(VFA),主要包括乙酸、丙酸和丁酸。VFA 是机体作为能源、合成体脂、乳脂肪和乳糖的原料。

牛能将粗饲料转化为奶、肉产品,适度利用粗饲料,既可降低饲料成本,提高奶的品质,而且有益于牛的健康。在牛的饲料中应有占日粮干物质40% ~70% 比例的粗饲料。

3. 矿物质

矿物质是构成奶牛体组织细胞的主要成分,特别是形成骨骼的主要原料。缺乏矿物质钙、磷、铁、铜、碘和钴等,会使奶牛出现营养代谢病。例如,钙缺乏能使奶牛瘫痪、胎衣不下和患软骨病等;铁、铜、钴缺乏,奶牛造血功能下降,发生贫血症;缺乏钠、氯和钾,机体水的代谢受阻,降低奶牛饮水量,导致产奶量降低,使奶牛体细胞渗透压遭到破坏;缺乏锰、锌和硒,奶牛的生育能力降低,空怀率和死胎率提高,同时采食量下降,生长发育不良,皮肤受损。

4. 维生素

维生素是调节与控制营养代谢、维持正常生理机能必需的营养物质之一。牛体虽然需要量极少，生理作用却很大。缺乏任何一种维生素都可能引起新陈代谢的紊乱，抗病力和繁殖力下降，严重缺乏可能导致死亡。

维生素种类很多，按其溶解特性，可分为水溶性维生素和脂溶性维生素两大类。水溶性维生素有维生素 B 族和维生素 C；脂溶性维生素有维生素 A、维生素 D、维生素 E 和维生素 K。

成年牛自身可以合成维生素 B 族、维生素 C 和维生素 K，其他维生素则须从饲料中不断得到补充。

奶牛最容易缺乏的是维生素 A、维生素 D 和维生素 E。

维生素 A 具有多种生理功能。缺乏时，奶牛可能会发生多种疾病，表现在眼结膜、呼吸道、消化道和生殖道上，如眼干燥症、夜盲症或失明、神经失调，以及皮肤发生角质化、萎缩，严重的出现痉挛和麻痹。

缺乏维生素 D 易引起钙、磷代谢失调，成年牛出现溶骨症，怀孕母牛出现产后瘫痪，犊牛发生佝偻病。

缺乏维生素 E 时母牛繁殖能力降低，发情不正常或久配不孕，或产后胎衣不下等。

5. 水

水是体液的主要成分。水既是一种溶剂，又是一种滑润剂。牛体的温度调节、关节活动、食物的吞咽、血液正常渗透压的维持都离不开水。奶牛缺乏水会危害健康，影响产奶量。据测定，奶牛每产 1kg 奶需要水 4～5kg。如体内水分减少 8%，奶牛就会出现严重的干渴，表现为食欲丧失，消化机能下降，抗病力减弱。如果长期处于缺水状态，产奶量急剧下降。

牛的水分供给主要有三种途径：一是饮水，二是饲料中所含的水，三是奶牛体内的代谢所产生的水。供给奶牛饮用水要注意清洁卫生，严防饮用含有毒、有害物质以及被病原微生物污染的或有异味、恶臭的水。最好饮未被污染的井水、自来水或江河水。奶牛是所有饲养畜禽中需水量最多的一种动物。其饮水量与产奶量成正比，即产奶量越高，奶牛饮水量越多。奶牛饮水量多少与气温和饲料中含盐量有关，气温越高，需水量越多。据测试，当气温由 18℃升到 35℃时，奶牛采食量减少近 50%，而饮水量却相应增加 1.5 倍。采食量与水也有密切关系。据测定，奶牛每采食 1kg 饲料，须饮水 3～4kg。

体验与实践

一、青贮饲料制作技术

(一) 青贮原理

青贮饲料是指将用于青贮的饲草封闭于厌氧环境,致好氧菌不能生存繁殖,厌氧的乳酸菌不断繁殖,当乳酸菌繁殖到一定数量,所产生的乳酸达到一定浓度后,乳酸菌本身也被乳酸所杀死,此时封闭的饲草处于无菌状态,青贮饲料在无菌状况下得以长期贮存而不腐败变质。这个过程约需一个月。

(二) 青贮饲料的原料要求

用于制作青贮饲料的原料必须有一定的含糖量。含糖量越高,青贮越容易成功,青贮料的品质也越好。依此将青贮的原料分为两类:一类是适合青贮的原料,如玉米秸、高粱秸、禾本科牧草、地瓜蔓、花生蔓,这类饲草含糖类较多,可单独青贮;另一类是不宜单独青贮的原料,如南瓜蔓、苜蓿、三叶草、草木樨、西瓜蔓、大豆秸、豌豆秸、紫云英等,因含糖类少,单独青贮不容易成功,可与其他禾本科类秸秆原料混合或添加糖类后青贮。

青贮饲料对原料含水量有一定的要求,含水量过高或过低都会影响青贮的发酵过程和青贮饲料的品质。如原料水分过低,青贮时难以压实、压紧,窖内留有较多的空气,造成好气菌(如霉菌)的大量繁殖,使青贮饲料发霉变质;如原料水分过高,虽容易压实,但容易结块,使酪酸菌过度繁殖,也会影响青贮饲料的质量。因此,青贮原料的含水量以70% ~75%为宜。为取得较好的青贮效果,也可以适当添加青贮专用微生物制剂。

(三) 青贮步骤与方法

用于青贮的原料要适时收割,如玉米秸应在乳熟期至蜡熟期收割,即玉米穗已成熟而茎叶尚青绿时收割;禾本科牧草在抽穗期收割;豆科牧草在初花期或盛花期收割;地瓜蔓在霜前收割;野草、野菜在生长旺季收割。适时收割可获得较高的营养物质含量,青贮饲料质量也比较好。

青贮原料收割后应立即运至贮藏地,用铡草机铡短。粗硬的原料铡得越短越好,细软原料可稍长些。铡短的原料含水量控制在70% ~75%,水分过低在装窖时应适当喷水,含水量过高应在铡前适当晾干,以利于乳酸菌发酵。在装窖之前应在窖底先铺20 ~30cm厚的垫草,然后将铡碎的原料迅速装入窖内,每装10 ~20cm要踩实或压实,一直到装满窖并超出窖最上沿30 ~40cm为止。青贮时压实程度是决定青贮能否成功的关键。如紧实适当,发酵完成后,饲料下沉幅度一般不会超过10%。

为防止漏水和漏气,窖口应密封。如果漏水和漏气,则腐败菌、霉菌等繁殖,致使青贮料变质。封窖时,先盖一层切短至 20 ~ 30cm 的秸秆或软草,然后铺盖塑料布或薄膜,最后覆盖 30 ~ 50cm 厚的土,使其呈馒头形,以利排水。

青贮窖密封后为防雨水渗入,应距池窖四周约 50cm 处挖排水沟,并经常检查,发现窖顶有裂缝时,要及时覆土压实,以防止漏气和漏水。

(四) 青贮饲料的取用

饲料经过 30 ~ 40d 青贮,可开窖取用。取用前首先进行品质鉴定:优质青贮饲料呈青绿色或黄绿色,近于原色,有较浓的酒酸味。如青贮料颜色呈黑色、褐色或暗黑色,并有特殊的刺鼻腐败味或霉味,为劣质青贮料,不能用于饲喂奶牛,以免奶牛慢性中毒。

取用时从入口处开始,由外及里,逐层取用,随用随取,保持新鲜,每次取料后要随时盖严窖口,以防青贮料霉烂。

奶牛初喂青贮料应经过训练,使之逐渐适应,喂量由少到多,一般控制在每天 15 ~ 20kg。生产实践中,对妊娠后期牛减少饲喂量至 8 ~ 10kg,多喂干草。冰冻后的青贮料必须化冻后再喂。

二、秸秆饲草的利用

秸秆饲草是指农作物秸秆,如玉米秸、花生秸、豆秸、麦秸等。除麦秸等粗纤维含量过高不适宜作奶牛饲草外,其他农作物秸秆均可作为奶牛饲草。秸秆类饲草共同的特点是粗纤维含量较高,营养价值较低,一般含粗纤维 34% ~ 38%,是奶牛不可缺少的粗饲料。为了提高奶牛对秸秆饲草的利用率,科学加工很重要。

秸秆饲草在饲喂之前,应将其铡短切碎,以便于奶牛采食和反刍。但不能将秸秆粉碎成末,否则会影响奶牛的咀嚼行为,严重的还会引起消化不良,引发消化道疾病。一般奶牛反刍到口腔的饲料须咀嚼 55 ~ 60 次,才再次吞下;咀嚼不能低于 42 次,否则,说明奶牛存在健康问题。

三、块根和青绿多汁饲料的利用

块根和青绿多汁饲料是指胡萝卜、萝卜、瓜果等饲料。据试验,长期喂这类饲料能提高产奶量 5% ~ 8%。奶牛非常喜欢采食这类饲料。奶牛在采食这类饲料时往往整块吞下,极易发生食道梗阻。因此,在饲喂胡萝卜、萝卜、瓜果时一定要洗净切碎后饲喂,最好能做到常年饲喂,每天喂量 5 ~ 8kg。

四、饲料生产供应计划的编制

牛场全年饲料总需要量要在计划需要量的基础上增加5% ~10%的安全量，以留有余地。具体操作如下：

1. 确定平均饲养头数

根据牛群周转计划，确定平均饲养头数。

年平均饲养头数（成年母牛、育成牛、犊牛）= 全年饲养头日数/365

2. 确定饲料的需要量

（1）混合精饲料。

成年母牛年基础料需要量（kg）= 年平均饲养头数 ×3（kg）×365

年产奶饲料需要量（kg）= 全群年总产奶量（kg）÷3

育成牛年饲料需要量（kg）= 年平均饲养头数 ×3（kg）×365

犊牛年饲料需要量（kg）= 年平均饲养头数 ×1.5（kg）×365

混合精料中的各种饲料供应量，可按混合精料配方中占有的比例计算。如成年母牛混合精料的配合比例为：玉米50%、豆饼或豆粕34%、麦麸12%、矿物质饲料3%、添加剂预混料1%，则混合精料中各种饲料的供应量为：

玉米供应量 = 混合精料供给量 ×50%

豆饼供应量 = 混合精料供给量 ×34%

麦麸供给量 = 混合精料供给量 ×12%

矿物质饲料 = 混合精料供给量 ×3%

添加剂预混料 = 混合精料供给量 ×1%

（2）青贮玉米。

成年母牛年需要量（kg）= 年平均饲养头数 ×20（kg）×365

育成牛年需要量（kg）= 年平均饲养头数 ×15（kg）×365

（3）干草。

成年母牛年需要量（kg）= 年平均饲养头数 ×6（kg）×365

育成牛年需要量（kg）= 年平均饲养头数 ×4（kg）×365

犊牛年需要量（kg）= 年平均饲养头数 ×2（kg）×365

（4）甜菜渣。

成年母牛需要量（kg）= 年平均饲养头数 ×20（kg）×180

任务五　牛的选购与运输

阅读与认知

一、牛的选购

（一）奶牛群的建立

初建奶牛群时，大多采用购买成年母牛、购买育成牛或购买犊牛等三种方法。在购买成年母牛及育成母牛时，有空怀或是已孕牛两种选择。一般情况下，成年母牛平均留群约4年时间，大多数在7岁前予以淘汰。买进已达配种年龄的育成母牛，是初建牛群最普遍的方法。购买时必须有其母亲生产性能及其父亲遗传能力的记录资料。买进犊牛所需的费用是最少的，但达到产奶所需的时间较长。

在建立一个新牛群时，为达到优质、高产、高效的目的，首先要选择品种。当前全世界的奶牛品种，主要有荷斯坦牛（又称荷斯坦-弗里生牛）、娟姗牛、更赛牛、爱尔夏牛及瑞士褐牛。其中荷斯坦牛因其体型大、产奶量高而著名。一些畜牧业发达国家饲养的奶牛，95%以上是荷斯坦牛。我国自19世纪60年代开始，从国外引入少量的荷斯坦种公牛（黑白花）与当地的黄牛进行杂交，形成大量的黑白花奶牛。此后，不断从国外引进优良种公牛与原有黑白花奶牛配种，经过几十年的努力，于1987年由农业部命名为“中国黑白花奶牛”。

在国际上统称的“黑白花奶牛”中，已衍生出一种红白花奶牛，除毛色为红白花外，体型、生产性能均与黑白花奶牛相似。全世界有许多优秀的公牛都含有红色基因，其后代会出现红白花毛色。考虑到今后的发展，1992年农业部根据中国奶牛协会的建议，将“中国黑白花奶牛”更名为“中国荷斯坦牛”，其毛色特征主要为黑白花，也有部分红白花。这样，全世界带有红色基因的优秀荷斯坦公牛的精液和胚胎，我们都可使用，在中国荷斯坦牛群中出现有红白花牛也不必淘汰了。目前，中国荷斯坦牛数量已占我国全部奶牛的95%以上，仅新疆有部分瑞士褐牛及其杂交种，通称为“新疆褐牛”。

在购牛时必须查阅有关资料，愈详细愈好。成年母牛须有生产记录和系谱。由于牛冷冻精液人工授精已广泛开展，因此，一般都不购买公牛，只是根据公牛的遗传资料选购良种公牛的精液，用来与母牛配种。有条件的地方还可购买胚胎。

严禁在疫病地区购买牛只，对购入的牛须采取防疫措施，避免传入疾病，特别是结核病、传染性流产、钩端螺旋体病、滴虫病以及乳房炎等。但新引进的牛仍须隔离30～60d，在隔离的末期须再次检疫，确定无病后才能并入大群。中国荷斯坦牛已分布在全国各地，主要集中在大、中城市郊区，已成为我国供给居民鲜奶和乳制品的主要品种。尤其是近30年来，采用先进技术，改进饲养管理，从国外引种，以及不断进行选育，牛群的数量和质量均有很大的提高，生产性能与体型特征已基本符合国际荷斯坦牛品种的要求。

（二）架子牛的选购

养殖肉牛，牛只选购关系育肥的成败、经济效益的高低。有的牛只喂次料也上膘，有的喂好饲料也不肥壮，甚至有的购买回来还跌膘。因此，进行肉牛生产，应从规模较大的肉牛市场购买架子牛。我国许多省、自治区（市）的农村都建有活牛买卖市场，特别是内蒙古、河南、山东（莱州、阳信）、河北、安徽和吉林等地牛品种多，牛源丰富。

购买架子牛时，可选择肉用的杂交改良牛，或选择引入我国的肉牛品种，或选择我国的主要兼用品种，或优良黄牛品种。

购买时要考虑牛的年龄、体重和性别，挑选增膘快的牛只。通常生长发育良好、健康的肉牛具有比较大的育肥潜力。可通过看、摸、喂、听和遛等方法进行选择。

看，即看骨架。四肢及体躯稍长、头颈粗短、背腰宽大、胸部圆而深的牛为好；十字部高略高于体高、后肢飞节高的牛发育力强；头大身体短的“小老头”牛表示幼龄阶段（3月龄前），生长发育严重受阻。背腰凹或凸表示体弱，背腰狭窄表示沿脊柱两侧肌肉发育不良，优质肉块少；嘴阔、唇厚，上、下颌整齐，齿槽深，表示采食能力强；鼻梁正直，鼻孔大，胸宽而深，表示心肺发育好；尻部方正、后裆宽表示将来能着生大量优质牛肉，尖斜尻表示后躯发育差；腹大而圆、不下垂说明消化器官发育良好，“大腹”表示消化不良；脐部四周肮脏、粪便恶臭的牛多半患有下痢。

摸，即触摸皮肤松弛柔软情况，皮毛松弛，一抓一大把，柔软、密实的牛好。

喂，即抓一把饲料试喂，若牛只抢着采食，说明牛食欲好，消化能力强。

听，即接近牛仔细听有无喘、急促呼吸、咳等异常表现，特别是冬春季节应特别注意。

遛，即接近牛试着牵其遛几步，性情温顺的牛易于管理、易上膘；行走运动正常，说明四肢发育良好。发育虽好但性情暴躁、有神经质的牛，则不宜购买。

二、牛只的运输

运输会对牛只产生一定应激。如长途运输且管理不善，牛只应激反应就大，牛体的消耗大，到达育肥场后的适应期长，甚至患病等。

（一）运输前的准备

1. 运输的手续、证件

运输前要办好准运证，没有准运证属于非法运输。还要办好兽医卫生健康证、非疫区证明、防疫证、检疫证等。另外,还应准备好税收证、出入境证件、车辆消毒证、买卖证、牛只身份证等。

2. 运输工具

汽车运输时应将车厢加高加固,通常应焊接钢架护栏,按照车长每隔2米一段隔开。如距离较远,应在车厢内架设水槽和料槽。可在车厢内铺设垫草或沙土,以防止打滑。

3. 饲料与饮水

通常短途运输不需要准备饲料、饮水。如运输时间在1d以上,应考虑准备适量料草及饮水。饲料种类以草为主,干草可按每天每头牛3~4kg准备,不用多汁饲料等轻泻性饲料。同时可备适量的精料,以防止过度掉膘。

4. 预防运输应激

运输前3d开始添加维生素A,可采用口服或肌肉注射,剂量为25万~100万单位/(d·头)。短途运输可以肌肉注射2.5%氯丙嗪,剂量为每100kg体重1.7mL。

运输前1~2d,可以适当减少青绿多汁饲料、麸皮和精料的喂量。在运输前3~4h停喂青绿多汁饲料、麸皮等具有轻泻作用的饲料,同时适当减少饮水,以防在运输途中污染车厢,影响牛只健康。

(二) 运输方法和要求

1. 牛只的装载

装载时应按牛只大小、强弱分车装载,以防止出现挤伤、踩伤等现象。牛只装载一般和车行驶方向一致,牛头尾间隔装车最理想,这样可以防止相互影响。上车后拴系缰绳,等车行驶20~30km再把缰绳解开。

2. 装载密度

每车装载的密度,取决于车厢及牛体大小,装载时注意不能太拥挤。通常肉牛体重小于300kg为0.7~0.8m^2/头,300kg为1.0 m^2/头,400kg为1.2 m^2/头,大于500kg为1.3~1.5 m^2/头。

3. 行驶中应注意的问题

车辆应中速、匀速行驶,切忌过快、过慢,禁止急刹车、急转弯,以防止牛跌倒、摔伤。

项目二

牛的繁殖

任务一　母牛发情鉴定

母牛发情是指母牛发育到一定阶段时所发生周期性的性活动现象。发情母牛在卵巢、生殖道和行为等方面会出现一定的变化。初次发情是母牛初情期到来的象征。母牛性机能的发育过程，一般分为初情期、性成熟期、体成熟及繁殖机能停止期。

阅读与认知

一、牛初情期的标志

牛的初情期与性成熟是其性发育的两个有区别的阶段。初情期是指其繁殖能力开始的时期，公牛开始能够释放出精子，母牛能排出卵子。此时，生殖器官仍在继续生长发育，虽可繁殖但繁殖力低。确定公牛的初情期要比母牛困难，因为公牛第一次精原细胞的分化比从精细管释放出来的精子早一个月以上，而且精子从睾丸运送到输精管至少需要两周时间。

在生产实践中，可以根据个体和性腺发育的程度以及有无成熟生殖细胞的产生来判定初情期或性成熟。无论是初情期或性成熟，雄性个体一般稍晚于雌性。对公牛可通过采精与检查精液来确定；对于母牛来说，性成熟是指初情期以后的一段时期，此时已具备了正常的繁殖能力，但此时躯体其他组织器官的生长发育仍在继续，尚未达到完全成熟阶段，故一般情况下不宜配种，以免影响母牛和胎儿的生长发育。

二、发情特征与发情判断的意义

母牛的发情，一般在发情盛期最为明显，初期与末期较弱。

(一) 母牛发情的特征

1. 精神状态的变化

发情时常常表现为兴奋不安,对周围外界刺激反应敏感,食欲减少,有时甚至拒食、鸣叫;泌乳的牛,此时泌乳量有所下降。

母牛发情时有交配欲,表现为发情初期和末期主动接近公牛、爬跨其他母牛,发情盛期接受公牛、其他母牛的爬跨。

2. 生殖道的变化

发情时生殖道血流量增加,外阴部表现为充血水肿,阴蒂与阴道黏膜充血、潮红,子宫和输卵管平滑肌的蠕动加强,子宫颈松弛,子宫黏膜上皮细胞和子宫颈黏膜上皮柱杯状细胞增生,腺体增大,分泌黏液。发情前期黏液量少,发情盛期黏液量多,且稀薄透明,到发情末期黏液量减少且浓稠。

3. 卵巢的变化

在发情前 2 ~3 日卵巢的卵泡发育很快,卵泡内膜增厚。随着发情期的进展,卵泡液不断增多,卵泡体积增大,卵泡壁变得很薄,卵泡部分突出于卵巢表面。卵子在被颗粒细胞所包围而形成的“卵丘”中,并与卵泡壁的颗粒细胞相连接。直到排卵时,卵泡壁破裂,卵丘细胞和卵泡壁的颗粒细胞脱离,卵子与周围的卵丘细胞一并排出。

(二) 判断母牛发情的意义

判断母牛发情,就是根据母牛发情时在生理上及行为上的变化,识别发情母牛或从母牛群中能够找出发情母牛,这对于发情状态的进一步观察,确定发情所处的阶段和程度及适宜输精的时间,提高母牛受胎率及繁殖率均具有重要意义。

三、母牛的生殖器官的构成

母牛的生殖道包括输卵管、子宫、阴道及尿生殖前庭等。母牛的生殖器官见图 2-1。

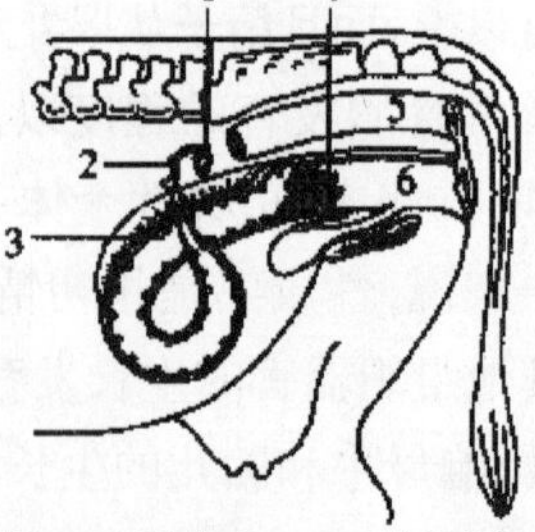

1. 卵巢　2. 输卵管　3. 子宫角　4. 子宫颈　5. 直肠　6. 阴道

图 2-1　母牛的生殖器官

（一）卵巢

卵巢的形状、大小、位置因牛的年龄、生理状态不同而异，多呈卵圆形，外周为皮质部，内有卵泡，卵子就在卵泡中发育。中间为髓质部，内有大量血管、淋巴管和神经。卵巢的基质由结缔组织构成。

卵巢是母牛产生卵细胞和分泌雌激素、孕激素的器官，是调节生殖机能的内分泌腺。白膜外有一层表面上皮覆盖。母牛达初情期后，卵巢的皮质部便形成各种发育程度不同的卵泡。卵泡发育到一定阶段，卵泡开始分泌雌性激素，刺激阴道、子宫、乳腺的生长发育和雌性特征的发育。卵泡成熟时，雌性激素含量达到高峰便可刺激母牛发情。卵泡排卵后形成黄体。黄体多呈黄色，为含黄脂色素所致。黄体分泌孕激素。黄体退化后由结缔组织填充，而成为白体。

（二）输卵管

输卵管是一对细长而弯曲的管道，是卵子进入子宫必经的通道，包在输卵管系膜内，有许多弯曲，长15～30cm。输卵管的前1/3段较粗，称为壶腹，是卵子受精的部位。其余部分较细，称为峡部。壶腹和峡部连接处叫做壶峡连接部。靠近卵巢端扩大呈漏斗状，叫做输卵管漏斗。牛输卵管漏斗的面积为20～30m^2。输卵管漏斗的边缘形成许多皱褶，称为输卵管伞。牛的输卵管伞不发达，伞的一处附着于卵巢的上端，漏斗的中心有输卵管腹腔口，与腹腔相通。输卵管的后端（子宫端）有输卵管子宫口，与子宫角相通，常称宫管连接部。牛的子宫角尖端细，所以输卵管与子宫角之间无明显分界，括约肌也不发达。

输卵管除输送卵细胞外，还是受精和卵裂的场所。管壁由黏膜、肌层和浆膜组成，管壁黏膜表面有一层柱状上皮细胞，一部分上皮细胞上有纤毛。

（三）子宫

子宫是胎儿生长发育和娩出的器官，由子宫角、子宫体及子宫颈三部分组成。子宫角左右各一，其尖端与两条输卵管连接。牛子宫体内膜上有许多卵圆形突起叫子宫阜（或子叶）。两子宫角后端汇合而形成子宫体，与子宫颈相连。子宫颈是阴道通向子宫体的门户，母牛发情时松弛并张开；怀孕后缩紧，同时有黏稠的黏液堵塞。

1. 子宫角、子宫体

牛的子宫角长30～40cm，角的基部粗1.5～3cm；子宫体长2～4cm。

青年及经产胎次较少的母牛，子宫角弯曲如绵羊角，位于骨盆腔内。经产胎次多的母牛，子宫并不能完全恢复原来的形状和大小，所以经产牛的子宫常垂入腹腔。两角基部之间的纵隔处有一纵沟，称角间沟。子宫黏膜有突出于表面的半圆形子宫阜70～120个，阜上没有子宫腺，其深部含有丰富的血管。怀孕时子宫阜即发育为母体胎盘。

水牛的子宫角弯曲度较小，接近平直，子宫体比黄牛的稍短。

2. 子宫颈

牛的子宫颈长 5 ~ 10cm,粗 3 ~ 4cm,壁厚而硬。不发情时管壁封闭很紧,发情时也只是稍微开放。子宫颈阴道部粗大,突入阴道 2 ~ 3cm;黏膜有放射状皱襞,经产牛的皱褶有时肥大如菜花状。子宫颈黏膜是由两类柱状上皮细胞组成的,即具有动纤毛的纤毛细胞和无纤毛的分泌细胞,发情时分泌活动增强。

(四) 阴道

阴道为母牛的交配器官,又是胎儿娩出的通道,其背侧为直肠,腹侧为膀胱和尿道。阴道腔为扁平的缝隙,前端有子宫颈阴道部突入其中。子宫颈阴道部周围的阴道腔称为阴道穹窿。阴道后端和尿生殖前庭之间以尿道外口、阴瓣为界。

牛的阴道长 22 ~ 28cm。

阴道在生殖过程中具有多种功能。它除是交配器官外,也是交配后的精子贮库,精子在此处集聚和保存,并不断向子宫供应精子。阴道的生化和微生物环境能保护生殖道不遭受微生物入侵。阴道通过收缩、扩张、复原、分泌和吸收等功能,排出子宫黏膜及输卵管的分泌物,同时作为分娩时的产道。

(五) 尿生殖前庭

尿生殖前庭为从阴瓣到阴门裂的部分,前高后低,稍微倾斜。前庭自阴门下连合至尿道外口,牛的尿生殖前庭长约 10cm。在前庭两侧壁的黏膜下层有前庭大腺,为分支管状腺,发情时分泌增强。阴蒂位于阴门下角的阴蒂窝内,阴蒂上有敏感的神经末梢。

体验与实践

一、牛初配年龄的判断

牛的初配年龄是牛到达体成熟的时期,即牛的生殖器官已基本发育完全、能产生正常的生殖细胞、完全具备正常繁殖力的时期。牛的初配年龄与体重的关系也非常密切,一般在达成年体重 70% 左右时,即到了初配年龄。牛个体的初配年龄因品种、生活环境、饲养管理、性别等因素而稍有差别。母牛的初次配种年龄应根据个体年龄结合体重决定。

牛初配年龄的确定既要考虑年龄,更要考虑体重。中国荷斯坦母牛一般在 14 ~ 16 月龄,体重达成年体重 65% ,约 350 ~ 380kg 时安排配种。

(一) 根据体重判断

体重是发育的重要指标,对种公牛、犊牛及育成牛尤为重要。牛的体重可通过直接称重获知,也可通过体尺测量进行估测。

(二) 根据年龄判断

牛的年龄是其经济、育种价值的重要指标,是进行饲养管理与繁殖配种的重要依据,牛年龄判定是养牛生产过程中的一项重要技能。在农村及育种工作制度还不健全的小规模牛场,牛年龄的判断具有重要意义。牛的年龄鉴定可参见项目二的相关内容。

种公牛开始配种的年龄,一般相当于体成熟的年龄,即 18 ~ 24 月龄。如果使用过早,不仅会影响其本身的生长发育,还会缩短其使用年限。如果要提前使用个别优秀的种公牛,则要根据其个体的发育情况而定。

通过加强饲养管理,母牛在营养和发育都良好的情况下可适当提前配种,不仅不影响产奶量,还可以提高经济效益。在饲养条件好的早熟品种初配年龄为 14 ~ 16 月龄,而饲养条件差的晚熟品种为 18 ~ 24 月龄,我国黄牛为 2 岁。

二、发情母牛外部特征的观察

(一) 牛发情征象的识别

识别发情母牛基于识别母牛的发情症状。母牛发情时,外部特征在初期、盛期和末期各阶段表现不同。初期表现为开始出现兴奋不安,盛期不安加剧,末期兴奋逐渐消退。

1. 行为变化

母牛在发情时,往往表现为兴奋不安、走动频繁、食欲下降、发出叫声。

2. 生殖道变化

外阴部、阴蒂潮红肿胀,生殖道分泌的黏液流出量逐渐增多,牵缕性很强,发情后期减少,直至无黏液流出。

3. 求偶表现

发情母牛主动接近公牛,举尾、叉开后肢、接受爬跨。

(二) 母牛发情各阶段生理特征的识别

根据母牛爬跨的情况来发现发情牛,这是最常用的方法。一般早晚各观察一次,如发现有爬跨现象,表示发情,可继续进行详细观察。

母牛的发情周期为 21d(18 ~24d),发情持续期比较短,平均为 18h,在发情表现消失后数小时内排卵。一般分为发情早期、发情盛期与发情末期。

1. 发情早期

母牛刚开始发情,表现为食欲减退、兴奋不安、哞叫、离群,四处走动,试图接近其他牛,爬跨其他牛;嗅闻其他牛后躯,尚不愿接受其他牛爬跨;个别还会有停止反刍现象。阴户比平时稍微胀大,开始红肿,黏膜湿润,有少量黏液流出。使用阴道开张器打开阴道,可见子宫颈口略有开张。通过直肠检查,可触摸到卵泡开始有波状感。

2. 发情盛期

持续约18h，特征是爬跨其他牛，特别是站立接受其他牛爬跨（图2-2）；鸣叫频繁；行为上表现为食欲明显减退甚至拒食，兴奋不安，鸣叫，常举起尾巴，后肢开张作排尿状，愿意接受公牛爬跨而站立不动。阴户肿胀明显，但颜色开始发紫，阴门流出的黏液开始变稠，牵缕性强。子宫颈口充血，开口较大，触摸卵泡比初期稍大，卵泡膜紧张，有一触即破的感觉。产奶量下降。

3. 发情末期

发情将结束时，行为表现转为平静，尾根紧贴阴门，已不愿接受公牛的爬跨。阴户肿胀开始消退，阴门流出的黏液由透明转为乳白色，流出的黏液量也逐渐减少，可呈拉丝状。子宫颈口逐渐变小，成熟卵泡破裂排卵。再往后延则一切恢复正常，进入休情期，食欲正常，产奶量回升。

发情结束后第2d，部分牛可看到阴户有少量血性分泌物。当隐性发情牛有此征象时，在16～19d后会再次发情，应引起重视。

A　　B

A. 发情母牛外阴被他牛嗅闻　B. 发情母牛接受他牛爬跨

图2-2　发情母牛接受他牛爬跨

三、母牛卵泡发育的直肠检查

直肠检查是对牛发情鉴定较为常用和有效的方法。检查时将手臂伸进母牛的直肠内，隔着直肠壁用手指触摸卵巢及其卵泡发育情况，如卵巢的大小、形状、质地，卵泡发育的部位、大小、弹性，卵泡壁的厚薄以及卵泡是否破裂，有无黄体等，以此来判断母牛是否发情及排卵时间，确定配种适期。检查时要用指肚轻轻触诊卵泡的发育情况，切勿用力挤压，以免将发育中的卵泡挤破。使用本法还可同时进行妊娠诊断，以免给孕后发情母牛配种而引起流产。采用此法时，术者须经多次反复实践，积累比较丰富的经验，才能正确地掌握和判断。操作时术者应注意卫生和消毒，注意人畜安全，防止人畜共患病（如布氏杆菌病等）的传播和感染。

(一) 直肠检查的方法

通过直肠检查，触摸母牛卵巢及卵泡发育情况，能判断母牛是否发情，确定卵泡的发育期。

将被检母牛保定在六柱栏(诊疗架)内，或用绳索保定也可。助手应将被检母牛的尾巴拉向一侧。检查者将衣袖挽至肩关节处，带上长臂手套或在手臂上涂以滑润剂。检查者站立于被检母牛的正后方，并抚摸肛门，然后将手指并拢成楔状，以缓缓地旋转动作插入肛门。对于体型较小的母牛，掌心应朝向下侧，以便进入肛门，因为尾椎上下活动的范围较大，而左右横径由于坐骨粗隆的限制，不便扩张。

手臂伸入肛门后，直肠内如有宿粪，可用手指扩张肛门，使空气由手指缝进入直肠内，促使宿粪排出，也可用手掏出。掏出粪便时，手掌须展平，少量而多次地取出，切勿抓粪一把，向外硬拉。最好设法促使母牛自动排粪。其方法是将手掌在直肠内向前轻推，以阻止粪便排出，待粪便蓄积较多时，逐渐撤出手臂，即可促使排尽宿粪。

掏出粪便后，应当再次向手臂涂以滑润剂，伸入直肠，除拇指外，将四指并拢探入直肠内，即可探查欲检查器官。当手腕进入母牛肛门后应先寻找子宫颈。手指向下轻压肠壁，摸到一个坚实的、纵向似棒状物即为子宫颈，可用拇指、中指及无名指来握住子宫颈。

沿子宫角的弯曲部(大弯)内外侧下行，在子宫角尖端的外侧下方即可感触到呈椭圆形柔软有弹性的卵巢，然后感觉其形状和质地。在触摸过程中如离开子宫角不易摸到卵巢时，最好再从子宫颈开始沿着子宫角触摸卵巢。

(二) 卵泡发育期的判定

发情是母牛生殖中最重要的生理现象之一，而发情期最本质的现象是卵泡发育及排卵。掌握母牛卵巢和卵泡等的变化规律，以判断输精适期，是提高牛繁殖力的基本要求。

1. 卵泡出现期

卵巢稍增大，卵泡直径为0.5~0.75cm，触诊时为软化点，波动不明显的牛一般已开始有发情表现，从发情开始算起，此期约持续10h。

2. 卵泡发育期

卵泡直径达1.0~1.5cm，呈小球状，波动明显。这一期持续10~12h，在此期后半期，发情表现已减弱，甚至消失。

3. 卵泡成熟期

卵泡不再增大，但卵泡壁变薄，紧张性增强，触诊时有一触即破之感，此期持续6~8h。此时为输精最佳时间。

4. 排卵期

卵泡破裂排卵，由于卵泡液流失，卵泡壁变松软，成为一个小凹陷，排卵后6~8h开始变为黄体。原来的卵泡开始被填平，可触摸到质地柔软的新黄体。

（三）直肠检查的准备

（1）检查者的指甲必须剪短挫圆，并磨光。手臂上须涂以滑润剂，切忌用干涩的手臂向母牛肛门内硬插。

（2）将受检母牛保定于六柱栏内，以防检查人员被踢伤；将受检母牛的尾巴拉向一侧。

（3）为了避免肠胃中内容物过多，妨碍操作，检查前可禁食半天，或临检查时用温水灌肠。

（四）直肠检查的注意事项

（1）在冬季及早春季节操作时，注意保暖防寒，防止操作人员受冻感冒。

（2）手及手臂如有伤口，不应操作。有条件时应提供长臂手套后，再进行直肠检查。

（3）保定架的后两柱之间，不可架设横木，或栓系绳索，以免母牛滑倒，导致手臂骨折或关节脱臼。

（4）检查过程中，时刻提防母牛蹴踢。

（5）直肠检查操作完毕，要用消毒剂洗涤消毒手臂，并涂以皮肤滋润保护剂，以免皮肤糙裂。

（6）探摸过程中，只允许使用指肚，切不可用指甲乱抠、乱抓、乱划。直肠内经久寻找不到目的物时，应将手臂取出查看有无血迹，以便及时发现肠壁破损进行医治处理。一旦肠壁有轻度破损可灌注3%明矾水500～1000mL，或涂以碘甘油和磺胺粉于创面。

（7）检查动作应轻缓，对于不知生理状态的母牛，尤应注意动作轻缓，以免造成孕畜流产。

拓展与延伸

一、母牛的发情周期

母牛的发情周期受卵巢分泌的激素所调节，因此，生产中常根据其精神状态、性行为表现、卵巢和阴道上皮细胞的变化以及黏液分泌情况，将发情周期分为发情前期、发情期、发情后期和间情期四个阶段。

1. 发情前期

为发情的准备时期。对于发情周期平均为21d的动物（如牛、猪、山羊等），如果以发情征象开始出现时为发情周期第1d，则发情前期相当于发情周期第16～18d。此期，卵巢上的黄体已经退化或萎缩，新的卵泡开始生长发育；雌激素分泌逐渐增加，孕激素的水平则逐渐降低；生殖道上皮增生，腺体活动增强，子宫颈和阴道的分泌物稀薄而增多，但无性欲表现，即母牛不接受公牛及其他母牛的爬跨。

2. 发情期

有明显发情征象的时期，相当于发情周期第1～2d。主要特征表现为精神兴奋、食欲减退，接受公牛或其他母牛的爬跨，有很强的性欲；卵巢上卵泡发育较快、体积增大，雌激素分泌很快增加到最高水平，孕激素分泌逐渐降低至最低水平；子宫黏膜充血、肿胀，子宫颈口开张，子宫肌层收缩加强、腺体分泌增多；阴道黏膜上皮逐渐角质化；外阴部充血、肿胀、湿润，外阴部流透明黏液。

3. 发情后期

发情征象逐渐消失的时期，相当于发情周期第3～4d。精神状态由兴奋逐渐转为抑制，母牛拒绝爬跨；多数母牛的卵泡破裂并排卵，新的黄体开始生成，雌激素含量下降，孕激素分泌逐渐增加；子宫肌层收缩和腺体分泌活动均减弱，黏液分泌量减少而变黏稠，黏膜充血现象逐渐消退，子宫颈口逐渐收缩；阴道黏膜上皮脱落，释放白细胞至黏液中，外阴肿胀逐渐消失。

4. 间情期

又称休情期，相当于发情周期第4～15d。性欲消失，精神和食欲恢复正常。卵巢上的黄体逐渐生长、发育至最大，孕激素分泌逐渐增加至最高水平；子宫内膜增厚，黏膜上皮呈高柱状，子宫腺体高度发育，分泌活动旺盛。随着时间的推移，黄体发育停止并开始萎缩，孕激素分泌量逐渐减少，增厚的子宫内膜回缩，呈矮柱状，腺体变小，分泌活动停止。

动物发情周期实际上是卵泡期和黄体期的交替变换过程，因此卵泡生长发育以及黄体的形成与退化受神经激素的调节和外界环境条件因素的影响。外界环境条件是通过不同的途径影响中枢神经系统而起作用的，刺激下丘脑的神经内分泌细胞分泌释放促性腺激素释放激素，被微毛细血管丛所吸收，通过垂体门脉系统运输到垂体前叶，刺激垂体前叶细胞分泌促性腺激素并被运输到卵巢，使卵泡发育，进而促进卵巢分泌类固醇激素。而类固醇激素和垂体前叶分泌的促性腺激素互相协调，以维持平衡状态，就能使发情周期正常进行。因此，发情周期的循环可以说是下丘脑—垂体—卵巢轴所分泌的激素之间相互作用的结果（图2-3）。

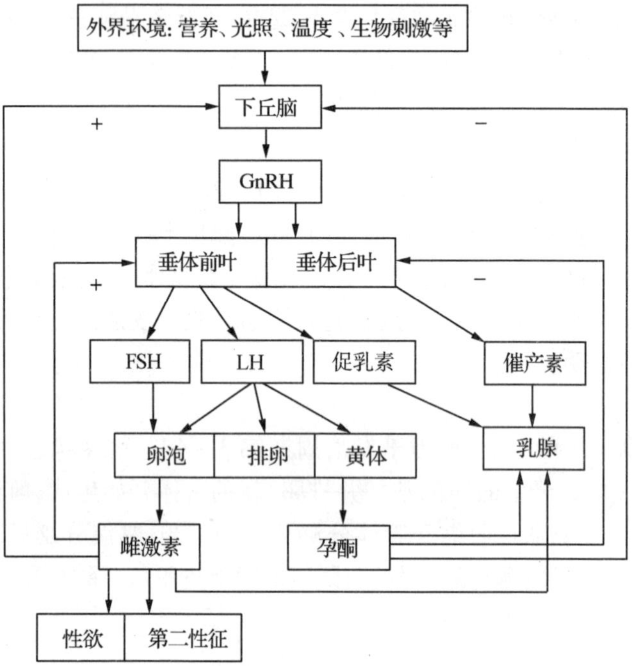

FSH：卵泡刺激素　LH：黄体生成激素

图 2-3　母牛发情周期的调节机制示意图

二、卵泡发育与发情排卵的关系

(一) 卵泡发育

母牛出生时，卵巢中已形成大量原始卵泡。进入初情期后，卵巢中部分原始卵泡可经过一系列发育阶段而达到成熟（图 2-4）。卵泡发育过程从原始卵泡开始，经历初级卵泡、次级卵泡、生长卵泡（或称三级卵泡），最后发育为成熟卵泡，或称葛拉夫氏卵泡。

卵母细胞的发育和卵泡发育是同时进行的。原始卵泡在发育、体积增大进而逐渐突出于卵巢表面的过程中，卵母细胞也随之发育。

卵泡的发育和卵子的生成、成熟是在腺垂体分泌的卵泡刺激素（FSH）和黄体生成激素（LH）共同作用下完成的。牛在发情周期第 1d（或第 21d），卵巢上的卵泡发育成熟，卵泡分泌雌激素，使母牛出现发情征象。约在第 2d，卵泡破裂排卵。

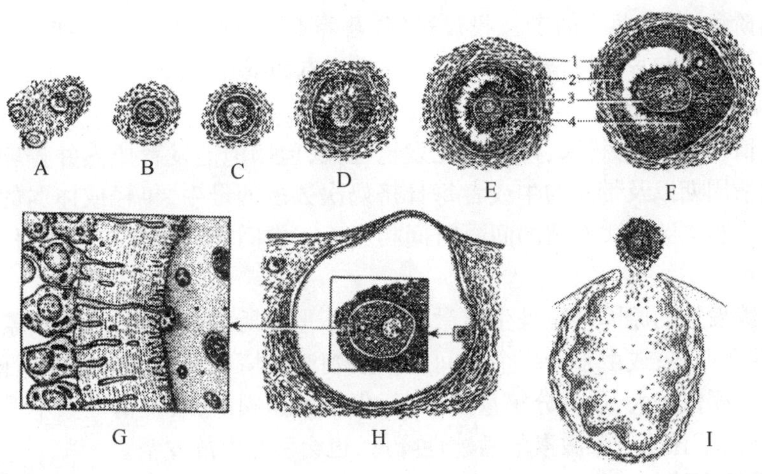

A. 原始卵泡　B. 初级卵泡　C. 次级卵泡　D. 生长卵泡　E. 生长卵泡（出现新月腔隙）
F. 生长卵泡（出现卵丘）（1. 卵泡外膜 2. 颗粒层 3. 透明带 4. 卵丘）　G. 卵黄膜的微绒毛与透明带　H. 成熟卵泡　I. 排卵卵泡

图 2-4　哺乳动物卵子发生与卵泡发育过程示意图

（二）排卵

卵子从卵巢的成熟卵泡中排出的过程，称为排卵。排卵是由腺垂体大量分泌的 LH 引起的。排卵可分为两种类型：

牛属于自发性排卵类型，即卵泡发育成熟后，自然发生排卵的现象。

发生排卵时，卵泡膜血管破裂，血液凝集在卵泡腔中，形成红体。自排卵第 3d 后，卵泡腔中的血液被逐渐吸收，卵泡颗粒细胞增生并吸收类脂质，使红体变为新黄体。排卵第 5d 后黄体具有功能性，即产生孕激素的水平逐步增加，至第 7 ~ 9d 达到最大体积，孕激素分泌功能也最旺盛。然后停止发育，并逐渐退化，最后被结缔组织所代替，由黄体变为白体。至发情周期第 15 ~ 16d，新的卵泡开始发育，直至第 21d 优势卵泡达到成熟、排卵。

（三）卵泡发育与发情的关系

母牛在卵泡生长发育期，卵巢增大，卵泡直径为 0.5 ~ 1.5cm，呈球状，逐渐有波动感。随着卵泡的增大，发情逐渐明显、增强。当卵泡达到最大时，发情逐渐减弱。卵泡成熟后，卵泡不再增大，但泡壁变薄，紧张性增强，在直肠检查时有一触即破之感。在发情表现结束后 10 ~ 15h，卵泡破裂排卵，卵泡液流失，故泡壁变为松软，成为一凹陷；排卵后 6 ~ 8h，红体与黄体随即生成，再也摸不到凹陷。

三、异常发情

牛的发情具有周期性，且无季节之分，即常年均可发情。母牛的异常发情多见于初情期到性成熟阶段,以及早春时节。投役过度、营养不良、饲养管理不当和环境温度及湿度的突然改变也易引起异常发情。常见的异常发情有如下几种:

（一）安静发情

安静发情,又称安静排卵,即母牛无发情征象,但卵泡能发育成熟并排卵。母牛分娩后第一个发情周期以及带仔的牛或者每日挤奶次数多的母牛,年轻或体弱的母牛均易发生安静发情。当连续两次发情的间隔时间相当于正常间隔的两倍或三倍时,即可怀疑中间有安静发情。

造成安静发情的原因可能是生殖激素分泌不平衡所致。例如,当雌激素分泌量不足时,发情表现不明显;或由于母牛个体间对激素刺激发情表现所需的雌激素阈值不同,有些个体所需的阈值较大,虽然分泌量不少,但仍未到达阈值,故发情征象不明显或没有发情表现。另外,下丘脑对雌激素的敏感性降低,也会引起安静发情。

（二）孕后发情

母牛在妊娠后仍出现发情表现,称为孕后发情。母牛在妊娠最初的 3 个月内,常有 3% ~5% 发情,少数在妊娠期其他时间出现发情。虽然孕后发情时卵泡发育可达即将排卵时的大小,但往往不排卵。

（三）慕雄狂

慕雄狂常见于牛和马,其他动物则少见。母牛发情行为表现持续而强烈,发情期长短不规则,周期不正常。患牛高度兴奋,大声吽叫,阴道黏膜及阴门水肿,从阴门流出透明的黏液,食欲减退,消瘦,被毛粗乱,两侧臀部肌肉塌陷,尾根举起,频频排尿,经常追逐和爬跨其他母牛,配种后不能受胎。患牛往往伴有雄性第二性征,如声音粗低,颈部肌肉发达等。

慕雄狂发生的原因与卵泡囊肿有关,但患卵泡囊肿的母牛不一定造成慕雄狂。囊肿卵泡内常积有大量的液体,体积增大,直径在 2 ~5cm,甚至更大,既不排卵,也不黄体化,卵泡壁变薄,几乎没有颗粒细胞或内膜细胞。卵泡可发生周期性变化,即交替发生生长和退化,但不排卵。若因卵泡囊肿引起慕雄狂,注射促性腺激素释放激素可刺激垂体释放 LH 或直接注射 LH,可促使卵泡破裂而排卵。也可用穿刺法,经阴道壁将囊肿卵泡刺破。上述两种方法均可获得良好的效果,从而使发情周期恢复正常。

（四）短促发情

有的母牛发情持续时间非常短,如不注意观察,常易错失配种机会。其原因可能是卵泡发育迅速,迅即成熟破裂而排卵,从而缩短了发情期;另一种原因可能是卵泡在发育过程中受某种因素的影响而突然终止发育,使发情停止。

（五）断续发情

母牛发情时断时续,整个过程延续很长。其原因是由卵泡交替发育所致,先发育的卵泡中途发生退化，新的卵泡又生成，使体内雌激素水平时高时低，因此出现发情间断即断续发情的现象。

四、发情母牛的阴道检查

（一）开张器法

1. 保定

根据现场条件和习惯，利用绳索保定母牛。用大拇指及食指翻开阴唇，初步观察阴唇黏膜是否充血肿胀、湿润，有否黏液等。

2. 外阴部的洗涤和消毒

先用温水（或肥皂、2% ~3% 的苏打水等）洗净外阴部，然后用 1% 煤酚皂溶液进行消毒，最后用消毒纱布或酒精棉球擦干。在洗净或消毒时，应先由阴门裂开始，逐渐向外扩大。如果准备用手臂检查，洗涤及消毒范围应该上至尾根，两侧达到臀端外侧。

3. 开张器的准备

先用 75% 的酒精棉球消毒开张器的内、外面，也可用消毒液浸泡消毒。然后，用开水冲去药液并在其湿润时使用。

4. 方法步骤

用左手拇指和食指（或中指）开张阴门，以右手持开张器把柄，使其向右或向左，将开张器斜向前上方插入阴门。

当开张器的前 1/3 进入阴门后，即改成水平方向插入阴道，同时以顺时针或逆时针方向放置开张器，使其柄部向下。轻轻撑开阴道，用手电筒或反光镜照明阴道，迅速进行观察。

观察阴道应特别注意阴道黏膜的色泽及湿润程度，子宫颈口是否充血肿胀、开张及其开张程度。

雌性动物未发情时，阴门紧缩，并有皱纹，开张器插入有干涩的感觉，阴道黏膜苍白，黏液呈糨糊状或很少，子宫颈口紧缩。发情时，阴道黏膜充血，阴道内有大量的黏液，子宫颈充血肿胀，颈口稍开张。

慢慢抽出扩张器，注意是否有黏液流出，观察黏液量、牵缕性和颜色等。

记载上述观察结果，判断发情时期。

（二）黏液抹片法

用经消毒的开张器扩张阴道，将长柄钳或用生理盐水浸湿的消毒棉签插入阴道，在子宫颈外口蘸取阴道黏液。将蘸取的黏液均匀地涂抹于载玻片上，待自然干燥后在显微镜下观察结晶花纹（图 2-5）。也可用 10% $AgNO_3$ 溶液滴于玻片上，待其自然干燥后在显微镜下镜检。牛的黏液抹片可放大100倍,羊的放大200倍观察。

如看到典型的羊齿类植物状结晶花纹,即为发情的黏液;如结晶花纹缩短,说明进入发情末期。黏液抹片无花纹时,以“-”记录;有少量树枝状花纹时,以“+”记录;有较多花纹时,以“++”记录;整个视野全部为结晶花纹,以“+++”记录,表示母牛正处于发情盛期。

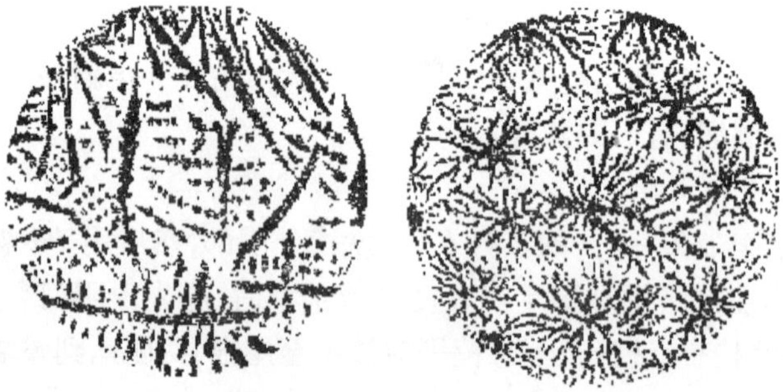

A　　　　B

A. 羊齿类植物状结晶花纹(发情盛期)　B. 金鱼藻状或星芒状结晶花纹(发情末期)

图2-5　发情母牛子宫颈黏液抹片的结晶花纹

任务二　诱导母牛发情

阅读与认知

一、诱导发情的概念

诱导发情是指对处于乏情状态(无发情周期)的母牛,借助外源激素或其他手段,引起正常发情排卵并进行配种的一项技术措施。

牛的一切性活动始终是在内分泌和神经系统的共同作用下进行的。因此,除主要利用外源激素(如促性腺激素等)外,神经刺激也可使性机能趋于活跃。如环境条件的改变(季节的气候因素对于季节性发情的母牛)、幼畜的断奶(哺乳刺激的终止)、异性刺激等均属于神经刺激。利用外源激素和神经刺激诱导发情,其本质是通过内分泌和神经的作用激发卵巢的机能,使卵巢从相对静止的状态转为活跃状态,促进卵泡的生长发育,继而使母牛发情排卵并予以配种。

二、诱导发情的生产意义

在实践工作中，母牛时常会处于乏情状态：

（1）正常的生理乏情状态。这种乏情状态包括季节性乏情和哺乳期乏情。这时卵巢机能处于静止状态，既无卵泡发育，也无黄体存在，因而无发情周期。

（2）病理乏情状态。这种状态是由于某些病理原因，如持久黄体抑制卵泡发育，导致长期不发情。

（3）初情期前的青年母牛，没有发情周期，也不能进行配种，如能提前繁殖，对于肉用牛具有特殊的应用价值。

上述处于乏情状态（无发情周期）的母牛，卵巢中均无正常的卵泡发育，也不能排卵繁殖。诱导发情的意义就在于通过借助外源激素或其他手段，促进卵巢功能恢复，引起正常发情排卵并进行配种，缩短母牛繁殖周期（缩短产犊间隔），增加胎次，提高其繁殖率。

三、诱导发情方法

利用激素诱导发情，直接促进母牛卵泡发育、发情排卵，可以获得较明显而准确的效果，而神经刺激诱导发情效果不如激素处理那样明显而准确且迟缓。因为神经刺激所产生的效应也是通过生殖激素的调整才得以实现的。对于具有持久性黄体的母牛需要首先消除黄体（如使用前列腺素），使其停止分泌黄体酮，为卵泡发育创造条件。

采用诱导发情技术时，应注意以下两个问题：一是正确的饲养管理是牛正常繁殖的基本条件，任何繁殖技术的运用只能在这个前提下才会发挥出应有的作用。最先进的繁殖技术也不能代替优良的饲养管理条件，所以，采用发情控制技术时要考虑饲养管理因素。二是在发情控制中，使用激素制剂必须有严格的科学态度。使用时一定要考虑激素在体内的作用机理和牛的体况及生理条件，对症下药，运用得当。不要随便采用某种激素和任意提高剂量或增多投药次数。错误地运用激素，不但达不到预期目的，反而会造成不良后果。

四、母牛的诱导发情技术

1. 孕激素处理法

以孕激素处理 9 ~ 12d，可促进静止的卵巢活动和卵泡发育。如孕激素处理结束时，给予一定量的 PMSG 或 FSH，效果会更加明显。

2. PMSG 处理方法

处理前应确认乏情母牛卵巢上应无黄体存在。使用 750 ~ 1500IU 或 3 ~ 3.5IU/kg 体重的 PMSG 肌肉注射,可促进卵泡发育和发情。10d 内仍未发情的可再次同法处理,但剂量应稍加大。该法简单,效果明显。

3. FSH 处理法

使用 FSH 纯品诱导发情时,剂量为 5 ~7.5mg,分 6 ~8 次,连续 3 ~4d,分上午、下午各注射 1 次。此方法诱导发情比较麻烦,又因 FSH 价格昂贵,生产上一般不用。

4. GnRH 处理法

目前使用的是 GnRH 的合成类似物,有促排卵素 2 号(LRH-A2)和促排卵素 3 号(LRH-A3),使用剂量为 50 ~100IU,一次肌肉注射。

拓展与延伸

通常把直接作用于生殖活动,与生殖机能关系密切的激素统称为生殖激素。随着现代畜牧业的迅速发展,利用外源生殖激素来控制牛繁殖过程,已显示出广阔的前景。下面介绍生殖激素的应用。

一、神经激素的应用

1. GnRH 的应用

目前 GnRH 及其类似物已大量合成,在动物繁殖上得到了广泛应用。

(1) 诱导母牛发情排卵。用 GnRH 处理初情期前及产后乏情母牛可促进发情并排卵。母牛用 LRH 和 PGF 联合处理可提高超数排卵效果。在黄体期内大剂量或持续使用 GnRH,具有溶解黄体的作用,从而控制同期发情效果。

(2) 提高受胎率。有报道,在母牛输精的同时注射 LRH-A3 可提高受胎率。

(3) 治疗母牛不孕症。例如,治疗由卵巢机能障碍引起的内分泌紊乱,胎盘滞留;母牛产后注射 GnRH 可提高受胎率,缩短产后首次配种受胎的间隔时间。

2. 催产素的应用

催产素可用于促进动物分娩,治疗胎衣不下和产后子宫出血、子宫积脓等。但催产素不能扩张子宫颈,用于促进动物分娩时要确认子宫颈完全开张。

二、促性腺激素的应用

1. FSH 的应用

畜牧业上,FSH 通常用于胚胎移植技术中的超数排卵,治疗性欲缺乏、卵泡发育停滞和持久黄体等。

2. LH 的应用

LH 常用于诱导排卵，治疗黄体发育不全和卵巢囊肿等。一般先用 PMSG 或 FSH 促进卵泡发育，然后注射 LH 或 hCG 促进排卵。

3. PMSG 的应用

由于 PMSG 具有 FSH 和 LH 双重活性，在畜牧生产和兽医临床上被广泛应用。

(1) 用于超数排卵。用 PMSG 代替价格较贵的 FSH 进行超排，由于 PMSG 半衰期长，在体内不易被清除，一次注射后可在体内存留数天甚至 1 周以上，残存的 PMSG 影响卵泡的最后成熟和排卵，使胚胎回收率下降。所以，近年来在用 PMSG 进行超排处理时，补用 PMSG 抗体(或抗血清)，以中和体内残存的 PMSG，明显改善了超排反应。

(2) 治疗雌性动物乏情、安静发情或不排卵。

(3) 提高母羊的双羔率。

(4) 对治疗雄性动物睾丸机能衰退或提高精液品质有一定效果。

3. hCG 的应用

hCG 的生物学作用与 LH 相似，在怀孕动物体内，其主要功能可能是维持妊娠黄体，而用它处理一般动物时，可促进雌性动物卵泡成熟和排卵并形成黄体；雄性动物则刺激睾丸间质细胞分泌睾酮。

三、性腺激素的使用

1. 雄激素的应用

睾酮在临床上主要用于治疗雄性动物性欲低下或性机能减退，但单独使用不如睾酮与雌二醇联合处理效果好。另外，注射合成雄激素制剂给母牛或阉牛，可使之作为试情牛。

2. 雌激素制剂的应用

有多种雌激素制剂在畜牧生产和兽医临床上应用，其中最常用的是苯甲酸雌二醇。

治疗母牛不发情：注射雌二醇可使雌性动物表现发情，但不一定排卵，受孕率很低。

对牛和羊可用雌激素引产，但对猪可用雌激素进行同期发情。因为雌激素对母猪具有促黄体作用，故先用雌激素处理保持黄体期，然后统一停用雌激素并注射 PGF-2α，即可引起黄体退化，母猪同期发情。

雌激素与催产素配合可治疗母牛子宫疾病(如慢性子宫内膜炎、子宫积脓或积水)。因为两者协同促进子宫收缩，增加子宫内膜血液循环，增强子宫内膜的防御机能。利用雌激素制剂进行人工诱导泌乳有一定作用。

3. 孕激素制剂的应用

已有许多种合成孕激素制剂用于畜牧、兽医领域。主要制剂有甲羟孕酮(MAP)、甲地孕酮(MA)、16-次甲基甲地孕酮(MGA)、炔诺酮、氯地孕酮(CAP)、氟孕酮(FGA)等。这些合成的孕激素制剂并不都属于类固醇。在人类医学上,主要用于避孕。

孕激素在畜牧兽医上有如下用途:作为同期发情的药物;与其他激素如 hCG 合用治疗母牛不发情或卵巢囊肿;与雌激素和皮质类固醇联用可诱导母羊的母性行为。

四、前列腺素的应用

在动物繁殖上应用的前列腺素主要是 PGF-2α 及其类似物。国内外已有许多种 PG 类似物,如氯前列烯醇、氟前列烯醇、15-甲基 PGF-2α,PGF-1α 甲酯等。目前国内应用最广的是氯前列烯醇(有人认为应该称为氯前列醇)。PGF-2α 及其类似物主要用于以下几方面:

1. 诱发流产和分娩

在奶牛生产中,有时需要进行选择性的流产或诱发分娩,PGF-2α 及其类似物一次注射即可。在母猪生产,用于统一分娩,有利于分娩监控。

2. 同期发情和人工控制配种

最普遍的奶牛同期发情与人工控制配种方案是间隔 11d 或 12d 两次注射 PG,第二次注射后的一定时间范围内进行配种或输精。有时还结合孕酮的埋植或 GnRH 的处理。生产中常用的一种同期发情:当天放阴道栓(含孕酮缓释技术),同时注射 GnRH,第 7 天取栓,同时注射 PG,第 9 天注射 GnRH,第 10 天配种。

3. 治疗生殖机能紊乱

对子宫病理变化导致的持久黄体及伴随子宫积脓,用 PG 治疗效果良好。用 PG 治疗黄体囊肿,可有效地消除囊肿,恢复发情周期。

4. 排除木乃伊干胎

患木乃伊干胎的奶牛,常伴有不消退的黄体,用 PG 处理结合人工辅助,有利于排出木乃伊干胎。

5. 治疗乏情

对乏情(包括没有发情和发情不明显而未被观察到)的母牛,经检查发现黄体存在,用 PG 治疗可取得令人满意的效果。

任务三　母牛的输精

阅读与认知

输精是把一定量的合格精液，适时而准确地输入到发情母牛生殖道内的一定部位，以使其达到妊娠的一项操作技术。输精人工授精技术的最后一个重要环节，是确保获得较高受胎率的关键。

一、输精的器械及种类

各种输精用具在使用前必须彻底清洗、消毒，再用稀释液冲洗。玻璃和金属输精器可用蒸汽、75%乙醇消毒或置于高温干燥箱内消毒；输精胶管不宜用高温，可用蒸汽、乙醇消毒，但一定要在输精前用稀释液冲洗2～3次。阴道开张器及其他金属器材等用具，可高温干燥消毒，或浸泡在消毒液内，也可用酒精灯火焰消毒。

输精管一般以每头母牛一支为宜。当输精器不够使用时，可用75%乙醇棉球涂擦消毒外壁，然后用稀释液冲洗外壁及管腔2～3次。

规模牧场现多采用细管冻精。用卡苏枪，带一次性外套进行输精操作。

二、输精的部位及剂量与时间

（一）输精的部位及剂量

输精剂量和输入有效精子数：普通牛一次输精剂量的冷冻精液中直线前进运动精子数≥800万个，水牛≥1000万个（表2-1）。

表2-1　母牛的输精要求

项目	液态	冷冻
输精量/mL	1～2	微型≥0.18
输入活精子数/10^8	0.3～0.5	≥0.08
输精次数	1～2	
输精部位	子宫颈深部或子宫体	

（二）输精时间

适宜的输精时间通常根据母牛发情鉴定的结果来确定，应考虑其排卵时间和精子获能时间、精子在母牛生殖道内维持受精能力时间、卵子维持受精能力时间、精液类型等因素，以利于精子和卵子结合。

母牛的发情周期平均是21d(18～24d)，发情时间较短，约18h，排卵一般发生在发情结束后10～15h。一般在发现母牛发情后8～10h可进行第一次输精，间隔8～12h进行第二次输精。生产中，母牛在早上接受爬跨，可于当日下午输精，如果次日早晨仍接受爬跨，则应再输一次；母牛在下午或傍晚接受爬跨，可于第二天早晨输精，下午仍有发情表现，再进行第二次输精。初配母牛发情持续期稍长，通常在发情后20h左右输精。在第二次输精前，最好检查一下卵泡，如已排卵，便不再输精。

体验与实践

一、器械的消毒

1. 玻璃器皿

可用超声波清洗机清洗，采用电热干燥箱加热到160℃后再恒温30min，自然冷却后待用。也可用家用消毒柜消毒，还可采用高压蒸汽消毒，维持20min。

2. 橡胶制品

一般采用75%乙醇棉球擦拭消毒，最好再用95%的乙醇棉球擦拭一次，以加速挥发残留在橡胶上面的水分和乙醇，然后用生理盐水冲洗。

3. 金属器械

可用新洁尔灭等消毒溶液浸泡，然后用生理盐水等冲洗干净；也可用75%的乙醇棉球擦拭；或用酒精灯火焰消毒。

4. 溶液

如润滑剂和生理盐水等，可隔水煮沸20～30 min消毒；或用巴氏消毒法消毒；或用高压蒸汽消毒。消毒时要避免玻璃瓶爆裂，瓶口用纱布包扎。

5. 其他用品

如药棉、纱布、棉塞、毛巾、软木塞等，可采用隔水蒸煮消毒或高压蒸汽消毒。

二、母牛的保定与消毒

经过发情鉴定已确定要配种的母牛，在输精前应进行适当的保定。牛一般在输精架内或拴系于牛床上保定。将母牛保定后，应将尾巴拉向一侧，清洗阴门及会阴部，再用消毒液进行消毒，然后用灭菌生理盐水冲洗，并用灭菌布(纸巾)擦干。

三、精液的准备

用于输精的精液必须符合各种动物输精所要求的输精剂量、精子活率等级及有效精子数。输精前，低温和冷冻保存的精液须升温或解冻，精液经检查符合输精要求的方能使用。一般液态保存的精液精子存活率不低于0.6，冷冻保存的精液精子存活率不低于0.3。

四、母牛的输精操作

（一）输精前的准备工作

牛输精器械可用干热或蒸汽消毒，再以消毒过的0.9% NaCl溶液或精液稀释液冲洗2～3次。输精员的指甲要剪短磨光、清洗消毒。准备好乙醇棉球、生理盐水、一次性塑料手套、输精记录簿等。

将牛保定在六柱栏内。为了防止在操作中母牛骚动，可在其鬐甲部设攀压带。把尾巴拉向一侧，用温肥皂水洗净外阴部，0.1%高锰酸钾消毒，并用消毒纸巾将水分吸干。做好母牛的发情鉴定，检查有无生殖器官疾病。

冷冻精液在使用前要先解冻，水浴锅38℃～40℃，10～20s。解冻后，用专用剪刀剪去超声波封口端，把细管专用输精枪捅针向后拉10～15cm，将剪口端向前装入输精枪的前端。将输精枪外套管的后端从塑料膜推出塑料膜外，然后将外套管与输精枪套在一起旋紧。

（二）输精操作步骤

牛一般采用直肠把握子宫颈输精法。

1．输精枪的插入

操作者戴上一次性手套，左手呈楔形插入母牛直肠，触摸子宫、卵巢、子宫颈的位置。可令母牛排除宿粪，再消毒外阴部。然后，左手压开阴门裂，右手将输精枪连同外套膜呈前上角度插入阴门内，进入约15cm后，左手拉住外套膜向后拉，右手固定住输精枪，使输精枪从外套膜中穿出，并使输精枪的外套管推出塑料膜7～10cm。

2．固定子宫颈

左手插入直肠摸清子宫颈后，用食指和中指向下压即可固定子宫颈，用大拇指按住子宫颈外口上缘；左手心朝向右侧握住子宫颈，无名指平行握在子宫颈外口周围，以便插入输精器。如果难于用以上两种方法握住子宫颈，可把手指并拢将子宫颈压于耻骨体上或骨盆腔侧壁使之固定。若母牛烦躁不安，可采用喂给饲草、捏腰、拍打眼睛、按摩阴蒂等方法使之缓解。

3．输精器插入子宫颈外口

左手把握好子宫颈，大拇指按压子宫颈外口上缘，右手持输精器通过阴道，探索抵达拇指肚，再导入子宫颈外口内，左手攥握子宫颈，右手持输精器沿左手臂，向左手心中探插，输精器即可进入子宫颈外口。

4. 到达输精部位

进入子宫颈外口的输精器，操作时两手配合，右手将输精枪向前推送，将输精器顺利地通过子宫颈管的几个皱襞，进入到子宫体后端（靠近子宫颈内口）（图2-6）。

5. 注入精液

当确认输精器到达子宫颈内口或子宫体后端时，捅针缓缓向前推，将精液注入，然后轻轻地抽出输精器。

输精结束后，各种用具用温碱水充分洗涤，最后以清水冲洗，经消毒后保存备用。

（三）母牛输精要求

输精过程中，抓握输精枪不要太紧，应随牛的后躯摆动而摆动，并随着母牛的移动而灵活插入；直肠内的手要把握子宫颈的后端，并保持子宫的水平状态；输精枪要稍用力前伸，每过一个子宫颈皱褶都有感觉；输精器插入阴道和子宫颈时，要小心谨慎，不可用力过猛，以防黏膜损伤或穿孔。

输精次数：一般情况下，发情母牛只需输精一次即可，但如果输精后8～12h母牛仍有明显的发情征象，应进行第二次输精。

使用此法，精液输入部位深，不易倒流，受胎率高；能防止孕牛误配，造成流产；用具简单，操作安全、方便。整个操作过程要求技术熟练，需经一定时间训练方能掌握。

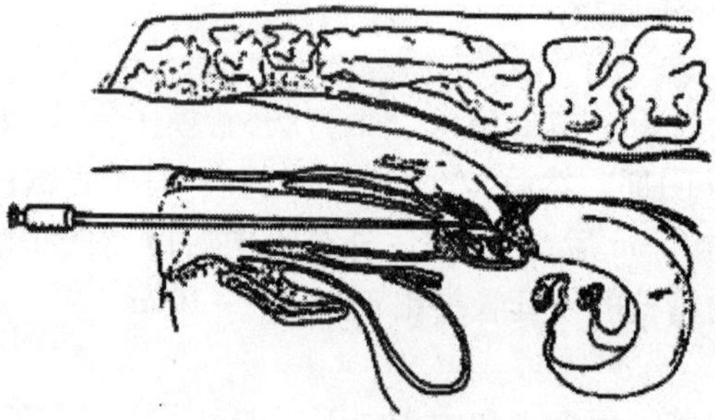

图2-6　母牛的直肠把握子宫颈输精

拓展与延伸

一、输精注意事项

(1) 处理精液的过程中(如吸取精液或注入精液时),动作要缓慢,以减少对精子的机械性刺激。

(2) 输精时,务必使母牛保持安静,个别母牛出现弓腰现象时,表明生殖道受刺激,应由保定人员按压腰部,减轻受刺激,防止精液倒流。

(3) 输精时,如遇不畅,不要强行输入精液,先左右、前后调整好输精管,然后注入精液。

(4) 冷冻精液解冻后精子存活率不低于0.3(牛细管精液精子存活率不低于0.35),方能用来输精,解冻后,最好立即输精,不宜保存。如需保存必须注意,解冻温度不要高于10℃,解冻后保存液要添加卵黄,可用低温保存解冻液解冻。

(5) 有的母牛妊娠后仍会出现发情,在输精时,如发现阴道干燥,子宫颈外口紧闭,应停止输精,重新检查,以防误配,造成流产。

(6) 输精完毕,必须将所有的器械立即洗刷干净,置于操作室内晾干备用。

二、影响受胎率的因素

输精效率的最终考核指标是母牛的受胎率。影响母牛受胎率的因素主要有以下几方面:

1. 公牛的精液品质

公牛精液品质优劣主要反映在精子活率和受精能力强弱上,这与公牛合理的饲养管理和配种制度密切相关。

2. 母牛的体况和繁殖机能

母牛在具有繁殖能力期间,其生理状况和生殖机能一旦失调或异常,则会严重影响受胎率。

3. 输精适期

母牛明显的发情和正常的排卵,以及适时输精,均有利于提高其受胎率。

4. 操作人员技术水平

操作人员的技术水平是人工授精成败的重要因素之一,直接影响母牛受胎率的高低。人工授精除要求熟练掌握有关母牛人工授精的各项技术外,还必须严格遵守卫生消毒制度和操作规程。

任务四　母牛的验胎

阅读与认知

一、母牛的妊娠与妊娠期

妊娠是指从受精卵开始，经过胚胎和胎儿生长发育到胎儿产出为止的生理变化过程。母牛妊娠期间，受精卵经过卵裂成为桑葚胚，进一步发育为囊胚或胚泡，然后附植于子宫内完成整个胚胎发育过程。

妊娠期是从受精开始至分娩为止的一段时期。各种动物的妊娠期有明显的差异。同品种动物的妊娠期也受年龄、胎儿数、胎儿性别和环境因素的影响。

一般早熟品种妊娠期较短。初产母牛、怀双胎、怀雌性胎儿以及胎儿个体较大等情况，会使妊娠期相对缩短。

普通牛的妊娠期平均为284d，水牛为307d。

二、早期妊娠鉴定及意义

妊娠鉴定是指通过牛在妊娠后生理上、形态上发生的一系列变化来确定母牛是否妊娠的一项应用技术。在牛的繁殖工作中，妊娠鉴定，尤其是早期妊娠鉴定，对提高牛繁殖率和养牛业生产率具有重要意义。

（1）简便而有效的早期妊娠鉴定，是提高繁殖率和增加畜产品的重要技术措施。以奶牛为例，对于一个繁殖牛群，不能进行准确的早期妊娠鉴定，就会使某些配后未妊的母牛失配，已妊的母牛因管理不善或再配种出现流产等问题。只要人为地错过13.5个发情周期，就等于少产一犊，损失一个泌乳期的产奶量。

（2）通过早期妊娠检查，可尽早确定已妊娠和未妊娠的母牛，进行分群管理。对确定为妊娠的母牛，应加强饲养管理，合理使用，以保证胎儿发育，维持母体健康和避免流产，从而利于母牛保胎，减少空怀。

（3）便于对参加配种的母牛和与配的公牛生殖机能作具体分析。早期妊娠鉴定的结果有助于对母牛整体生理状态和发情表现的分析和判断，找出没有受胎的可能原因；也可根据与同一公牛配种母牛的受胎情况，分析公牛的授精能力，为公、母牛生殖疾病的发现和治疗乃至淘汰提供依据。

（4）便于了解和掌握关于配种技术、方法以及授精时间方面的问题。经过妊娠鉴定，对未妊娠的母牛，要注意在下次发情时及时复配，同时要找出未妊娠的原因，如配种时间、配种方法、生殖道状况和精液品质等是否合适，从而便于下次发情配种时改进，提高受胎效果。

体验与实践

一、妊娠母牛外部生殖器官的鉴别

（1）母牛妊娠初期，阴唇收缩，阴门紧闭。

（2）随着妊娠的进展，阴唇水肿程度增强。初孕牛和成年母牛分别在5个月和7个月时出现水肿。阴道黏膜苍白，并有从子宫颈分泌出来的黏液。

（3）妊娠末期，阴唇、阴道因水肿加剧而变得柔软。

二、妊娠母牛外部观察

外部检查适用于各种牛。此法包括观察有无发情、营养状况、胎动、腹部轮廓、乳房、外阴部等外部表现和在腹壁外触诊胎儿、听取胎儿心音等方面的检查。这种方法的缺点是不能早期确诊母牛是否妊娠和妊娠的确切时间。

（1）母牛妊娠后，发情周期停止。可根据配后60～90d无重复发情来判断牛是否妊娠，其误差为5%左右。

（2）妊娠后的母牛食欲增加，由于营养状况的改善，膘情好转，被毛光泽，性情变得温顺，行为谨慎安稳。

（3）到一定时间（5个月）后，腹围增大；妊娠中后期乳房逐渐胀大；产前1～2个月，有些牛腹下常发生水肿。

（4）妊娠的后半期排粪尿次数增加（但不多），有时观察腹壁可见到胎动，尤其是饮水后胎动较为明显；妊娠初期，阴门紧闭，阴唇干燥有皱纹（横纹较多），后期出现水肿状态。

（5）胎儿的胸部靠近母体腹壁时，可以听到胎儿的心音。牛在妊娠6个月之后，胎儿的心跳每分钟在100次以上。

三、妊娠母牛阴道检查

母牛妊娠后，阴道的某些规律性的生理变化，虽然不能成为妊娠鉴定的主要依据，但往往可作为判断妊娠的参考。

母牛妊娠初期，黏膜苍白，阴道干燥，插入开张器时有阻力。母牛妊娠初期，黏液量少，黏稠度增加，混浊，呈灰白色或略带黄色；妊娠中期黏液量增加。母牛妊娠后子宫颈口紧闭，并有糨糊状黏液封住，形成"子宫栓"，外口位置初期在中央，而以后多偏向一侧。

如牛在妊娠 1.5 ~2 个月，子宫颈口处有黏稠的黏液，量较少；3 ~4 个月后，量增多，为灰白或灰黄色糊状黏液；6 个月以后，变得稀薄而透明。

四、妊娠母牛的直肠检查

直肠检查是对于牛早期妊娠鉴定最准确有效的方法之一。它是通过直肠壁直接触摸卵巢、子宫和胎胞的形态、大小和变化，因此可随时了解妊娠进程和动态，以便及时采取有效措施。到目前为止，此法是应用于牛早期妊娠鉴定最可靠的方法。

采用直肠触摸做妊娠鉴定的主要依据是妊娠后生殖器官的相应变化。在具体操作时要随妊娠的时间阶段有不同的侧重。妊娠初期，主要以卵巢上黄体的状态，子宫角的形状和质地的变化为主；胎胞（胎儿、胎膜和胎水的总称）形成后，要以胎胞的存在和大小为主（图 2-7）。胎胞下沉入腹腔时，则以卵巢的位置、子宫颈的紧张度和子宫动脉妊娠脉搏为主。

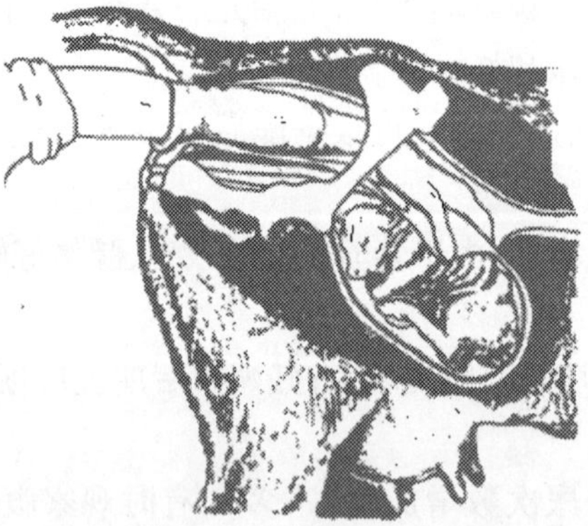

图 2-7　直肠检查示意图

配种 19 ~25d：胎胞不易感觉到，子宫变化也不明显。若卵巢上有成熟的黄体存在，则是妊娠的重要表现。如果卵巢无明显黄体而有接近成熟的卵泡，同时子宫角有勃起反应，说明母牛正在发情。

妊娠 30d：两侧子宫角出现不对称，孕角比空角粗而松软，有液体感，孕角膨大处子宫壁变薄，空角硬而有弹性，弯曲明显。用手指轻握孕角从一端向另一端滑动，有胎胞从指间滑落的感觉。用拇指和食指轻轻捏起孕侧子宫角，再突然放松，可感到子宫壁内先有一层薄膜滑开，这就是尚未附植的胎膜。

妊娠 60d：孕角更粗，两角悬殊，孕角波动明显，角间沟稍平坦，可摸到整个子宫。

妊娠 90d：孕角如婴儿头或排球大小，波动感强，子宫开始沉入腹腔，子宫颈前移。孕角侧子宫动脉增粗，根部开始出现妊娠特异脉搏，角间沟消失。

妊娠 120d：子宫全部沉入腹腔，子宫颈已越过耻骨前缘，可摸到子宫背侧的子叶，如蚕豆或黄豆大小，可触到胎儿，孕侧子宫动脉妊娠脉搏明显。

此后到分娩：子宫进一步膨大，沉入腹腔，手已无法触到子宫的全部；子叶逐渐增大至胡桃或鸡蛋大小；子宫动脉粗如拇指，双侧都有明显的妊娠脉搏。妊娠后期可触到胎儿头、四肢及各部。

寻找子宫动脉的方法：手伸入直肠后，手心向上贴着椎体向前移动，在岬部前方可摸到腹主动脉的最后一个分支髂内动脉，其根部的第一分支即为子宫动脉。

子宫动脉的特征：游离性强，可用手拎起，血液流速快。

五、妊娠母牛的 B 超检查

随着科技的发展，便携式 B 超检查仪器已经开始广泛应用于生产实践。一般来说，母牛配种后 55～60d 可以进行人工直肠检查，此时检查判定怀孕率较高，但采用 B 超检查，在配种后 35d 就可以进行，熟练的操作员可根据 B 超显示的影像准确判定奶牛是否怀孕，从而为奶牛繁殖节约一个情期的时间，以降低空怀率，提高牧场经济效益。

拓展与延伸

一、妊娠母牛生殖器官变化及全身变化

母牛妊娠后，由于胎儿、胎盘及黄体的存在，整个机体出现许多形态及生理的变化，尤其是生殖器官表现得更为明显。这些变化给妊娠鉴定提供了依据。

（一）生殖器官的变化

1. 卵巢

受精后的妊娠黄体持续存在，其体积与发情周期黄体相比，略有增大，并产生较多孕酮，以维持妊娠。妊娠黄体持续存在于整个妊娠期，到妊娠临结束时才退化。妊娠期间，有时有卵泡发育，但一般不能成熟排卵。卵巢位置随着胎儿增大往腹腔下沉，并且两侧卵巢距离靠近。

2. 子宫

受胎后的子宫发生显著的变化。随着妊娠期的进展，子宫逐渐伸展扩大。子宫的扩

大首先是由孕角和子宫体开始的，在整个妊娠期，孕角的增长、扩大速度比空角大得多，因此，怀单胎时孕角和空角始终不对称。在妊娠的前半期，子宫体积的增大主要是子宫肌纤维增长，至妊娠后半期，则是由于胎儿使子宫壁扩张，因此子宫壁变薄。妊娠末期，牛、羊扩大的子宫占据腹腔的右半部，并超过中线达到左侧，瘤胃被挤向前。

妊娠时，子宫颈收缩很紧，质地较硬，子宫黏膜增厚，同时分泌黏稠的黏液，填充于子宫颈管内，子宫颈管就完全封闭起来，以防外物进入，保护胎儿安全生长发育。牛子宫颈栓塞较多，并常行更新。子宫颈栓塞受到破坏后，可发生流产。

随子宫往腹腔下沉，子宫颈前移。妊娠后期由于子宫扩张很大，又回到骨盆腔。

3. 子宫动脉

在胎儿发育所需营养增多时，血液的供给增加，因此血管分支增多，而且变粗，在妊娠末期，牛的子宫动脉可粗如食指或拇指。在加粗的同时，动脉内膜的皱襞变高，而且因它和肌肉层的联系疏松，所以在血液流过时所造成的脉搏从原来清楚的搏动，变为间隔不明显的流水样颤动，称为怀孕脉搏。此脉搏在妊娠后一定时期（3 个月后）出现。孕角子宫动脉的变化比空角的变化显著很多。

4. 子宫阔韧带

妊娠后，由于子宫重量逐渐增加，子宫下垂，所以子宫阔韧带伸长并绷得很紧。

5. 阴唇

妊娠初期阴唇收缩，阴门紧闭，至后半期阴唇逐渐出现水肿状态，而且柔软。

（二）全身的变化

妊娠后不久，母牛新陈代谢变得旺盛，食欲增加，消化能力提高，所以在妊娠前半期身体营养状况得到改善，膘度增加。后期由于胎儿迅速生长发育需要大量营养，尽管食欲增加，母体积蓄的营养也被消耗，所以膘度下降。如果矿物质（尤其钙、磷）补充不足，后肢易发生跛行。

随着胎儿逐渐增大，腹压增高，内脏器官的空间减小。这就使排粪尿的次数增多，但每次的量不多。由于膈肌受到压迫和胎儿需氧增多，所以呼吸次数增加，并且呼吸方式由胸腹式变为胸式。腹部膨大，并且轮廓也发生改变。

妊娠后半期，孕畜的行动变得比较稳重、谨慎，容易疲劳和出汗。

二、妊娠鉴定注意事项

1. 区分妊娠子宫和异常子宫

因子宫炎症造成的子宫积脓或积水，也会造成一侧子宫角和子宫体膨大，重量增加，子宫下沉，卵巢位置下降等类似妊娠的表现。须仔细触摸才能做出准确的鉴定。若无子叶出现，不管何种异常，都不会有子宫动脉妊娠脉搏。

2. 正确判断妊娠和假妊娠

如果配种40d以上，子宫角仍无妊娠表现，子宫角基部无胎胞，卵巢上无卵泡发育和排卵现象，阴道的表现与妊娠一致，则这种情况可认为是假孕，应及时处理，促其再发情配种。

3. 正确区分胎胞和膀胱

牛膀胱充满尿液时，其大小和妊娠70～90d的胎胞相似，容易将其混淆造成误诊。区别的要领是膀胱呈梨状，正常情况下位于子宫下方，两侧无牵连物，表面不光滑，有网状感；胎胞则偏于一侧子宫角基部，表面光滑，质地均匀。

4. 注意孕后发情

母牛配后20d妊娠者偶尔也有某些外部发情表现，但是只要无卵泡发育，也可认为是假发情。

5. 注意特殊变化

对母牛因双胎出现的两侧子宫角对称，子宫角收缩不典型的母牛要做认真的触摸。

6. 注意综合判断

对妊娠现象要全面考虑，综合判断，既要抓住每个阶段的典型征兆，也要参考其他表现。对牛4个月以上的妊娠鉴定，既要根据胎胞的有无和大小，又要注意子叶的有无和直径，以及子宫动脉的反应。

任务五　母牛分娩的助产

阅读与认知

一、分娩预兆

母牛分娩前，在生理、形态及行为方面都将发生一系列的变化，称为分娩预兆。以此可估测和判断分娩的时间。

初产牛妊娠4个月后乳房开始增大，后期发育加快；经产牛到分娩前乳房的变化才明显。分娩前数天奶头可挤出清亮胶样液体；产前两天可挤出初乳。产前1个月到产前7～8d体温逐渐上升，可达39℃；分娩前12h，体温下降0.4～0.8℃。

二、预产期推算

按照牛的妊娠期平均284d计算，牛的预产期为配种月份减3，日数加10。

三、分娩过程

分娩是母牛借子宫和腹肌的收缩，将胎儿及胎膜（胎衣）排出体外的过程。分娩大体可分为开口期、胎儿产出期和胎衣排出期三个阶段。实际上开口期和胎儿产出期并没有明显的界限。母牛分娩过程的三个阶段有明显的种间差异。

1. 开口期

开口期是指从子宫开始阵缩起，到子宫颈口完全开张、与阴道的界限消失为止。这一阶段的特点是只有阵缩，即子宫间歇性的收缩。开始收缩的频率低，间隔时间长，持续收缩的时间短、强度低；随后收缩频率加快，收缩的强度加大和持续的时间延长，到最后每隔几分钟即收缩一次。初产母牛表现为不安、起卧频繁、食欲减退等，经产者表现不甚明显。

子宫颈的开张，首先是松弛素和雌激素的作用使子宫颈变得松软；其次是因为子宫颈作为子宫肌的附着点，子宫肌的收缩必然会压迫子宫颈开张。分娩时子宫内压力的升高也是促使子宫颈开张的原因之一。

2. 胎儿产出期

指从子宫颈口完全开张到胎儿产出为止。在这段时间，子宫的阵缩和努责共同发生作用。努责是指腹肌和膈肌的反射性和随意性收缩，一般在胎膜进入产道后才出现，是娩出胎儿的主要动力，它比阵缩出现晚，停止早。产畜出现烦躁不安，呼吸和脉搏加快，最后侧卧，四肢伸直，强烈努责。

3. 胎衣排出期

指从胎儿产出后到胎衣完全排出为止。胎儿产出后，母牛稍加安静，几分钟后，子宫恢复阵缩，但收缩的频率和强度都比较弱；有时伴有轻微的“努责”，将胎衣排出。猫、狗等动物的胎衣常随胎儿同时排出。

胎衣排出主要是由于分娩过程中子宫强有力的收缩，使胎盘中大量血液被排出，导致子宫黏膜腺窝（母体胎盘）张力减小，胎儿绒毛（胎儿胎盘）体积缩小、间隙加大，绒毛容易从腺窝中脱出。

四、接产准备

根据配种记录和产前预兆，一般在预产期前1~2周将母牛转入产房。换上清洁柔软的垫草，产房要预先消毒并准备必需的药品和用具（消毒剂、乙醇、碘酒、液状石蜡、肥皂、脸盆、刷子、毛巾、白布或塑料布、细绳、剪子、产科绳、产科钳、产科梃等）。组织好夜间值班。对临产母牛应先将尾巴用绷带缠绕拉于躯干的一侧，然后用温肥皂水将外阴部及肛门附近彻底洗净，并用消毒剂消毒后擦干。在助产时要注意自身消毒和防御，防止人身伤害和人畜共患病的感染。

体验与实践

一、分娩母牛的接产

（一）分娩预兆的观察

1. 乳房变化

乳房胀大、变硬，乳头变粗大，并可挤出初乳，有的牛临产前有漏乳现象。

2. 阴唇及子宫颈变化

阴唇肿大、松弛。阴道检查可见子宫颈肿大并轻度开张（可伸入 2 个以上的手指）；子宫颈栓软化，从阴门中流出来。

3. 骨盆变化

荐骨韧带松软、塌陷，其后缘更为明显，荐骨后端及尾根的活动性增大。

4. 行为变化

母牛不安，在僻静的角落起卧、徘徊，回顾腹部，拱背抬尾，频排粪尿。

（二）分娩的监护及助产

1. 检查母牛临产体征

母牛开始分娩时，首先应检查它的全身状况，如体温、呼吸、脉搏等，并观察阵缩、努责的频率、强度以及分娩姿势是否正常。记录开始努责的时间。

2. 检查胎向和胎势

助产时，在胎囊露出或胎水排出后，应立即将手臂消毒后伸入产道，检查胎向、胎位及胎势。

分娩时的一般正常胎势：纵向，上位或轻度侧位，体躯伸展。正生时，两前腿及头颈伸直，头颈放在两前腿上面（阴道检查时，常称为三件俱全，即胎儿的两前肢和唇部）；倒生时，两后腿伸直。

3. 观察暴露出来的胎膜

若胎囊未破，可隔着胎囊进行检查。如果一切正常，可等待母牛自行排出，否则须酌情采取适当措施，防止发生难产。牛分娩时，先显现露出来的多为尿膜、绒毛膜，其中有淡黄或褐色尿水,破水后才见羊膜囊逐渐突出于阴门外,成为第二胎囊,囊内有胎儿和白色羊水,然后破裂。

4. 适时助产

在胎儿唇部露出时,应注意其额部是否朝上,前肢蹄部是否向下,并注意观察母牛的努责情况正常与否。正生时,不可过早拉出胎儿,但在倒生时应立即扯破胎膜,握住后腿及早拉出。

在胎儿头部通过阴门有困难时,应轻拉胎儿,给以帮助。牵引时必须沿着骨盆轴的方向,并配合母牛的努责而用力。还应注意保护会阴,如有撕裂的可能,应以两手按住阴唇上方及两侧加以防护。做好胎儿出生登记、称重、编号等工作。

5. 注意胎衣的排出

观察并记录排出胎衣的情况与时间,奶牛胎衣排出时间为12h之内,超过12h称为胎衣滞留,需要兽医进行处置。对排出的胎衣要及时处理。

二、初生犊牛的护理

当胎儿产出后,应做好初生犊牛的护理工作。

1. 预防吸入羊水或窒息

犊牛娩出后要立即擦净其口、鼻周围的羊水,并观察呼吸是否正常。如无呼吸或呼吸不正常,可能已发生窒息,应立即抢救。

犊牛假死是由于难产等原因造成分娩时间过长,或在分娩过程中胎儿或脐带受到压迫等因素,使娩出的胎儿发生窒息。其典型征象是刚产出的犊牛无呼吸动作而仅有心跳,因而软弱无力,黏膜发绀,舌脱出于口外,口、鼻内充满羊水或黏液;或虽然有呼吸动作,但呼吸不匀,有时张口吸气,心跳快而弱,气管和肺部有湿性啰音。如遇此种情况,应立即采取如下急救措施:迅速吸出并擦干口、鼻内的羊水或黏液;将病畜倒提抖动或用草秆等物刺激其鼻腔黏膜,诱发呼吸反射,或注射尼可刹米等兴奋呼吸中枢的药物,或注射肾上腺素;严重者要进行人工呼吸或输氧;进行必要的对症处理,如适量补糖和补液,给予抗生素等。

2. 处理脐带

分娩时,犊牛脐带一般自然扯断,此时应将犊牛身上脐带内残留的血液挤压入犊牛体内,这有利于犊牛的健康。断脐后,犊牛腹部的脐带残端应用碘酊消毒。如果脐带残端持续出血,应结扎止血。

生后几天,要注意观察脐带残端。初生犊牛脐带残端一般在生后2~7 d内干燥脱落。在此期间要特别注意脐带卫生,每日涂以碘酊,防止感染,并要防止犊牛之间相互舐吮。万一发生异常应立即处理。

3. 注意保温

犊牛出生后应将其放在母牛身边,让母牛舔干其身上的羊水,这不仅能增加母子感情,而且能促进母牛胎衣的排出。如母牛不能舔干,则要尽快帮助擦干,以防体温散失而受凉。

4. 扶助犊牛站立

注意观察初生犊牛的行为变化。犊牛生后不久便试图站立,应予以扶助,以防摔倒而发生骨折。健康的初生犊牛精神活泼,呼吸和心跳等生理状态正常。牛出生后一般1h左右便能站立行走,寻找乳头并吮乳。如果初生犊牛上述行为异常,表明可能发生疾病,应及时诊断治疗。

5. 及时喂初乳

初乳中含有大量抗体。除了兔、豚鼠、灵长类动物和人以外,大分子量的抗体不能通过胎盘,初乳是初生犊牛获得抗体的唯一来源。初乳中含有初乳体,其中镁盐很多,可以刺激肠道发生轻泻作用,促进胎粪排出。此外,初乳的营养价值也较常乳高,不但蛋白质含量高,特别是清蛋白和球蛋白含量比常乳高20~30倍,而且含有对生长及防止下痢不可缺少的维生素A。母牛产后初乳中的营养成分逐日降低,一般在产后4~7日变为常乳。

6. 初生孱弱犊牛或早产犊牛的护理

妊娠母牛由于饲养管理不当有时发生早产或产出孱弱犊牛。早产犊牛或弱仔能否存活,关键在于合适的饲养条件和精心护理。一般而言,早产时间离预产期越近,所产犊牛就越易存活。

7. 预防注射

对初生犊牛要注射破伤风抗毒素,以防发生破伤风。

拓展与延伸

一、初生犊牛及生理特点

初生犊牛是指出生后至脐带残端脱落阶段的幼小动物。脐带残端脱落以后至断奶期间的幼小动物则称为哺乳幼畜。一般初生犊牛脐带残端干燥脱落的时间为7d左右。

胎儿出生后,由母体子宫环境进入外界环境,其生活条件骤然发生改变:由通过胎盘进行气体交换,转变为自行呼吸;由通过胎盘获得营养物质和排出废物,变为自行摄食、消化和排泄;此外,胎儿在母体子宫内时,环境温度相当稳定,不受外界有害作用的影响,但出生后就要直接与外界环境接触。由于初生犊牛的生理机能尚未发育健全,对外界环境的适应能力差,极易受环境因素的打击而发病,甚至死亡,故初生犊牛的死亡率最高。因此,加强对初生犊牛的饲养管理,提高其存活率,是提高牛繁殖力的重要内容。

二、接产方法

对正常分娩的母牛,原则上无需助产。助产人员的主要职责是监视母牛的分娩情况,发现问题,给母牛必要的辅助和对犊牛进行及时护理。重点注意以下几个问题:

当胎头露出阴门之外,而羊膜尚未破裂时应立即撕破羊膜,使胎儿鼻端暴露,防止窒息。遇到羊水流失,胎儿仍未排出时,可抓住胎头及两前肢,随母牛努责,沿骨盆轴方向拉出胎儿,在牵拉过程中要注意保护阴门。倒生时,更应迅速拉出,以避免胎儿的胸部在母牛骨盆内停留过久,脐带被嵌压致供氧中断而窒息。

胎儿产出后,要立即擦干口腔和鼻腔黏液,以防吸入肺内引起异物性肺炎。注意初生犊牛的断脐和对脐带的消毒,防止感染化脓。

任务六　难产母牛的助产

阅读与认知

一、母牛难产的分类与检查

难产由于发生的原因不同,可以分为产力性难产、产道性难产和胎儿性难产三种。前两种是由母体反常引起的,后一种是由胎儿原因引起的。

产力性难产包括:阵缩及努责微弱、阵缩及破水过早、子宫疝气。产道性难产包括:子宫捻转、子宫颈狭窄、阴道及阴门狭窄、骨盆狭窄、产道肿瘤等。胎儿性难产包括:胎儿与母牛骨盆大小不相适应(如胎儿过大、双胎难产等),胎儿姿势不正(如正生时,头部或前肢姿势不正;倒生时后肢姿势不正),胎儿位置不正(如侧位、下位),胎儿方向不正(如竖向、横向)。

在难产病例中,以胎儿性难产最为多见,它在牛的难产中约占3/4。在胎儿性难产中,由于牛、羊胎儿的头颈及四肢较长,容易发生姿势不正,其中主要是胎头姿势反常和前肢反常。

有些难产并不一定单独发生，如宫颈狭窄伴以胎儿姿势反常，前肢和头部姿势可能同时发生不正等。牛的骨盆比较狭窄，骨盆轴不那么直而短，分娩时难产比马、羊多见。

为了判明难产的情况，除了检查母牛全身状况外，必须重点对产道及胎儿进行临床检查。检查产道时，主要是查明产道是否干燥，有无损伤、水肿或狭窄，子宫颈开张程度（母牛子宫颈开张不全较多见），产道有无畸形、肿瘤，并注意流出的液体颜色和气味。对胎儿的检查，不仅要了解其进入产道的程度，正生或倒生以及姿势、胎位、胎向的变化，而且要断定胎儿的死活，这对助产方法的选择具有重要意义。

二、难产的救助原则

实践中，牛难产的种类很多，也较复杂，所以救助时应根据具体情况因势利导，遵守一定的操作原则。

助产时，除挽救母牛和胎儿外，要注意保持母牛的繁殖力，因此要避免产道的感染和损伤，特别是使用器械时尤应小心。

母牛横卧保定时，须尽量将胎儿的异常部分向上，以利操作。例如，胎头右侧转时，母牛左侧腹壁应卧地。

为了便于推回矫正或拉出胎儿，尤其是产道干燥时，应向产道内灌注大量润滑剂，如肥皂水或油类。矫正胎儿反常姿势，应尽量将胎儿推回子宫内，否则产道容积有限，不易操作。推回的时机应在母牛阵缩的间歇期，前置部分最好拴上产科绳。

拉出胎儿过程中应随母牛努责而用力，人数也不宜过多，并应在术者统一指挥下试探着进行，并要保护会阴，特别是初产母牛胎头通过阴门时，会阴容易撕裂。

体验与实践

一、难产的检查

（一）繁殖史调查

了解母牛是初产还是经产，怀孕是否足月或超过预产期。一般初产畜，可考虑产道是否狭窄，胎儿是否过大；对经产畜，了解胎位、胎势是否不正，胎儿是否畸形或是否怀双胎等。如果预产期未到，可能早产或流产。了解分娩开始的时间，努责的强度及频率，胎水是否流出，综合分析判断是否难产。

了解分娩前是否患过阴道脓肿、阴门裂伤、骨盆骨折以及其他产科疾病，因患过上述疾病可引起产道或骨盆狭窄，影响胎儿产出。了解分娩开始后是否经过治疗，如何治疗，治疗前胎儿的方向、位置及胎势如何，胎儿是否死亡，经过何种处理，以便在此基础上确定下一步救治措施。

（二）产道的检查

产道的检查主要是查明产道的松软和滑润程度，有无损伤、水肿和狭窄，并要注意产道内液体的颜色和气味，子宫颈松软和开张程度，有无瘢痕、肿瘤及骨盆畸形等。

如果难产时间已久，母牛因产程过长，软产道黏膜往往发生水肿，导致产道狭窄，妨碍助产。有时虽然分娩发动的时间不长，但由于胎水过早流失，造成黏膜表面干燥，也可导致产道水肿，甚至损伤或出血。产道的损伤一般可以触摸到，流出的血液颜色要比胎膜血管中的血新鲜（鲜红）。产道的水肿或损伤，将给助产工作带来很大困难，有时甚至使手臂无法伸入宫腔。强行助产会造成产道更大的损伤，应及时调整助产方法。

（三）胎儿的检查

胎儿的检查应检查胎势、胎向和胎位有无异常，胎儿是否存活、体格大小和进入产道的深浅等；同时应注意胎儿是否畸形，是否发生了气肿或腐败等。检查前，术者手臂及母牛外阴部均须消毒。如果胎膜未破，应隔着胎膜用手触摸胎儿的前置部分；如果胎膜已破，手要伸入胎膜内直接触诊，这样既可检查胎儿在宫腔内的状况，又能感觉出胎儿体表的滑润程度以及胎儿的死活。

1. 胎儿是否异常

通过触诊其头、颈、胸、腹、臀或前后肢，弄清楚胎儿的胎势、胎向和胎位如何，以确定产出时会否出现异常。

2. 胎儿的大小

检查胎儿的大小应和产道的大小相比较来确定是否容易矫正和拉出。

3. 胎儿进入产道的程度

如胎儿进入产道很深，不能推回，且胎儿较小，异常不严重，可试行拉出；进入尚浅时，如有异常，则应先矫正后再拉出。

4. 胎儿的死活

可根据以下检查内容来判断胎儿的死活。当正生时，术者可将手指伸入胎儿口腔，注意有无吸吮动作；或轻拉舌头，注意是否收缩；或以手指轻压眼球，注意有无反应；或牵拉、刺激前肢，注意有无向相反方向退缩；也可触诊颌外动脉或心区，检查有无搏动。倒生时，最好是触诊脐带是否有动脉搏动；也可牵拉或刺激后肢，注意有无反射活动；或将食指轻轻伸入肛门，检查有无收缩反射。

在判定胎儿死活时，只要确实检查到了上述各项中某一项生理性活动，即可确定。但判断胎儿死亡时，却不能单纯依据某一种生理活动的消失，而必须在可查的各种活动全部消失时方能最后确定。

二、难产母牛的助产

（一）产力性难产的助产

分娩时子宫及腹肌收缩无力，时间短，次数少，间隔时间长，以致不能将胎儿产出，称为阵缩及努责微弱。

产力性难产分两类。一类是原发性产力性难产：长期舍饲、缺乏运动、饲料质量差、缺乏青绿饲料及矿物质，老龄、体弱或过于肥胖；母牛患有全身性疾病；胎儿过大、胎水过多等。另一类是继发性产力性难产：在分娩开始时阵缩、努责正常，进入产出期后，由于胎儿过大、胎儿异常等原因长时间不能将胎儿产出，腹肌及子宫由于长时间的持续收缩，过度疲乏，最后导致阵缩、努责微弱或完全停止。

原发性阵缩和努责微弱，早期可使用催产药物，如垂体后叶素、麦角等。在产道完全松软、子宫颈已张开的情况下，则实施牵引术即可。胎位、胎向、胎势异常者经整复后强行拉出，否则实行剖宫产手术。中、小动物可应用垂体后叶素 10 万～80 万单位或已烯雌酚 1～2mg 皮下或肌肉注射。否则可借助产科器械拉出胎儿。强行拉出胎儿后，注射子宫收缩药，并向子宫内注入抗生素药物。

（二）产道性难产的助产

产道性难产主要是产道狭窄，牛发生此类难产较多见。

软产道狭窄主要是子宫颈、阴道前庭和阴门狭窄，尤其是头胎分娩时往往产道开张不全；或由于早产，也可能由于雌激素和松弛素分泌不足，致使软产道松弛不够。此外，牛子宫颈肌肉较发达，分娩时需要较长时间才能充分松弛开张。这些都属于开张不全，临床上比较多见。由于以往分娩时或手术助产及其他原因，造成子宫颈和阴道的损伤，使子宫颈形成疤痕，阴道发生粘连，以致分娩时产道不能充分开张。

轻度的子宫开张不全，可通过慢慢地牵拉胎儿机械地扩张子宫颈，然后拉出胎儿。硬产道狭窄及子宫颈有疤痕时，一般不能从产道分娩，只能及早实施剖腹产术取出胎儿。

（三）胎儿性难产的助产

1．胎儿过大

胎儿过大，是指母牛的骨盆及软产道正常，胎位、胎向及胎势也正常，由于胎儿发育相对过大，不能顺利通过产道。

胎儿过大，可人工强行拉出胎儿，其方法同胎儿牵引术。强行拉出时必须注意，尽可能等到子宫颈完全开张后进行；必须配合母牛努责，用力要缓和，通过边拉边扩张产道，边拉边上下左右摆动或略为旋转胎儿。在助手配合下交替牵拉前肢，使胎儿肩围、骨盆围呈斜向通过骨盆腔狭窄部。强行拉出确有困难的而且胎儿还活着,应及时实施剖宫产术;如果胎儿已死亡,则可施行截胎术。

2. 胎儿姿势不正

(1) 胎儿头颈姿势不正:分娩时两前肢虽已进入产道,但是胎儿头发生了异常,如胎头侧转、后仰、下弯及头颈扭转等,其中以胎头侧转、胎头下弯较为常见。

对于侧转程度不大的病例可用徒手矫正法。矫正前先用产科绳拴住两前肢,然后术者的手伸入产道,用拇指和中指握住两眼眶或用手握住鼻端,也可用绳套住下颌将胎儿头拉成鼻端朝向产道。如果是头顶向下或偏向一侧,则把胎头矫正拉入产道即可。

(2) 胎儿前肢姿势不正:例如腕关节屈曲、肩关节屈曲和肘关节屈曲,或两前肢压在胎头之上等。临床上常见者为一前肢或两前肢腕关节屈曲,其他异常姿势较少见。

腕关节屈曲时,先将胎儿推回子宫,推的同时术者用手握住屈曲的肢体的掌部,一面尽力往里推,一面往上抬,再趁势下滑握住蹄部,在继续上抬的同时,将蹄部拉入产道。另外,也可用产科绳捆住屈曲前肢的蹄部,再用手握住掌部,在向内推的同时,由助手牵拉产科绳,拉至一定程度,术者转手拉蹄部,协助矫正拉出。如果胎儿已死亡,可实施腕关节截断术。

(3) 胎儿后肢姿势不正:在倒生时,存在跗关节屈曲和髋关节屈曲两种情况,临床上以一后肢或两后肢的跗关节屈曲较为多见。助产时,先用产科绳捆住后肢跗部,接着术者用手压住臀部,并用产科梃顶在胎儿尾根与坐骨弓之间的凹陷内,往里推,同时助手用力将绳子向上、向后拉,术者顺次握住系部乃至蹄部,尽力上举,使其进入产道,最后用力将胎儿后肢拉出。如跗关节挤入骨盆腔较深,无法矫正且胎儿过大时,可以把跗关节推回子宫内,使其变为髋关节屈曲(坐骨前置)。此时用产科绳分别系于两大腿基部,将绳子扭在一起,向产道注入大量滑润剂后,强行拉出胎儿。

拓展与延伸

难产的预防

预防难产的饲养管理措施之一,是勿使母牛过早配种。如果进入初情期或性成熟之后便开始配种,由于母牛尚未发育成熟,所以分娩时容易发生骨盆狭窄等,因此应防止未达体成熟的母牛过早配种。

妊娠期间,母体所摄取的营养物质,除了维持自身的代谢需要外,还要供应胎儿的发育,因此,对妊娠母牛宜进行合理的调养,给予完善的饲料,以保证胎儿的生长和维持母牛的健康,减少分娩时发生难产的可能性。

对妊娠母牛要安排适当的使役和运动,役用牛应量力使役。产前半个月可作牵蹓运动。适当的运动不但可提高母牛对营养物质的利用,同时,也可使全身及子宫肌的紧张性提高,分娩时有利于胎儿的转位以减少难产的发生,还可防止胎衣不下及子宫复旧不全等疾病。

此外,临产时对分娩正常与否作出早期鉴定也是一种积极的方法。鉴定时间,以开始努责至胎膜露出或排出胎水这一段时间为佳。羊膜未破时,隔着羊膜(不要过早撕破,以免胎水流失,影响胎儿的排出);羊膜已破时,伸入羊膜腔触诊胎儿。如果摸到胎儿是正生,前置部分(头及两前肢)正常,可由它自然排出。如果发现胎儿有反常,就立即进行矫正,此时由于胎儿的躯体尚未楔入骨盆腔,难产的程度不大,胎水尚未流尽,矫正比较容易。例如,牛的胎头侧弯是较常见的,在产出期开始时,这种反常只是头稍为偏斜,尚未达到严重程度,此时可稍加扳动,即可将胎头拉直,随后把胎儿拉出,即可避免难产的发生。

任务七 母牛的产后护理

阅读与认知

一、产后母牛的护理

首先要注意产后母牛外阴部的清洁和消毒,如尾根、外阴周围黏附有恶露时,应洗净,并防止蚊蝇飞落。褥草要经常更换,搞好厩床卫生。

产后头几天内应给予质量好、容易消化的饲料,量不宜太多。经过7~10d,饲料可逐渐转变为正常。

役用母牛在产后半个月内宜停止使役。分娩之后,某些原因可使母牛立即出现一些病理现象,如在预定时间内胎衣不能排出,随着胎儿产出或胎儿产出后几小时内,发生阴道或子宫脱出,奶牛突然发生产后瘫痪,缺乏乳汁或乳房的急性炎症等。因此,必须随时注意观察,并定期检查,一旦有异常现象出现,应立即采取相应措施。

二、促进产后子宫复旧的方法

(一) 应用外源激素或子宫收缩药

1. $PGF_{2\alpha}$

$PGF_{2\alpha}$有促进子宫肌收缩、排出恶露的作用,同时这种激素还可调节卵巢活动,所以在促进产后子宫复旧方面应用较多。在母牛产后14d和28d,各注射一次,使子宫复旧和首次配种的时间提前,妊娠率提高。在产后早期应用,对子宫复旧有促进作用。

2. 催产素和雌激素

母牛在分娩后数小时,体内催产素仍维持在较高水平,这对于促进胎衣排出和恶露清除是非常重要的。此后催产素水平逐渐降低,故在产后早期应用外源催产素有助于子宫复旧。雌激素在分娩后最初几天水平也较高,一般到产后4~5d才降至基础水平。较高水平的雌激素能改善子宫血液循环,促进子宫肌收缩,提高子宫的自我防卫机能。雌激素还有修饰催产素受体,提高子宫肌对催产素敏感性的作用,所以在产后将催产素与雌激素联合应用,能增强促进子宫复旧的效果。

3. 其他药物

除了激素以外,能促进平滑肌收缩的药物均可用于加速子宫复旧,其中以麦角制剂应用最多。麦角制剂一般在产后1~2d内,尤以产后1d内应用最多,因为在此期间子宫体积较大,有时尚留有胎衣,应用麦角制剂能加速子宫收缩和胎衣排出。

(二) 按摩

这是一项传统的方法。操作者以手通过直肠按摩子宫,操作方法如同直肠检查。一般每日按摩1~2次,每次15~30min,以促进子宫血液循环和子宫肌收缩,但该法劳动强度较大。

(三) 改善饲养管理

母牛产前、产后营养状况及分娩时的状况对产后子宫复旧有一定的影响。产前和产后能量、蛋白质、微量元素和维生素等不足,均会影响母牛产后的生殖机能,特别是难产、胎衣不下等疾病可使子宫复旧显著延迟。因此,改善产前和产后饲养管理,预防围产期疾病,对产后子宫复旧均有积极作用。

拓展与延伸

一、产后母牛的生理特点

(1) 分娩以后,母牛产道经历扩张,给整个生殖道造成了一定创伤。

(2) 母牛体力被大量消耗,消化机能减弱。

(3) 机体抵抗力降低,特别是子宫内恶露的存在,为病原微生物的侵入和感染创造了条件。

二、产后母牛的生殖机能特点

产后期是指从胎衣排出后，母牛生殖器官恢复到正常未孕状态的一段时间。这段时间里，最重要的变化是子宫内膜的再生、子宫复旧和发情周期的恢复。

1. 子宫的恢复

分娩后，子宫黏膜表层发生变性、脱落，原属母体胎盘部分的子宫黏膜被再生的黏膜代替。对于牛来说，子宫叶阜的高度降低、体积缩小，并逐斯恢复到妊娠前的大小。在黏膜再生的过程中，变性脱落的子宫黏膜、白细胞、部分血液、残留在子宫内的胎水以及子宫腺分泌物等被排出，这种混合液体叫做恶露。最初为红褐色，继而变为黄褐色，最后变为无色透明。母牛排尽恶露需 10～12d。恶露持续的时间过长或者颜色异常，是子宫病理变化的反映。

随着子宫黏膜的恢复和更新，子宫壁变厚，体积缩小，随后子宫肌纤维变性，部分被吸收，使子宫壁变薄并逐渐恢复到接近原来的状态。子宫复旧的时间为 9～12d，水牛为30～45d。

2. 卵巢的恢复

母牛卵巢上的黄体到分娩后才被吸收，产后第一次发情出现较晚，而且往往只排卵而无发情表现。产后给犊牛哺乳或增加挤奶次数，会使产后发情排卵的时间延迟。

三、产后发情

产后发情是指母牛分娩后出现的第一次发情。母牛产后发情出现的时间早晚不一，这与饲养管理、产后有无疾病发生等因素有关。

母牛一般可在产后 40～60d 发情，奶牛产后第一次发情早者可于产后 3d 左右，而迟者可达数月，平均在 50d 左右。但农区耕牛特别是水牛一般产后发情较晚，往往经数月甚至一年以上，主要是哺乳和饲养管理不善或使役过度引起的。

项目三

奶牛品种识别与选育

任务一 奶牛品种的识别

阅读与认知

一、奶牛的整体及局部特征

不同经济用途的牛,具有与生产类型相适应的外部形态特征。同样,乳用牛具有与泌乳性能相关的外貌特征。

(一) 整体特征

奶牛皮薄骨细,血管显露,被毛短而有光泽;肌肉不发达,皮下脂肪沉积少;胸腹宽深,后躯和乳房十分发达;骨骼舒展、外形清秀。属于细致紧凑体质类型的奶牛,呈现“三宽、三大”的乳用牛典型特征,即背腰宽,腹围大;腰角宽,骨盆大;后裆宽,乳房大。奶牛的后躯显著发达,从侧望、前望、俯望均呈“楔形”(又称“三角形”),如图 3-1 所示。

图 3-1 奶牛整体特征示意图

(二) 局部特征

头部狭长而清秀,额宽,鼻孔大、口大。

颈部细长而薄,颈侧多纵行皱纹,垂皮较小。

胸部发育良好,肋长,适度扩张,肋骨斜向后方伸展。

背腰部平直,腹大而深,腹底线从胸后沿浅弧形向后伸延,至肷部下方向上收缩。

腹部饱满、充实,腹腔容积大,不下垂。

尻长、平、宽,腰角显露。

尾部细,毛长,尾帚过飞节。

四肢端正、结实,蹄质致密,两后肢距离较宽。

泌乳系统是体现奶牛生产性能的关键。

1. 乳房

乳房发达,呈浴盆状。乳房体积大,前乳房向腹下前方延伸,超过腰角垂线之前,后乳房充满于两股之间且突出于躯干的后方,附着点高,左右附着点距离宽,乳房有一定的深度,要求底部略高于从飞节向前作的水平线,且底部平坦,附着紧凑。四个乳区发育匀称。

2. 乳头

乳头长度为6.5~7cm,直径为2~3 cm,呈圆柱状,垂直于地面。乳头分布均匀,乳头间距宽,呈中央分布。乳镜显露。乳静脉粗大、弯曲多。乳井大而深。悬垂乳房和漏斗乳房都属畸形乳房。

3. 乳井

乳井是乳静脉在第八、九肋骨处进入胸腔所经过的孔道,它的粗细是乳静脉大小的标志。

4. 乳静脉

乳静脉是指乳房沿下腹部经过乳井到达胸部,汇合胸内静脉而进入心脏的静脉血管,分为左右两条。泌乳牛,特别是高产牛的乳静脉比干奶牛或低产牛的粗大、弯曲而且分枝多,这是血液循环良好的标志。

5. 乳镜

在乳房的后部到阴门之间,有明显的带有线状毛流的皮肤褶,称为乳镜。

二、主要的奶牛品种

目前世界上主要乳用牛品种有:荷斯坦牛、娟姗牛、更赛牛、爱尔夏牛、瑞士褐牛、乳用短角牛等。就产奶水平而言,荷斯坦牛是目前世界上最好的奶牛品种,数量最多、分布最广。

（一）荷斯坦牛

1. 产地

来源于荷兰北部的西弗里斯和德国的荷尔斯坦省，目前分布于世界许多国家。被输入国经过多年的培育，使该牛出现了一定的差异，所以许多国家的荷斯坦牛（图3-2，图3-3）常冠以本国名称，如美国荷斯坦牛、加拿大荷斯坦等。

图3-2 荷斯坦牛♂

图3-3 荷斯坦牛♀

2. 外貌特征

被毛细短，毛色呈黑白斑块（少量为红白花）、界限分明，额部多有白星（三角星或广流星），腹下、四肢下部及尾尖为白色。体格高大，结构匀称，后躯较前躯发达，侧望体躯呈楔形，具有典型的乳用型牛外貌。公牛体重为900～1200kg，母牛体重为650～750 kg。

3. 生产性能

荷斯坦牛属大型的乳用品种（特别是美国和加拿大的尤为突出），比其他任何品种牛生产更多的奶、乳蛋白和乳脂。它以极高的产奶量、理想的形态、饲料利用率高、适应环境的能力强及产犊价值高著称于世。官方测定公布的数据为，荷斯坦牛305d泌乳量为8085kg，乳脂和乳蛋白合计550kg。1997年美国Muranda Oscar Lucinda牛365d产奶30833kg，创世界个体产奶量最高纪录。

（二）中国荷斯坦牛

1. 产地

中国荷斯坦牛（图3-4，图3-5）是从国外引进的荷斯坦牛与我国黄牛杂交，历经100多年的培育而形成目前我国唯一的专用奶牛品种。

2. 外貌特征

该牛毛色同乳用型（见荷斯坦牛）。由于各地引用的荷斯坦公牛和本地母牛类型不同，以及饲养环境条件的差异，中国荷斯坦牛的体格不一致，体型偏于乳用型。公牛体重约为1100kg，母牛体重约为600kg。

图 3-4 中国荷斯坦牛♂

图 3-5 中国荷斯坦牛♀

3. 生产性能

据对 21570 头胎牛统计，一胎 305d 平均产奶量 5197kg。优秀牛群产奶量可达7000～8000kg，一些优秀个体 305d 的产奶量达到 10000～16000kg。平均乳脂率为 3.4% 左右。未经育肥的淘汰母牛屠宰率为 49.5%～63.5%，净肉率为 40.3%～44.4%。经育肥的 24 月龄公牛犊屠宰率为 57%，净肉率为 43.2%。

中国荷斯坦牛性成熟早，繁殖性能高，据统计，年平均受胎率为 88.8%，情期受胎率为 48.9%，繁殖率约为 80%；性情温顺，易于管理，适应性强。中国荷斯坦牛耐冷不耐热，当气温升到 28℃时，其产奶量明显下降，7～8 月份发情的受胎率最低。

（三）娟姗牛

1. 产地

娟姗牛（图 3-6，图 3-7）原产于英吉利海峡的娟姗岛，是英国古老的奶牛品种。娟姗岛气候温和、多雨，年平均气温 10℃左右，牧草茂盛，奶牛终年以放牧为主。

2. 外貌特征

被毛细短而有光泽，毛色有灰褐、浅褐及深褐色，以浅褐色为最多。鼻镜、副蹄和尾稍呈黑色。腹下、四肢内侧为淡毛色，角尖为黑色。体型小而清秀，轮廓清晰，头小而轻，后躯较前躯发达，体型呈楔形。体格小，成年公牛活重为 650～750kg，母牛活重为 340～450kg。颈细长、多皱纹，垂皮发达。乳房形态好，乳静脉发达。

图 3-6 娟姗牛♂

图 3-7 娟姗牛♀

3. 生产性能

丹麦娟姗牛平均产奶量为4954kg,乳脂率为6.3%,乳蛋白为4%。娟姗牛耐热力强,适合在我国南方热带、亚热带地区饲养,其他地区也可用其杂交改良乳脂率低的奶牛品种。

拓展与延伸

一、牛在动物学上的分类

在动物分类上,牛属于脊索动物门(Chordata)—脊椎动物亚门(Vertebrata)—哺乳纲(Mammalia)—偶蹄目(Artiodactyla)—反刍亚目(Ruminatia)—牛科(Bovidae)—牛亚科(Bovinae)—家牛属(Bos)—牛种(Bos tauras)。

种是动物分类学上的最基本单位,而品种是畜牧学上的概念。我国饲养的牛种有黄牛、牦牛、瘤牛和水牛,我国现在的专门化品种均由黄牛杂交改良培育形成。

二、牛的经济用途分类

牛根据其经济用途可分为乳用型牛、肉用型牛、役用型牛和兼用型牛。乳用型牛是指专门用来生产牛奶的牛,其最主要的特点是产奶量高。肉用型牛是指专门用来生产牛肉的牛,最主要特点是生长速度快,产肉率高,肉质好。役用型牛是指专门用来使役的牛,如拉车、耕地等,其主要特点是挽力大,持久力好。兼用型牛是指兼具两种或两种以上主要经济用途的牛,生产性能在两个或两个以上方面都较突出。

三、兼用型牛

(一)中国西门塔尔牛

1. 产地

西门塔尔牛原产于瑞士西部,是瑞士数量最多的牛品种,为世界著名的大型乳、肉、役兼用品种。加拿大的西门塔尔牛又称加系西门塔尔牛,属于肉乳兼用品种。我国自20世纪40年代开始从苏联、德国、法国、奥地利、瑞士等国引进西门塔尔牛,历经多年繁殖、改良和选育,育成了性能特征明显、遗传稳定、分布范围广、在多种生态条件下具有较好适应性的乳肉兼用品种中国西门塔尔牛(图3-8,图3-9)。

2. 外貌特征

中国西门塔尔牛毛色为黄白花或红白花,头、胸、腹下、四肢下部和尾帚多为白色,体型中等，额与颈上有卷毛，后躯较前躯发达，体躯呈圆筒状，四肢强壮，蹄质坚实，大腿肌肉发达，乳房发育中等。成年公牛活重为 800 ~ 1200kg，母牛活重为 600 ~ 750kg。

图 3-8 中国西门塔尔牛♂

图 3-9　中国西门塔尔牛♀

3. 生产性能

中国西门塔尔牛耐粗饲，抗病力强。据对 1110 头核心群母牛统计，305d 产奶量达到 4000kg 以上，乳脂率为 4% 以上，其中 408 头育种核心群产奶量达到 5200kg 以上，乳脂率为 4% 以上。新疆呼图壁种牛场 118 头中国西门塔尔牛平均产奶量达到 6300kg，其中 900302 号母牛第 2 胎 305d 产奶量达到 11740 kg。据 50 头育肥牛实验结果，18 ~ 22 月龄宰前活重为 575.4 kg，屠宰率为 60.9%，净肉率为 49.5%。周岁内平均日增重 0.8 ~ 1.0 kg，肥育后公牛屠宰率为 65% 左右，瘦肉多，肉质佳。

西门塔尔牛是改良我国黄牛范围最广、数量最多、杂交效果最成功的牛种。杂交后代无论是体型、产奶量还是产肉量均有显著提高。据 5 年的资料统计，中国西门塔尔牛平均配种受胎率为 92%，情期受胎率为 51.4%，产犊间隔 407d。

（二）三河牛

1. 产地

三河牛（图 3-10，图 3-11）产于我国内蒙古自治区呼伦贝尔盟大兴安岭西麓的三河地区，并因此而得名，是我国培育的第一个乳肉兼用品种，为多品种杂交后选育而成，含西门塔尔牛血液，1986 年鉴定验收并命名。通过长期选育，逐步育成了目前耐高寒、耐粗饲、适应性强和易放牧的特点。

图 3-10 三河牛♂

图 3-11　三河牛♀

2. 外貌特征

三河牛毛色以红(黄)白花为主,花片分明,体质结实,肌肉发育好,骨骼粗壮,结构匀称,头清秀,眼大,角粗细适中,并向上向前弯曲。成年牛体格较大,平均活重公牛为1050kg,母牛为547.9kg。公犊初生重36.8kg,母犊初生重31.2kg。

3. 生产性能

三河牛年产奶量为3600 kg,在五、六胎达到最高水平,平均乳脂率为4.1%以上。42月龄经放牧肥育的阉牛,宰前体重为457.5kg,胴体重初生重243kg,屠宰率53.11%,净肉率为40.2%。2~3岁公牛屠宰率为50%~55%,净肉率为44%~48%。母牛20~24月龄初配,一般可繁殖10胎以上。情期受胎率为45.7%,妊娠期为283~285d。三河牛由于个体间差异很大,无论在外貌和生产性能上表现均不一致,有待于进一步改良提高。

(三) 中国草原红牛

1. 产地

中国草原红牛(图3-12,图3-13)主要产于我国吉林省白城地区西部、内蒙古自治区昭乌达盟和锡林郭勒盟南部及河北省张家口地区。中国草原红牛是由短角牛与蒙古牛长期杂交选育而成的。

图3-12 中国草原红牛♂

图3-13 中国草原红牛♀

2. 外貌特征

中国草原红牛毛色以紫红或红色为主,部分牛只腹下、乳房部为白色,头清秀,大小适中,多数牛有角,角细短,向上弯曲,乳房发育良好。成年公牛平均活重为825.2kg,母牛为425.2kg。公犊初生重31.9kg,母犊重30.2kg。

3. 生产性能

放牧加补饲条件下,产奶量为1800~2000kg,泌乳期约210d。经短期肥育,3.5岁阉牛屠宰重499.5kg,屠宰率为52.7%,净肉率为44.2%。初情期多为18月龄,发情周期为20~21d。母牛一般于4月份发情,6~7月份为发情旺季,妊娠期平均为283d。中国草原红牛对冬季严寒及夏季酷热干燥气候适应性好,耐粗放饲养管理,是肉牛繁育的良好配套系之一。

（四）新疆褐牛

1. 产地及分布

新疆褐牛（图3-14，图3-15）原产于新疆伊犁、塔城等地区，由瑞士褐牛及含有该牛血液的阿拉塔乌牛与当地黄牛杂交育成。

图3-14 新疆褐牛♂

图3-15 新疆褐牛♀

2. 外貌特征

新疆褐牛被毛为深浅不一的褐色，额顶、角基、口轮周围及背线为灰色或黄白色，体躯健壮、肌肉丰满，头清秀、嘴宽，角中等大小，向侧前上方弯曲，呈半椭圆形，颈适中，胸较宽深，背腰平直。成年公牛体重平均为950.8kg，母牛为430.7kg。母牛体高一般为121.8cm。

3. 生产性能

平均产奶量为2000～3500kg，高的个体产奶量达5162kg；平均乳脂率为4.03%～4.08%，乳中干物质为13.45%。该牛产肉性能良好，在伊犁、塔城牧区天然草场放牧9～11个月后屠宰测定，1.5岁、2.5岁牛的屠宰率分别为47.4%和50.5%，净肉率分别为36.3%和38.4%。

该牛适应性好，耐粗饲，对严寒、酷热气候耐受力强，发病率很低。

任务二 奶牛的体尺测量与年龄鉴定

阅读与认知

牛的体尺反映了其生长发育是否正常，是综合判断牛的生产性能或生产方向的依据。现将常用的体尺测量部位介绍如下。

牛体分为头颈、胸、鬐甲与背腰、体躯中部、尻、乳房、四肢等七个部分。体尺测量与外貌鉴定时,所需重要部位有37个。

一、头与颈

以鬐甲前方和肩端连线与体躯分界。

1. 头

以头骨为解剖基础,并以枕骨脊与颈部分界。包括:

额:于头的正面,位于角间线和两眼内角连线的范围内,其最高处称额顶。

脸:额的下部,明显隆起的中央部位叫鼻梁,下连鼻镜,鼻梁两侧为脸。

鼻镜:鼻梁下部顶端,鼻孔之间的无毛处称为鼻镜。

颊:脸的两侧下方,眼前下方部位为颊。

下颚:以下颚骨为基础的体表部位。下颚骨间的凹陷部分称颚凹。

2. 颈

以七块颈椎为基础,是头与躯干连接部位。包括:

喉:头与颈下部的结合处,以喉软骨为基础。

颈峰:颈部上缘的隆起部位,是牛的第二性征(雄性)的表现。

垂皮:颈下缘的游离皮肤。

二、胸部

胸腔外部体表的总称。突出于两前肢之间的部位称为前胸;肩胛骨和肘关节以后的部位称为后胸。胸腔肋骨的体表部位称为肋部。

三、鬐甲与背腰部

以胸椎和腰椎为基础的体表部位。包括:

1. 鬐甲

肩胛骨上端的隆起部位。它是以第2~6胸椎棘状突起为基础的体表部位,也是肩胛软骨的最高点。

2. 背

位于鬐甲之后,以第6~13个脊椎为基础的体表部位,以最后胸椎后缘与腰分界。

3. 腰

是以六块腰椎骨为基础,由两腰角连线与尻部分界,即无肋骨相连的脊椎骨背面的体表部位。

四、体躯中部

指腹部而言，它位于胸腔的下后方，腰角与大腿之间的部位。包括：

1. 腹

体躯下部无骨部分统称为腹。

2. 肷

是肋骨后、腰之下、腹之上的无骨部分，平时凹陷，呈三角窝。饱食后因瘤胃充满而膨大，使左侧肷窝丰满；饮水后右侧肷窝丰满。故农民将左肷称为“草肷”，将右侧称为“水肷”。

五、尻部

尻部是以荐椎和骨盆骨为基础，以腰角、髋关节、臀端的连线为界的体表部位，以腰角前缘作一垂直切线与中躯分界。包括：

1. 腰角

腰角是指以骨盆骨的髋结节突出部位为基础的体表部位。两腰角连线与腰椎、荐椎结合处为十字部。

2. 髋关节

髋关节是指以股骨大转子为基础的，后肢与骨盆相连接处的体表部位。

3. 臀端(坐骨端)

臀端是指以坐骨结节为基础的体表部位，即位于肛门两侧的突出部位。

六、乳房

牛的乳房是指以韧带悬垂于腹部后下方，位于两后肢之间的突出部位。紧贴腹壁部分为乳房基部，有由乳腺构成的乳房体部和突出于乳房体下部的乳头。包括：

1. 乳静脉

位于乳房前方，腹部皮下，向前延伸到乳井，进入胸腔左右的两个静脉血管，则称为乳静脉。奶牛此静脉粗大、明显，多弯曲。

2. 乳镜

位于乳房后上方两大腿之间，会阴部之下，以被毛生长方向不同为界。

七、四肢

四肢是指以前、后肢骨骼与肌肉为基础的各部位。包括：

1. 前肢

肩:以肩胛骨为基础,在体躯的两侧。奶牛的肩胛后方,常有一微凹的地方叫“肩窝”。

肩端:肩关节的体表部位,即前躯两侧下方向前突出的部位。

臂:以前肢骨为基础,位于肩端之下后方。

肘:以肘关节的尺骨端为基础,为前躯两侧向后突出的部位。

前臂:以桡骨和尺骨为基础,是介于肘和腕之间的体表部位。

前膝:腕关节的体表部位。

管(胫):以大掌骨为基础的体表部位。

球节:以管下的关节为基础的体表部位。

系:位于球节和蹄之间,以四肢的系骨为基础。

蹄:四肢末端紧靠地面的角质部分。

2. 后肢

大腿:以股骨为基础,上接尻,前连肷,是肌肉最多之处。大腿之后,乳镜两侧,半腱肌和半膜肌的体表部位称为“臀”。

膝(后膝):膝关节的体表部位。

小腿:以胫、腓骨为基础的体表部位,位于膝之下、飞节之上。

飞节:为跗关节的体表部位。

后肢飞节以下为胫(后管)、球节、系与蹄等,其位置与前肢相同。

体验与实践

一、牛的体尺测量

(一) 测量准备

体尺测量是测量鉴定的重要内容之一,是进行牛体活重估测的基础性工作,能准确反映牛体主要部位的发育情况,弥补肉眼鉴别的缺陷,能有效提高初学者的鉴别能力。体尺测量所用的测量工具主要有测杖、卷尺、圆形测量器、测角计等(每项测量数据后要标出所用测量工具)。

测定前应了解牛的年龄、胎次、泌乳月(母牛产犊后每30d为1个泌乳月)等情况。要求被测牛端正站立在宽敞平坦的场地,四肢直立,头自然前伸(颈线与背线趋于同一水平线),姿态自然。测量人员站在牛的左侧测量,光线充足,并事先校正测量器械。由于测量目的不同，体尺测量的项目及部位可多可少，奶牛一般要求测量三高、三围、三宽和三长。

体高：从鬐甲最高点至地面的垂直距离。

腰高：两腰角边线中点到地面的垂直距离，也称为十字部高。

荐高：荐骨最高点至地面的垂直距离。

胸围：肩胛骨后缘处体躯垂直周径。

管围：左前肢掌骨上 1/3（最细）处的水平周径。

腹围：腹部最粗部分的垂直周径。

胸宽：两侧肩胛骨后缘处量取最宽处的水平距离。

腰角宽：两腰角外缘之间的距离，也称十字部宽。

髋宽：两侧髋关节之间的直线距离。

体斜长：从肩端前缘至坐骨结节后缘的距离，简称体长；估测体重时需要用软尺紧贴皮肤量取。

体直长：肩端前缘向下引垂线至坐骨结节后缘向下所引垂线之间的水平距离。

尻长：腰角前缘到坐骨结节后缘的直线距离。

（二）计算体尺指数与估测体重

体尺指数是整理和分析体尺数据的一种方法。实践中，常用一种体尺与另一种体尺的比率来反映这两种体尺在解剖上或生理上的关系，以此表述牛体各部位是否发育完全，是否匀称和是否符合某一生产类型、品种的特征。

1. 计算体尺指数

测量体尺之后，为了分析牛体各部位相对发育状况，需要进行体尺指数的计算与分析。

体长指数：体斜长与体高之比，反映体长和体高的相对发育。

体躯指数：胸围与体斜长之比。

胸围指数：胸围与体高之比，反映前躯容量的相对发育。

尻宽指数：坐骨宽与腰角宽之比，反映尻部的发育程度。

管围指数：前管围与体高之比，反映骨骼的相对发育。

肉骨指数：腿围与体高之比，反映后躯肌肉的相对发育。

2. 估测牛的体重

活体称重法是最准确的方法，即直接在地秤上称量，要求在早晨喂饲前测量空腹重，以连续测量 3d 的平均数为准。奶牛应在喂饲前、挤奶后进行，且以泌乳期内泌乳量最高时测量的体重为依据。孕牛要扣除胎儿的重量，怀孕 7 个月扣 15kg，8 个月扣 20kg，9 个月扣 45kg。称量前应检查地秤的零点灵敏度，然后使牛站立于地秤的中央，迅速称重，并做好记录。

无称重设备时，可以根据牛的体斜长及胸围等指标来估测牛的体重。由于牛的品种、类型、年龄、性别、膘情等不同，往往很难找出一个统一的估重公式，因此，应根据实际情况分别制定估重公式。一般估重与实重相差不超过5%即认为是精确的，超过5%则不能使用。下面是乳用育成牛的估重公式，可供参考。

6～12月龄奶牛体重(kg)＝[胸围(m)]^2×体斜长(m) ×98.7

16～18月龄奶牛体重(kg)＝[胸围(m)]^2×体斜长(m) ×87.5

成年奶牛、乳肉兼用牛体重(kg)＝[胸围(m)]^2×体斜长(m) × 90

估测牛的体重时，要考虑估测牛的经济类型、品种、年龄和膘情等具体情况。在实践中，用公式估测体重，应事先进行校正，对估测系数做必要的修正。

二、牛的年龄鉴别

年龄是评定牛繁殖力、经济价值和育种价值的重要指标，也是采取不同饲养管理措施的依据。根据产犊记录是确定牛年龄的最准确方法，在缺乏记录的情况下，可根据外貌、牙齿、角轮的情况进行年龄鉴别，其中牙齿鉴别法比较可靠。

(一) 牛的齿式

成年牛共有32颗牙齿，其中门齿8颗，臼齿24颗。门齿也称切齿，生于下颚前方，上颚没有门齿。在下颚中央的一对门齿称为钳齿，其两边的一对称为内中间齿，再外边的一对称为外中间齿，最外边的一对称为隅齿。在门齿的两侧是臼齿。年龄主要根据乳门齿的长出时间、乳门齿换生永久门齿的时间及其磨蚀程度来判断。犊牛的乳齿共有20颗。永久齿和乳齿的齿式见表3-1。

表3-1 牛的齿式

名称		后臼齿	前臼齿	犬齿	门齿	犬齿	前臼齿	后臼齿	合计
永久齿	上颚	3	3	0	0	0	3	3	12
	下颚	3	3	0	8	0	3	3	20
乳齿	上颚	0	3	0	0	0	3	0	6
	下颚	0	3	0	8	0	3	0	14

3岁前牛齿变化规律见表3-2。

表 3-2　牛齿变化简表(3 岁前)

年龄	钳齿	内中间齿	外中间齿	隅齿
出生	乳齿已生	乳齿已生	乳齿已生	
2 周				乳齿已生
6 月龄	磨	磨	磨	微磨
1 岁	重磨	较重磨	较重磨	磨
1.5 ~2 岁	更换永久齿			
2 ~3 岁		更换永久齿		

(二) 牛乳齿和恒齿的区别

牛生长到一定年龄,乳门齿开始脱落,换生永久齿。更换的顺序是从钳齿开始,最后及于隅齿,当门齿更换齐全时,逐渐磨损,最后脱落。牛的乳齿小而洁白,齿间有空隙,齿面平坦,齿薄而细致,有明显的齿颈。长到一定的年龄脱换为永久齿。永久齿比较大而粗壮,齿冠长而排列整齐,齿间无缝隙,齿根呈棕黄色,远不如乳齿洁白与细致(表 3-3)。所以由门齿的更换和磨损,就可以大致地判断牛的年龄。现就奶牛门齿更换和磨损的情况,简述牛年龄的鉴定方法。

表 3-3　乳齿与永久齿的特征比较

项目	乳齿	永久齿
色泽	白色	乳黄色
齿颈	明显	不明显
齿根	插入齿槽较浅,附着不稳	插入齿槽较深,附着较牢
大小	小而薄,齿间隙明显	大而厚,无齿间隙
排列	排列不太整齐,齿间空隙大	排列整齐,齿间紧密无空隙

(三) 根据牛齿识别年龄

主要依据门齿的发生、脱换和磨损等规律性的变化来鉴定牛的年龄,即小牛看乳齿发生,2 ~5 岁看脱换,5 岁以后看磨面,10 岁开始看珠点。

1. 乳门齿的发生规律

一般犊牛出生时已长有第 1 ~2 对乳门齿,4 ~5 月龄乳门齿已全部长齐,钳齿和内中间乳齿稍微磨损。6 月龄外中间乳门齿磨损,有时乳隅齿边缘也有磨损。6 ~9 月龄乳门齿齿面继续磨损,磨损面扩大。

10 ~12 月龄乳钳齿齿冠磨完,14 ~15 月龄乳钳齿缝隙变大,内中间乳齿齿冠磨平,齿龈磨得不平。1 岁 3 个月至 1 岁 6 个月乳门齿显著变短、动摇,外中间乳齿和乳隅齿齿面已磨平。此时,如奶牛发育正常,即可安排配种。

2. 乳门齿的脱换及恒门齿的磨损规律

1.5~2岁乳钳齿脱落,换生永久齿,俗称"对牙"。

2.5~3岁乳内中间齿脱落,换生永久齿,并充分发育,俗称"四牙"。

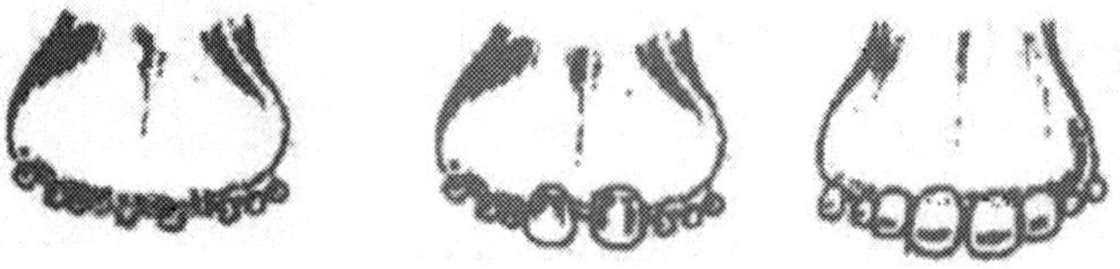

A　　B　　C

A. 牛齿更换前的乳齿　B. 1.5~2岁的对牙　C. 2.5~3岁的四牙

图3-16　牛齿的变化

脱换的顺序是从钳齿到隅齿。从一对门齿的脱换到另一对的脱换大约需要1年的时间。一般1.5岁开始乳钳齿脱换,2岁左右完全长齐,并开始磨损,俗称"对牙"。

2.5岁左右内中间乳齿脱换,3岁左右完全长齐,并开始磨损,俗称"四牙"(图3-16)。3.5岁左右外中间乳齿脱换,4岁左右完全长齐并开始磨损,俗称"六牙"。4.5岁左右乳隅齿开始脱换,5岁左右完全长齐,并开始磨损,此时俗称"齐口"。

5岁以后主要看门齿磨损情况,齿面随着磨损逐渐出现一定的形状,初为长方形或横椭圆形或月牙形,逐渐变为三角形,而后变为四边形,最后变为圆形即齿茸出现。

6岁钳齿的齿面呈长方形或月牙形。

7岁钳齿的齿面呈三角形。

8岁钳齿的齿面呈四边形或不等边形。

9岁钳齿的齿面呈方圆形,并向圆形过渡。隅齿的齿面也呈月牙形。

10岁以后看齿星出现,10岁时钳齿的齿面出现齿星,俗"二珠"。

11岁内中间齿的齿面出现齿星,俗称"四珠"。

12岁外中间齿的齿面出现齿星,俗称"六珠"。

13岁隅齿的齿面出现齿星,俗称"八珠"。

任务三　奶牛体型的线性评分

阅读与认知

一、奶牛线性评分的方法及要点

奶牛的线性外貌评定是根据牛的生物学特性，通过系统分析研究相关性状（部位）与生产性能的关系，制定这些性状的线性评分标准的。在评分时，经过测定与衡量得到各相关性状的线性分（表3-4），通过转换得到功能分，最后将这些不同的性状赋予一定的权数，经过数据处理，得到不同牛的评分，据此确定牛的外貌等级。

线性性状包括体型、尻部、肢蹄、乳房四大部分的15个性状（奶牛线性评分部分的插图除标注外，均选自《牛生产》，宋连喜主编，中国农业大学出版社，2007.8）。

（一）体型部分

1. 体高

根据腰高（十字部高）评分（图3-17）。140cm者属中等，评25分；低于130cm评1～5分；高于150cm评45～50分。在此范围内，每增减1cm，增减2个线性分。

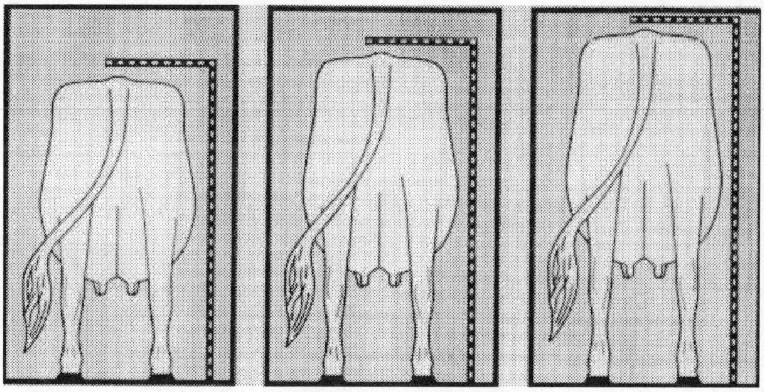

左：极低；中：中等；右：极高

图3-17　体高评定

表 3-4　奶牛线性外貌评分记录表

牛号	性状/分值	体型				尻部		肢蹄		乳房							分类性状				整体评分	等级	胎次	产犊日期	备注
		体高	胸宽	体深	棱角性	尻角度	尻宽	后肢侧视	蹄角度	前房附着	后房高	后房宽	悬韧带	后房深	乳头位置	乳头长度	一般外貌	乳用特征	体躯容积	泌乳系统					
	线性																								
	功能																								
	线性																								
	功能																								
	线性																								
	功能																								
	线性																								
	功能																								
	线性																								
	功能																								
	线性																								
	功能																								
	线性																								
	功能																								
	线性																								
	功能																								
	线性																								
	功能																								
	线性																								
	功能																								
	线性																								
	功能																								
	线性																								
	功能																								
	线性																								
	功能																								

2．胸宽（体强度）

胸宽（图3-18）可反映母牛保持高产水平和健康状况的能力。胸宽用前内裆宽表示，25cm属中等，得25分；低于15cm评1～5分；大于35cm评45～50分。在中间范围内，每增减1cm，增减2个线性分。

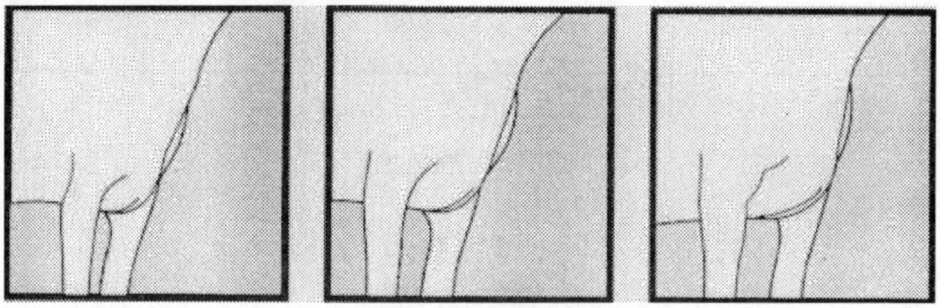

左：极窄；中：中等；右：极宽

图3-18　胸宽

3．体深

体深（图3-19）与母牛容纳大量粗饲料的能力有关，以胸深率来表示，即胸深与体高之比。当胸深率为50%时属中等，评25分；极端深的评45～50分；极浅的评1～5分。在中间范围内增减1%，增减3个线性分。此外，体深还须考虑肋骨开张度，最后两肋间不足3cm扣1分，超过3cm加1分。

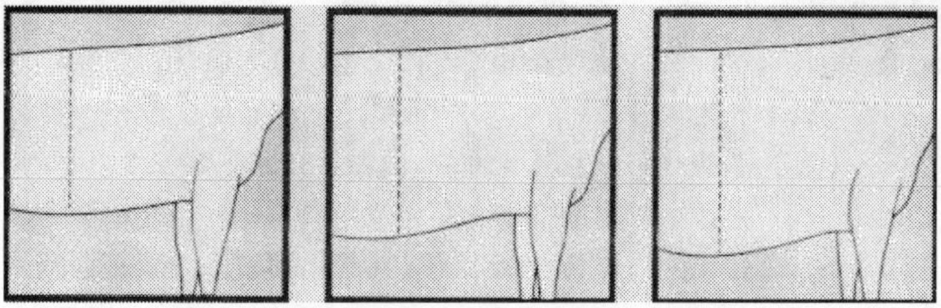

左：极浅；中：中等；右：极深

图3-19　体深

4．棱角性（清秀度）

棱角性（图3-20）是乳用特征的反映。其中等程度为：头狭长清秀，颈长短适中，鬐甲角度60°左右，能透过皮肤隐隐约约看到胸椎棘突的突起，大腿侧宽，四肢关节明显，侧面可看到2～3根肋骨，极端清秀的评45～50分，极不清秀的评1～5分。

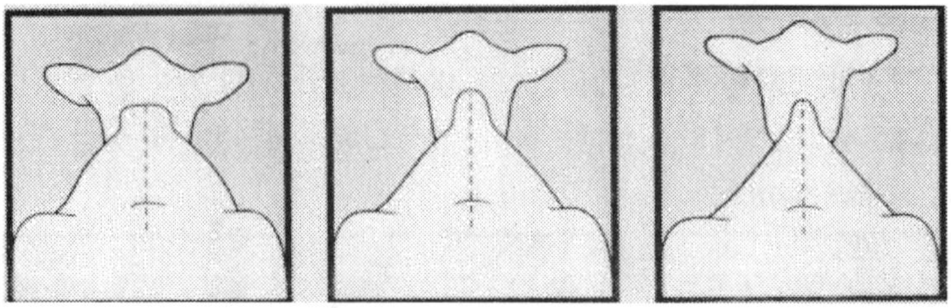

左:极不清秀;中:清秀;右:极清秀

图 3-20 棱角性

（二）尻部部分

1. 尻角度

尻角度(图 3-21)与繁殖能力和健康状况有关,指腰角与同侧坐骨端之连线与水平面的夹角。腰角高于坐骨端所形成的角度为正角度,反之为负角度。尻角度为正 2°评 25 分,大于 10°评 45 ~50 分,小于负 6°评 1 ~5 分。在中间范围内,每增减 1°,增减 2.5 个线性分。

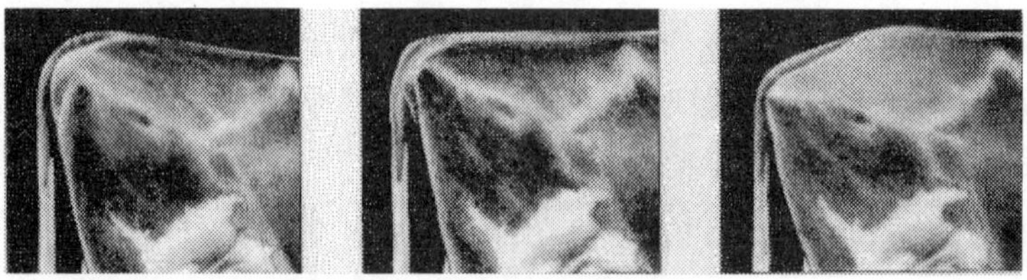

左:腰角低于坐骨端;中:腰角略高于坐骨端;右:腰角明显高于坐骨端

(梁学武. 现代奶牛生产. 北京:中国农业出版社,2002. 8)

图 3-21　尻角度

2. 尻宽

尻宽(图 3-22)与易产性有关,尻宽越大,产犊就越顺利。尻宽根据髋宽评分,髋宽为 48cm 评 25 分,38cm 以下评 1 ~5 分,58cm 以上评 45 ~50 分。在中间范围内,每增减 1cm,增减 2 个线性分。

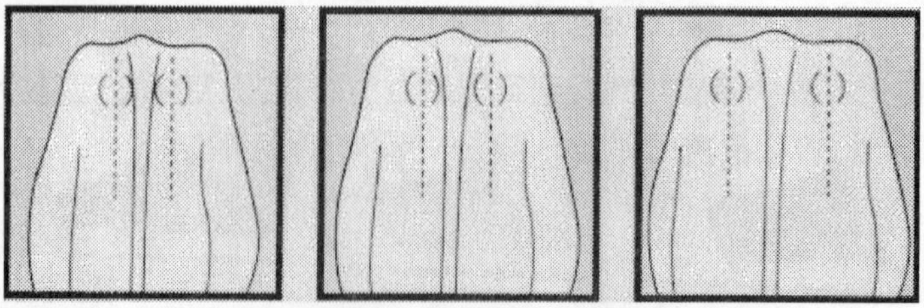

左:极窄;中:中等;右:极宽

图 3-22　尻宽

（三）肢蹄部分

1. 后肢侧视

后肢肢势可直接影响肢蹄部耐久力，以飞节角度评分（图 3-23）。飞节角度为 145°时评 25 分，大于 155°评 1 ~ 5 分，小于 135°评 45 ~ 50 分。在中间范围内，每增减 1°，增减 2 个线性分。

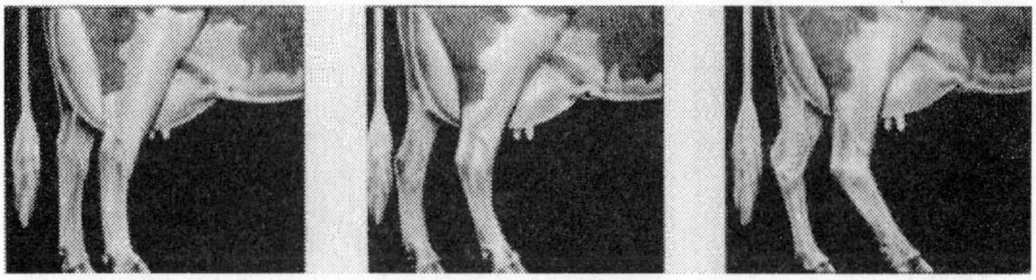

左：直飞；中：中等；右：曲飞

图 3-23　后肢侧视

2. 蹄角度

蹄角度（图 3-24）可反映蹄的耐久力，它是指蹄底与蹄壁所成的角度。蹄角度为 45°时评 25 分，小于 25°评 1 ~ 5 分，大于 65°评 45 ~ 50 分。在中间范围内，每增减 1°，增减 1 个线性分。

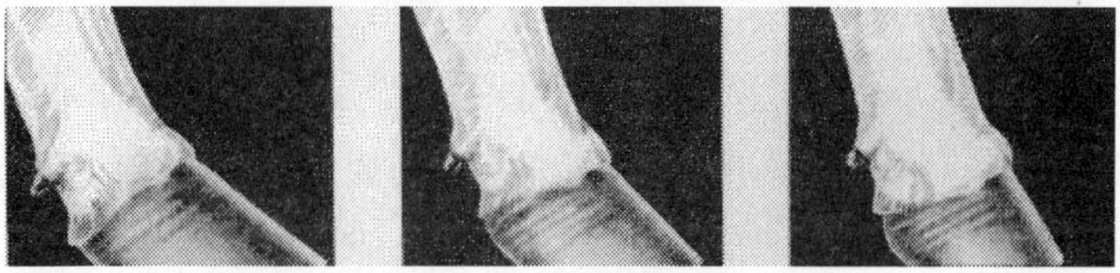

左：极小；中：中等；右：极大

图 3-24　蹄角度

（四）乳房部分

1. 前乳房附着

前乳房附着（图 3-25）可反映乳房侧韧带附着的坚实程度，用前乳房与腹壁所成角度表示。角度越大，附着越坚实。角度为 90°时属中等附着，评 25 分；小于 45°评 1 ~ 5 分；大于 120°评 45 ~ 50 分。在 90° ~ 120°范围内，每增加 1°，增加 0.67 个线性分；在 45° ~ 90°范围内，每减少 1°，减 0.44 个线性分。

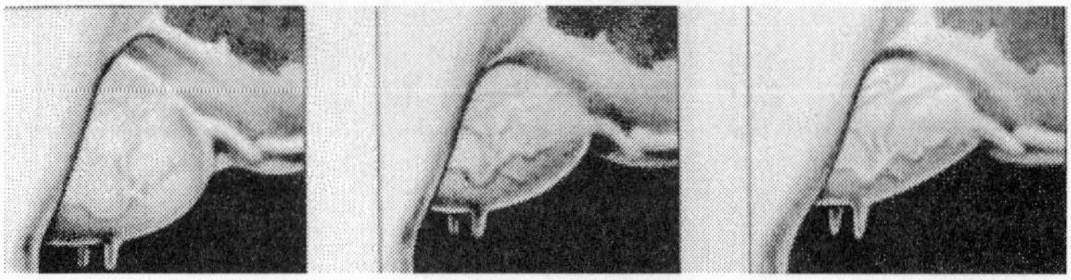

左：附着松；中：附着中等；右：附着紧

图 3-25　前乳房附着

2. 后乳房高

后乳房高(图3-26)是乳房容积大小的因素之一,根据乳腺组织上缘到阴门基部的距离评分。此距离为24cm评25分,31cm以上评1~5分,20cm以下评45~50分。在24~31cm范围内,每增加1cm,减3个线性分;在24~20cm范围内,每减少1cm,加5个线性分。

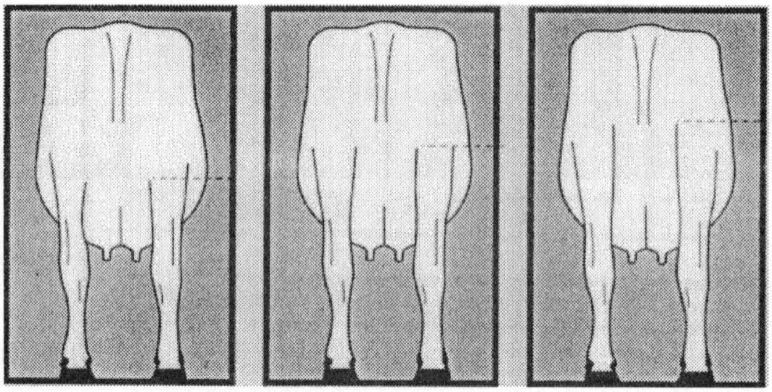

左:极低;中:中等;右:极高

图3-26 后乳房高

3. 后乳房宽

后乳房宽(图3-27)是有关乳房容积大小的另一个因素,根据乳腺组织上缘的宽度评分。宽度为14cm时评25分,24cm以上评45~50分,7cm以下评1~5分。在中间范围内,每增加1cm,加2个线性分;减少1cm,减3个线性分。同时,还要考虑乳房皱褶数,每出现1条皱褶可加1分,当乳房皱褶超过3条时,可按3条计。

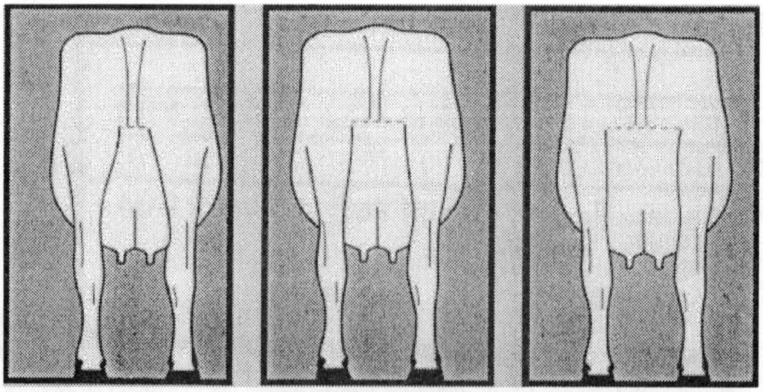

左:极窄;中:中等;右:极宽

图3-27 后乳房宽

4. 悬韧带

悬韧带(图3-28)强弱直接决定了乳房的悬垂状况,它的强弱根据后乳房基部到中央悬韧带处的深度评分，即左、右乳房之间沟的深度。中等深度为 3cm，评 25 分；6cm 以上为极深，评 45～50 分；0cm 以下评 1～5 分。每增减 1cm，增减 6.67 个线性分。

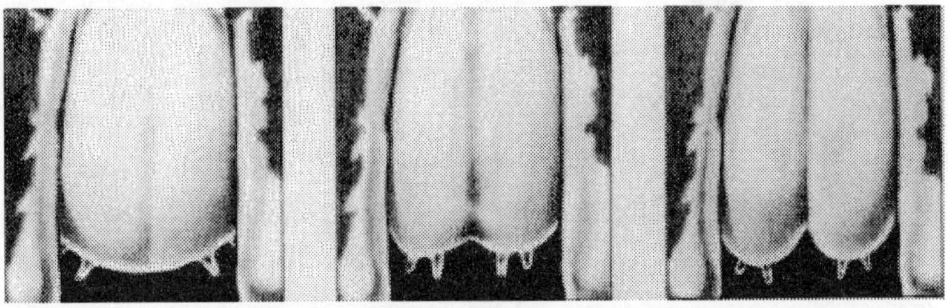

左：极弱；中：中等；右：极强高

图 3-28　悬韧带

5. 乳房深度

乳房深度（图 3-29）关系到乳房容积的大小，一定的深度有利于乳房容积。太深时易引起损伤，是下垂的表现。乳房深度根据乳房底部与飞节的相对位置评分，高于飞节 5cm 评 25 分，高于飞节 15cm 以上评 45～50 分，低于飞节 5cm 以下评 1～5 分。每变化 1cm，相应变化 2 个线性分。

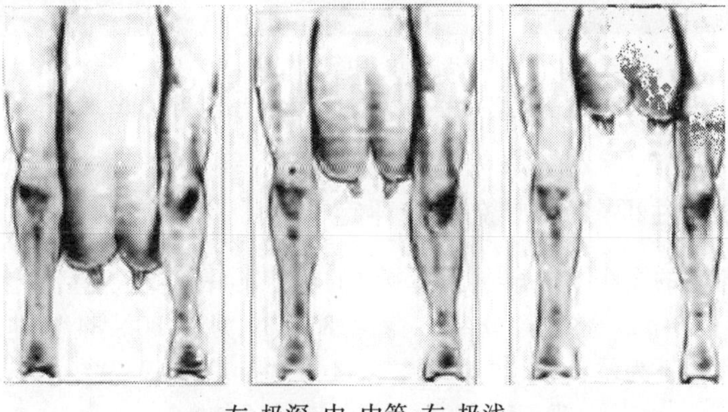

左：极深；中：中等；右：极浅

（梁学武. 现代奶牛生产. 北京：中国农业出版社，2002. 8）

图 3-29　乳房深度

6. 乳头位置

乳头位置（图 3-30）反映乳头分布的均匀程度，关系到挤奶操作的难易和乳头是否容易发生损伤。乳头处于中央分布评 25 分，乳头分布越集中，分数越高；极靠内评 45～50 分，越离散，分数越低；极靠外评 1～5 分。乳头中央分布为：把后乳房宽分成三等分，左侧和右侧的两个乳头恰好处于三等分线上。

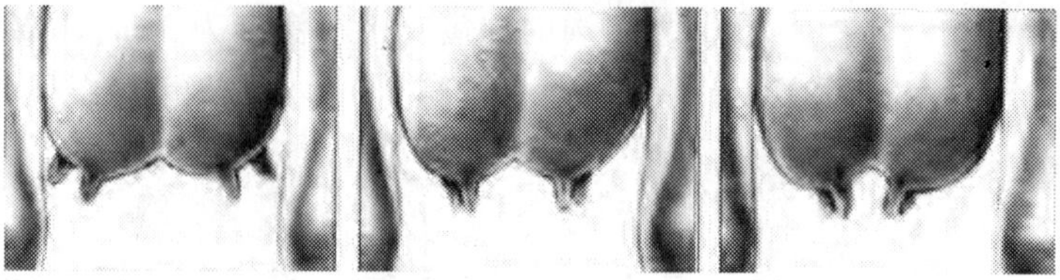

左:离散;中:中等;右:集中

(梁学武.现代奶牛生产.北京:中国农业出版社,2002.8)

图3-30 乳头位置

7. 乳头长度

乳头长度(图3-31)关系到挤奶操作的难易程度。乳头长度为5cm时评25分,大于9cm评45~50分,小于2cm评1~5分。每增1cm,加5个线性分,每减1cm,减6~7个线性分。

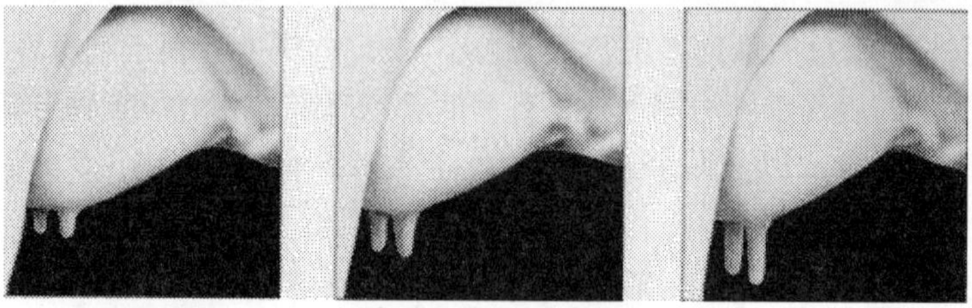

左:极短;中:中等;右:极长

(梁学武.现代奶牛生产.北京:中国农业出版社,2002.8)

图3-31 乳头长度

二、汇总线性评分和外貌等级评定

根据以上性状的线性评分,转换为百分制的功能分(表3-5),然后按性状分类和权重计算整体评分(表3-6)。整体评分≥90为优,85~89为良,80~84为佳,75~79为好,65~74为中,64以下为差。

表3-5 奶牛线性评分与功能分转换表

线性评分	体高	胸宽	体深	棱角性	尻角度	尻宽	后肢侧视	蹄角度	前房附着	后房高	后房宽	悬韧带	后房深	乳头位置	乳头长度
50	80	75	75	75	51	88	51	80	80	97	97	80	70	75	70
49	82	75	76	76	53	89	52	81	82	96	96	83	71	78	71
48	84	76	77	77	56	90	53	82	84	94	95	86	72	81	72
47	86	76	79	79	59	91	54	83	86	92	94	89	73	84	73
46	88	77	82	82	62	93	55	84	88	91	93	92	74	87	74
45	90	77	85	85	65	95	56	85	90	90	92	95	75	90	75

续表

线性评分	体高	胸宽	体深	棱角性	尻角度	尻宽	后肢侧视	蹄角度	前房附着	后房高	后房宽	悬韧带	后房深	乳头位置	乳头长度
44	93	78	86	87	66	97	57	86	92	89	92	94	76	90	76
43	95	78	87	89	67	95	58	87	94	88	91	93	77	89	77
42	97	79	88	91	68	93	59	88	95	87	91	92	79	89	78
41	96	82	89	93	69	91	60	89	94	86	90	91	82	88	79
40	95	85	90	95	70	90	61	90	92	85	90	90	85	88	80
39	94	88	89	93	71	89	62	91	90	84	89	89	87	87	81
38	93	91	88	91	72	88	64	92	88	83	88	88	89	87	82
37	92	94	87	89	73	87	66	93	87	82	87	87	90	86	83
36	91	92	86	87	74	86	68	94	86	81	86	86	91	86	84
35	90	90	85	85	75	85	70	95	85	81	85	85	92	85	85
34	89	88	84	84	76	84	71	93	84	80	84	84	91	85	86
33	88	86	83	83	77	83	72	91	83	80	83	83	90	84	87
32	87	84	82	82	78	82	73	89	82	79	82	82	89	84	88
31	86	82	81	81	79	82	74	87	81	78	81	81	87	83	89
30	85	80	80	80	80	81	75	85	80	78	80	80	85	83	90
29	84	79	79	79	82	80	78	83	79	77	79	79	82	82	90
28	83	78	78	78	84	80	81	81	78	77	78	78	79	82	88
27	82	77	77	77	86	79	84	79	77	76	77	77	77	81	85
26	81	76	76	76	88	78	87	77	76	76	76	76	76	81	83
25	80	75	75	76	90	78	90	76	76	75	75	75	75	80	80
24	79	75	75	76	88	77	87	75	75	75	74	74	74	79	78
23	78	74	74	74	86	76	84	74	74	74	73	73	73	78	76
22	77	74	74	73	84	76	81	73	73	72	72	72	72	77	74
21	76	73	73	72	82	75	78	72	72	71	71	71	71	76	72
20	75	73	73	70	80	74	75	71	70	70	70	70	70	75	70
19	74	72	72	69	78	73	73	70	69	70	69	69	69	73	69
18	73	72	72	68	76	72	71	69	68	69	68	68	68	71	68
17	72	72	71	67	74	71	69	69	67	69	67	67	67	69	67
16	71	70	70	66	72	70	67	68	66	68	66	66	66	67	66
15	70	69	69	65	70	69	65	68	65	68	65	65	65	65	65
14	69	68	68	64	69	68	64	67	64	67	64	64	64	64	64
13	68	67	67	63	67	67	63	67	63	67	63	63	63	63	63
12	67	66	66	62	66	66	62	66	62	66	62	62	62	62	62

续表

线性评分	体高	胸宽	体深	棱角性	尻角度	尻宽	后肢侧视	蹄角度	前房附着	后房高	后房宽	悬韧带	后房深	乳头位置	乳头长度
11	66	65	65	61	65	65	61	65	61	66	61	61	61	61	61
10	64	64	64	60	64	64	60	64	60	65	60	60	60	60	60
9	63	63	63	59	63	63	59	63	59	64	59	58	59	59	59
8	61	61	61	58	61	61	58	61	58	63	58	58	58	58	58
7	60	60	60	57	60	60	57	59	57	61	57	57	57	57	57
6	58	58	58	56	58	58	56	58	56	59	56	56	56	56	56
5	57	57	57	55	57	57	55	56	55	58	55	55	55	55	55
4	55	55	55	54	55	55	54	55	54	56	54	54	54	54	54
3	54	54	54	53	54	54	53	53	53	54	53	53	53	53	53
2	52	52	52	52	52	52	52	52	52	52	52	52	52	52	52
1	51	51	51	51	51	51	51	51	51	51	51	51	51	51	51

表 3-6 特征性状的权重构成及整体评分

项目	体躯容积（15 分）				乳用特征（15 分）					一般外貌（30 分）							泌乳系统（40 分）							整体评分
具体性状	体高	胸宽	体深	尻宽	棱角性	尻角度	尻宽	后肢侧视	蹄角度	体高	胸宽	体深	尻角度	尻宽	后肢侧视	蹄角度	前房附着	后房高	后房宽	悬韧带	后房深	乳头位置	乳头长度	
权重	20	30	30	20	60	10	10	10	10	15	10	10	15	10	20	20	20	15	10	15	25	7.5	7.5	100 分

拓展与延伸

评定注意事项

（1）奶牛线性评定的对象主要是母牛，从第一胎开始到第五胎止，每胎鉴定一次，从中取一最高成绩认定为该牛终身成绩。一般对公牛个体本身不进行线性鉴定。

（2）评定季节以春秋季为宜，冬夏季会掩盖或夸大其棱角性，影响评定的准确性。

（3）一般在每胎产后 30 ~ 150d 之间鉴定，以产后 60d 左右最佳，以求较精确的后乳房宽。干奶期、围产期、疾病期不进行鉴定。

（4）对体躯左右侧都有的某些性状，如蹄角度、后肢侧视等，应鉴别健康的、有利于牛体得分的一侧。

(5) 鉴定员要注意安全,充分利用自身的体尺(如臂长、拃长等)作为标准,进行鉴别。

任务四　奶牛生产性能评定

阅读与认知

奶牛的生产性能测定数据反映了奶牛生产能力的高低,并为牛只选育和饲养管理提供依据。表示奶牛生产性能的指标主要有产奶量、乳脂率、乳蛋白率、无脂固形物率、饲料转化率、排乳速度等。

一、产奶量的测定和计算

测定产奶量最精确的方法是将每头母牛每天每次的乳量进行称量记录,泌乳期结束后进行统计。但该法工作量大、繁琐,不适于规模化生产。

1. 中国荷斯坦牛生产性能测定办法

测定的频度为每月一次,记录24h内的奶量、乳脂率和乳脂量。奶量可用秤称或容器量,容器相邻刻度不应超过200mL,奶量以千克表示,取一位小数。记录期间每次依据奶量按比例取样,混合后做乳脂分析。奶样总收集量不少于30mL,以接近0℃(但不能低于0℃)保存,也可在每升奶中加入1g重铬酸钾或氯化汞或1~2mg甲醛溶液进行保存。然后进行乳脂率的测定,并据此计算24h内的乳脂量,取小数点后3位。

再次测产可间隔26~33d,但分娩后5d内不测定。泌乳期以产犊的次日为开始日期,在挤奶次数减为一日两次后,最后一次测产后的第14d为该泌乳期的结束日(不是实际结束日)。

如果漏测一次,可根据前后两次测产结果用内推法计算结果来代替。若测产中断60d以上,则测产结果不予承认。在泌乳期长于305d的情况下,305d产奶量只取前305d的测产结果。

对因条件所限,目前还不能按上述方法测产的个体户而言,可采用每月记录3d,间隔8~11d的方法,按下列公式计算:全月产奶量(kg) = $(M_1 \times D_1) + (M_2 \times D_2) + (M_3 \times D_3)$。式中$M_1$、$M_2$、$M_3$为各测定日全天奶量,$D_1$、$D_2$、$D_3$为本次测定日与上次测定日之间的间隔天数。

2. 奶牛群体产奶量的统计

可依据下列两个公式计算。

成母牛全年平均产奶量 = 全群全年总产奶量/全年平均日饲养成母牛头数

泌乳牛年平均产奶量 = 全群全年总产奶量/全年平均日饲养泌乳母牛头数

上式中，全年平均日饲养成年母牛头数包括所有成年母牛，即按饲养日计算的年均产奶量，可反映牛群的整体管理水平，便于计算牛群的饲料报酬和产奶成本。而全年平均日饲养泌乳牛头数只计算泌乳的牛，即按实际泌乳日计算的年均产奶量，可反映牛群的质量，并供拟订产奶计划时参考。

二、乳脂率和乳脂量的测定和计算

根据中国荷斯坦牛生产性能测定办法，乳脂率用盖氏法或能得到相同结果的其他方法测定，每月一次，与测定产奶量同时进行。现在许多奶牛场拥有快速乳脂测定仪，也能较方便、准确地测定乳脂率。根据乳脂率和产奶量计算乳脂量。

为了便于比较奶牛之间的产奶量，统一奶牛产奶性能，以4%乳脂率的牛奶作为标准奶来对一头牛的产奶性能进行综合评判。4%乳脂标准乳（FCM）也称作4%乳脂校正乳。FCM计算式如下：

乳脂校正乳量（FCM）$=0.4M+15M \cdot F$

上式中，M 为泌乳期产奶量，F 为该期所测得的平均乳脂率，FCM为乳脂校正乳量（相当于4%乳脂率的奶量）。

现以FCM值比较甲、乙两头母牛的产奶能力：甲牛头胎泌乳量为4700kg，乳脂率为3.1%；乙牛头胎泌乳量为4500kg，乳脂率为3.7%，根据公式计算如下：

甲牛：FCM $=0.4\times4700+15\times4700\times3.1\%$

$=1880+2185.5$

$=4065.5$（kg）

乙牛：FCM $=0.4\times4500+15\times4500\times3.7\%$

$=1800+2497.5$

$=4297.5$（kg）

计算结果，甲牛FCM为4065.5kg，乙牛FCM为4297.5kg，说明乙牛较甲牛产奶能力高。

三、饲料转化率的计算

饲料转化率可反映奶牛将饲料转化为奶的能力，又反映出饲料营养与饲料的科学性和管理状况，也是鉴定奶牛品质的重要指标之一。可以用1kg饲料干物质可生产多少千克牛奶，或生产1kg牛奶需消耗多少千克饲料干物质来表示。

饲料转化率(%) = 全泌乳期 FCM 总产量(kg)/全泌乳期消耗饲料干物质总量×100%

饲料转化率(%) = 全泌乳期消耗饲料干物质总量/全泌乳期 FCM 总产量(kg)×100%

四、乳蛋白率的测定

乳蛋白率用凯氏微量定氮法、比色法或能得到相同结果的其他方法进行测定。根据乳蛋白率可计算出乳蛋白量。

五、排乳速度

排乳速度即挤奶时乳汁排放的快慢，以 30s 或 1min 排出的奶量(kg)为准，可在挤奶时用弹簧秤挂在三脚架上直接称量。

在机械挤奶条件下，奶牛排乳速度(性能)对于劳动生产率的提高有很大影响。为了适于机械化挤奶，有的国家已定出了排乳速度的要求，如美国荷斯坦牛为 3.61kg/min，西门塔尔牛为 2.08kg/min。

六、前乳房指数

奶牛左右乳房的奶量基本相等，即发育较匀称；而前后乳区的奶量差别较大，后乳区的发育明显好于前乳区。通常用前乳房指数来表示乳房的对称程度。测定的方法是，用有 4 个奶罐的挤奶机，挤奶时使 4 个乳区的奶分别流入 4 个奶罐中而测得每个乳区的奶量。用下式可计算出前乳房指数：

前乳房指数(%) = 前两个乳区产奶量(kg)/总奶量(kg)×100%

一般乳用品种的前乳房指数为 43% 左右，并且成年母牛略小于头胎母牛。该指数大些较好，说明前后乳区的发育更为匀称。

拓展与延伸

一、DHI 体系在奶牛生产中的应用

DHI(Dairy Herd Improvement)的含义是牛群改良计划，也称牛奶记录系统，或奶牛生产(泌乳)性能测定。DHI 是奶牛群遗传改良的基础性工作，世界上奶牛业发达国家如加拿大、美国、荷兰、瑞典、日本等都有类似专门组织。我国 DHI 系统始创于 1994 年，由中

国-加拿大奶牛综合育种项目与我国有关组织在杭州首先成立。2008年全国畜牧总站和中国奶业协会组织专家对相关奶牛生产性能测定中心(实验室)的人员、设施、设备、规章制度等条件进行了系统检查,确定了北京、上海、天津、西安、杭州等首批18个奶牛生产性能测定中心(实验室)具备奶牛生产性能测定资格,为奶牛生产性能测定工作的顺利开展和扩大提供了必要的条件。DHI系统的分析结果即DHI报告可以为生产管理提供科学的方法和手段,同时为育种工作提供完整而准确的数据资料。

(一) DHI工作的意义

1. 选育优秀种公牛

生产性能测定数据是进行种公牛个体遗传评定的重要依据。只有做好准确、可靠的性能记录,才能保证不断选育出真正遗传素质高的优秀种公牛,用于牛群遗传改良。

2. 为奶牛选种、选配提供依据,加速奶牛群体改良

对于奶牛场而言,可以根据奶牛个体(或群体)各经济性状的表现,本着保留优点、克服缺陷的原则,选择优秀公牛配种,从而提高育种工作成效。例如,根据奶牛个体产奶量、乳脂率、乳蛋白率的高低,选用不同的种公牛进行配种。

3. 为科学饲养提供依据,不断提高奶牛经营者的饲养管理水平

生产性能测定工作,可为奶牛场提供完整的生产性能记录体系,为牛场进行科学管理提供可靠依据。只有通过生产性能测定,才能准确地了解牛群的实际情况,并针对具体问题制定出切实有效的管理措施,真正地提高牛群的生产水平。生产性能测定报告不仅可以适时反映牛个体的生产表现,还可以追溯牛个体的历史表现。我们可以依据牛个体生产表现及所处生理阶段实现科学分群饲养管理。例如,通过依据计算饲养投入及生产回报,对那些已经无利可图的牛只尽早淘汰;还可根据牛群生产性能情况编制各月产奶计划,制定相应的管理措施。

4. 对奶牛健康进行早期预测,为疾病防治提供依据

通过奶牛生产性能测定报告,首先可掌握奶牛产奶水平的变化,了解奶牛是否受到应激,准确把握奶牛健康状况;其次,通过分析乳成分的变化,判断奶牛是否患酮病、慢性瘤胃酸中毒等代谢病;第三,通过测量体细胞数(SCC)的变比,及早发现乳房损伤或感染,特别是为及早发现隐性乳房炎,进而为制订乳房炎防治计划提供科学依据。

5. 为奶牛良种登记和评比工作提供依据

生产性能测定提供了一个有效的量化管理牛群工具,能够针对每一个体牛做好量化记录。没有生产性能测定,就不能建立完善的奶牛生产记录体系。通过生产性能测定能逐渐完善奶牛生产记录,为奶牛良种登记和评比工作提供依据。

6. 提高原料奶质量,为牛奶合理定价提供科学依据

在生产性能测定中,可以通过调控奶牛的营养水平来科学、有效地控制牛奶中的乳脂

率和乳蛋白率，生产出理想成分的牛乳；通过降低牛奶体细胞数（SCC）来提高牛奶的质量。同时，可为牛奶合理定价提供科学依据。

（二）DHI 工作的任务

DHI 工作包括奶样采集、奶样测试、数据处理和测试结果的反馈。

1. 奶样采集

DHI 遵循有关规定准确采样，每月用特制的加有防腐剂的采样瓶对参加 DHI 的每头泌乳牛取样一次。奶样总量约为 40mL。日挤奶 3 次者，早、中、晚的比例为 4∶3∶3；日挤奶两次者，早晚的比例为 6∶4。

2. 奶样测试

奶样测定项目包括用体细胞计数仪测定体细胞含量，用红外线分析仪测定奶成分如乳蛋白率、乳脂率、乳糖率、乳干物质含量等。分析测试必须及时。

3. 数据处理及形成报告

一般由软件进行处理，并形成符合需要的综合性能报告。将奶牛场的基础资料输入计算机，建立牛群档案，并与测试结果一起经过牛群管理软件（Dairy Champ）和其他有关软件进行数据加工处理形成 DHI 报告。还可根据奶牛场需要提供 305d 产奶量排名报告、不同牛群生产性能比较报告、体细胞总结报告、典型牛只泌乳曲线报告、DHI 报告分析与咨询。

4. 反馈

一般在牛场奶样到达测试中心后的 3～5d，DHI 报告可以完成。如果奶牛场有传真机或互联网，则可在测试完成的当天或第二天获得 DHI 报告，用以指导生产。

（三）DHI 测试注意事项

1. 奶样采集时间

应以母牛产犊后 25～40d 为宜，参加测试的每头奶牛的编号要保持唯一性，且牛号与样品号要相对应。

2. 测定产奶量

若是机械挤奶，通过流量计测定，应注意正确安装流量计，正确记录牛号与产奶量；若为手工挤奶，则用秤称量。所有测试工具都应定期进行校正。

（四）DHI 报告说明

1. 牛群平均泌乳天数

牛群平均泌乳天数以 150～170d 为宜，如此可使牛群全年产犊均衡，全年产奶量均衡。如果高于该水平，提示牛群存在繁殖问题，应检查原因并改善。牛群平均胎次以 3～3.5 胎为宜。利用校正产奶量可以比较不同时期的生产经营状况。

2. 乳脂率和乳蛋白率

乳脂率和乳蛋白率提示奶牛的营养状况。脂肪、蛋白的比值一般应为1.12～1.36。如果脂肪、蛋白比太低，可能是日粮组成中精料太多，缺乏粗纤维；如乳脂率太低，可能是瘤胃功能不佳，存在代谢性疾病，或日粮组成及精粗料物理性加工有问题。

相反，如果产后120d以内牛群平均脂肪、蛋白比太高，可能是日粮蛋白中过瘤胃蛋白不足。如果蛋白率太低，可能是干奶牛日粮不合理，造成产犊时膘情太差；或者是泌乳早期精料喂量不足，蛋白含量低；也可能是日粮蛋白中过瘤胃蛋白含量低。

3. 牛乳体细胞数

牛乳体细胞数是保健管理水平的标志。体细胞数及评分反映了该牛群的健康状况。牛只体细胞分越高，奶质越差。1～3分为好，4分以上说明乳房保健存在问题。

但体细胞数的高低只反映乳房受感染的程度，对于体细胞数较高的牛群，应检查挤奶设备的消毒效果，挤奶设备的真空度及真空稳定性，奶衬的性能及使用期限，牛床、运动场等环境卫生及牛体卫生、挤奶操作卫生。挤奶前建议用碘液浴洗乳头30s至1min，也可对着乳头喷洒碘液。药浴或喷洒以后，用热毛巾或卫生纸擦干净。若用毛巾，应一头牛一块。挤奶后乳头再用碘液封闭，即浴洗一下，但不必擦净。建议挤完奶以后饲喂饲料，这样可以让奶牛保持站立30min以上，可以使乳头括约肌闭合，以减少乳房炎的发生。

在DHI报告中，提供了因牛群体细胞太高而造成的奶牛产奶量损失，应用该数据可以计算出奶牛场全年产奶量损失及直接经济损失。

4. 产后产奶高峰日及高峰产奶量

高峰产奶量提高1kg，头胎奶牛就可能提高400kg产奶量，2胎以上可提高275kg产奶量。理想的产奶高峰日应为产后45～70d。如果高峰提前到达，产奶量很快下降，应从补充微量元素、加强疾病防治方面入手。如果产后正常达到产奶高峰，达到高峰后很快又下降，说明产后日粮配合有问题。如果达到产奶高峰很晚，说明奶牛饲养不当或分娩时体况太差。

5. 305d预测奶量

305d预测奶量是衡量一个奶牛场生产经营状况的指标，也是进行牛只淘汰的重要依据，有助于管理者及早淘汰那些亏本饲养的奶牛，以保证牛群的整体水平与经济效益。

6. 泌乳持续力

泌乳持续力是指本月测定的奶牛日产量与上次测定日产量之比。实际生产中，泌乳持续力反映了奶牛持续泌乳的能力，虽受环境和遗传因素的影响，但受营养因素影响最大。与正常值相比，如果泌乳前期的持续力偏低，可能是泌乳前期营养不足、产犊时体膘较瘦、环境条件恶劣等一种或多种因素所致；如果泌乳高峰过后持续力偏低，则可能是营养不良、环境恶劣等因素造成;如果泌乳高峰后持续力偏高,则与泌乳前期营养不足而后期得到满足或者环境条件得到改善有关。

二、影响产乳的因素

影响产乳(乳量与乳质)的因素,概括起来包括内因(遗传、生理)和外因(环境、饲养管理)两个方面。现根据生产中出现的问题分述如下:

(一) 种类

家牛(Cattle;即普通牛,其种属名为 Bos taurus)、野牛(Bos indicus)、牦牛(Poephagus grunniens)和水牛(Bubalus buballs)均可作为泌乳牛饲养。但就泌乳量而言,以普通牛(如荷斯坦牛)最高,牦牛最低;前者一个泌乳期可产奶 3000 ~ 5000kg,而后者仅产奶 215 ~ 480kg。可见,牛种不同,产奶量可表现出很大的不同,前者为后者泌乳量的 10 倍。

就乳质说来,牛种不同,乳中营养成分变化也很大(表 3-7)。

表 3-7 不同种类牛乳的成分

种 类	脂肪%	蛋白质%	乳糖%	灰分%
普通牛(荷斯坦牛)	3.5	3.1	4.9	0.7
中国水牛	12.6	6.0	3.7	0.9
牦牛	7.0	5.2	4.6	0.7
美洲野牛	1.7	4.8	5.7	0.9

(二) 品种

世界上以普通牛产奶的地区范围最广且数量最多。而普通牛中,因为品种不同,其每一泌乳期的平均产奶量和乳质量也有明显差异(表 3-8)。乳用牛品种间也有明显差别。

表 3-8 普通牛中的不同品种母牛平均泌乳期乳量与乳脂率

种 类	产奶量/kg	乳脂肪/%	乳蛋白质/%	乳糖/%	灰分/%
中国荷斯坦牛	5333.9	3.56	3.25		0.7
三河牛	3145.0	4.13			
秦川牛	715.8	4.70	4.0	6.55	0.8

(三) 个体

同一品种内,因为各种内外因素的作用,使得个体间泌乳性能存在明显差异。例如,在中国荷斯坦牛群内,产奶量有的达 10000kg 以上,有的不足 4000kg,前者为后者的 2.5 倍。秦川牛群内,有的产奶量达 1006.7kg,有的仅产奶 400kg 左右,相差悬殊。

(四) 胎次(年龄)

在奶牛生产实践中,胎次与年龄有相关性。荷斯坦牛一般在 2 ~ 2.5 岁产头胎并开始产奶,随着胎次的增加,产奶量也随之增加而达高峰,随后又随着机体的衰老而逐渐下降。母牛第一胎的产奶量约相当于第五胎产奶量的 70%;第二胎产奶量约相当于第五胎的 80%;第三胎产奶量约相当于第五胎产奶量的 90%;第四胎产奶量约相当于第五胎产奶量的 95%(表 3-9)。

表 3-9　奶牛不同胎次(年龄)泌乳量变化情况

泌乳期次(胎次)	中国荷斯坦牛		三河牛	
	产奶量/kg	相对值/%	产奶量/kg	相对值/%
1	3710	66.5	2257	61.4
2	4410	79.2	3055	83.1
3	4928	88.5	3245	88.3
4	5360	96.3	3370	91.7
5	5568	100	3584	97.6
6	5458	98.0	3676	100
7	5390	96.8	3655	99.4
8	5284	94.9	3535	96.2
9	5022	90.2	3429	93.3
10	—	—	3576	97.3
11	—	—	3131	85.2

(五) 初产年龄与产犊间隔

奶牛正常的初产年龄应是其活重达到正常成年时的 75% 以上时,过早不利于母牛发育,而过晚则减少了产犊次数和推迟了经济收益期,且影响终身产奶量。

产犊间隔指连续两次产犊间隔的天数。最理想的产犊间隔是 365d,即 305d 泌乳期,60d 干奶期。据国内外经验,这样的安排总体效益最高,对母牛的机体健康有利。但在生产实践中,产犊间隔一般为 395 ~ 405d,有些规模型牧场在 410d 左右。为保证在 50 ~ 60d 内再次受胎怀犊,要加强母牛的保健和提高人工授精的效益与质量。

(六) 日挤奶次数与间隔

我国奶牛场普遍实行日挤奶 3 次,分别相隔 8h 和 7h。而欧美许多国家则实行日挤奶 2 次制度。经试验,同一头牛,若日挤奶 3 次,则比日挤奶 2 次可多挤奶 16% ~ 20%,而 4 次挤奶又比 3 次挤的多 10% ~ 12%。劳力充分的国家多实行日挤奶 3 次的制度;在劳动力价值高的欧美国家,则实行日挤奶 2 次的制度。无论如何,一旦形成制度,必须坚持不懈。不规律的日挤奶安排,不利于奶牛产奶性能的稳定发挥。

(七) 挤奶技术和挤奶机的质量

不论是手工还是机器挤奶,在挤奶前,都要擦洗乳房。奶牛的神经比较灵敏,当擦洗乳房时,会引起机体反射——在催乳素作用下,乳腺血管扩大,乳房内与泌乳有关的管壁收缩，挤出乳腺泡内的大量乳汁；整个乳房膨胀，乳头管括约肌放松。这种反射在擦洗乳房开始后的50s左右出现，叫“放乳”。维持放乳的时间为5～7min。之后，则乳头括约肌肉收缩，停止“放乳”。这种现象叫“收乳”。据试验，擦洗、按摩乳房，可提高泌乳量10%～20%，使乳含脂率增加0.2～0.4个百分点。挤奶前，不擦洗、按摩乳房，乳腺泡内的乳只有10%～25%进入乳池；而擦洗、按摩乳房充分，则70%～90%进入乳池。挤奶前，乳房内不同部位乳的含脂率差别较大。腺泡中乳的乳脂含量10%～12%，而输乳管中的仅含乳脂1.0%～1.8%，乳池中的只含乳脂0.8%～1.2%。

总之，挤奶前要充分擦洗、按摩乳房，并在5～6min内完成挤奶过程，挤净乳汁。这对于获得量多而质优的牛奶十分重要，且有利于牛体与乳房健康。

(八) 泌乳期内不同阶段

奶牛产犊后连续泌乳的一段时期称为泌乳期，一般为10个月。按每日泌乳量的多少和乳质特点，泌乳期呈现出几个明显的阶段。产后一周内，称为初乳期，该期内所产的乳因为酸度较大，蛋白含量很高(比常乳高4～5倍)，白蛋白、球蛋白是常乳的十多倍，并有较多的无机盐类。到初乳期末，乳成分就近乎常乳了。初乳期后直到第30d前后，日泌乳量逐渐增高，称为泌乳前期。泌乳前期之后，进入泌乳盛期，持续40～60d，是日泌乳量最高的一段时间。以后日泌乳量逐渐下降，低产牛每月可下降8%～10%，高产牛下降5%～7%；饲养管理水平较高的牧场，在产奶高峰过后，平均每天下降0.07%，每月下降2.1%～3%。直到泌乳第8个月，称为泌乳中期。往后，泌乳量明显下降，称为泌乳末期，直到停止挤奶(干奶)。

(九) 干奶期长短

一般干奶期为2个月，过短不利于母牛机体的休养生息，过长又缩短了牛的经济收益期，都不利于提高养牛效益。另外，干奶期正值下次产犊前的60d左右，是犊牛出生前快速发育的关键时期。因此，此期长短和饲养管理水平，不仅影响母牛下一泌乳期产奶能力，而且对犊牛的出生前发育影响也很大。

任务五　奶牛的选育与改良

阅读与认知

选种选配是奶牛群改良工作的重要环节。选种就是从奶牛群中选出最优秀的个体作为种用，使牛群的遗传素质和生产水平不断提高。通过恰当的选配，把具有优良遗传特性的公牛和母牛进行组合交配，可以达到提高产奶量、改善牛奶品质、克服体型缺陷、增强抗病力、提高经济效益的目的。

一、母牛的选留与淘汰

（一）犊牛及青年母牛的选择

为了保持牛群高产、稳产，每年必须选留一定数量的犊牛、青年母牛。为此必须淘汰不符合要求的母牛，每年选留的母犊牛不应少于产乳母牛的1/3。

对初生小母牛以及青年母牛，首先是按系谱选择，即根据所记载的祖先情况，估测来自祖先各方面的遗传性。按系谱选择犊牛及青年母牛，应重视最近三代祖先。因为祖先愈近，对该牛的遗传影响愈大，反之则愈小。系谱一般要求三代清楚，即应有祖代牛号、体重、体尺、外貌、生产成绩。

按生长发育选择，主要以体尺、体重为依据，其主要指标是初生重，6月龄、12月龄体重、日增重，第一次配种及产犊时的年龄和体重，有的品种还规定了一定的体尺标准。犊牛出生后，6月龄、12月龄及配种前按犊牛、青年牛鉴定标准进行体型外貌鉴定。对不符合标准的个体应及时淘汰。

新生犊牛有明显的外貌与遗传缺陷，如失明、毛色异常、异性双胎母犊等，应及时淘汰。在犊牛发育阶段出现四肢关节粗大，姿势异常，步伐不正常，体型偏小，发育不良，也应淘汰。育成牛阶段有垂腹、卷腹、弓背或凹腰、生长发育不良，青年牛阶段有繁殖障碍、不发情、久配不孕、易流产和体型有缺陷等诸多现象，应一律淘汰。

（二）生产母牛的选择

生产母牛主要根据其本身表现进行选择，包括产乳性能、体质外貌、体重与体型大小、繁殖力（受胎率、胎间距等）及早熟性和长寿性等性状。最主要的是根据产乳性能进行评定，选优去劣。

1. 产奶量

要求成年母牛产奶量高，将产奶量高的母牛选留，产奶量低的母牛淘汰。因为头胎母牛产奶量和以后各胎次产奶量呈显著正相关，所以，从头胎母牛产奶量即可基本确定牛只生产性能优劣。以后各胎次母牛，除产奶因素外，有病残情况的应淘汰。

2. 乳的品质

除乳脂率外，近年不少国家对乳蛋白率的选择也很重视。这些性状的遗传力都较高，通过选择容易见效。而且乳指率与乳蛋白含量之间呈中等正相关，与其他非脂固体物含量也呈中等正相关。这表明，在选择高乳脂率的同时，也相应地提高了乳蛋白及其他非脂固体物的含量，达到一举两得之效。但在选择乳脂率的同时，还应考虑乳脂率与产奶量呈负相关,不能顾此失彼。

3. 繁殖力

繁殖力是生产性能表现的主要方面之一。因此,要求成年母牛繁殖力高、产犊多。对有繁殖障碍且久治不愈的母牛,应及早处理。

4. 饲料转化率

饲料转化率是奶牛的重要选择指标之一。在奶牛生产中,通过对产奶量直接选择,饲料转化率也会相应提高,可达到直接选择70% ~95%的效果。

5. 排乳速度

排乳速度多采用排乳最高速度(排乳旺期每分钟流出的奶量)来表示。排乳速度快的牛,有利于在挤奶厅中集中挤奶,可提高劳动生产率。根据奶牛品种及其选育目标,确定排乳速度的选择标准。

6. 前乳房指数

生产中,应选留前乳房指数接近50%的母牛。

7. 泌乳均匀性的选择

产奶量高的母牛,在整个泌乳期泌乳稳定、均匀,下降幅度不大,产奶量能维持在很高的水平。奶牛在泌乳期泌乳的均匀性,一般可分为以下三个类型:

剧降型:这一类型的母牛产奶量低,泌乳期短,但最高日产量较高。

波动型:这一类型牛泌乳量不稳定,呈波动状态。乳量也不高,繁殖力也较低,适应性差,不适宜留作种用。

平稳型:本类型牛在牛群中最常见,泌乳量下降缓慢而均匀,产奶量高。一般在最初3个月占总产奶量的36.6%;第四、五、六个月为31.7%;最后几个月为31.7%。这一类型牛健康状况良好,繁殖力也较高,可留作种用。

二、牛的选配

(一)选配原则与选配计划

公牛的生产性能与外貌等级应高于与配母牛等级。优秀母牛采用同质选配,品质较差母牛采用异质选配。但是一定要避免相同缺陷或不同缺陷的交配组合。除育种群外,一般牛群应避免采用近亲交配。

拟订选配计划以前,首先应审查公牛系谱、生产性能、外貌鉴定、后裔测定资料(包括各性状的育种值,体型线性柱形图及公牛女儿体型改良的效果)和优、缺点等。然后考虑本场牛群基本情况,绘制牛群血统系谱图,进行血缘关系分析。并对牛群生产水平与体型按公牛、按胎次、按年度等进行分析,并且和以前(或上一个世代)比较,从而提出需要改进的具体要求和指标。同时,分析历年来牛群中优秀的公、母牛个体,选出亲和力最好的优秀公、母牛组合。如果过去的选配效果良好,即可采用重复选配;对已证明过去选配效果不理想的个体,要及时进行适当调整;对没有交配过的母牛,可参照同胞姊妹和半同胞姊妹的选配方案进行,也可作为初配母牛进行选配。然后拟订选配方案,做好奶牛的选配计划表(表3-10),并严格实施。

表3-10 奶牛的选配计划表

母牛				与配公牛				亲缘关系	选配目的	备注
牛号	品种	等级	特点	牛号	品种	等级	特点			

(二) 选配方式

1. 同质选配

同质选配的原则是好的配好的,产生更好的后代。正如农谚所说,公的好,母的好,后代错不了。同质选配决不允许所选的公、母牛有共同的缺点,因为这样的选配,将会使缺点更加明显。同质选配也可使隐性有害基因得到纯合,出现适应性差、生活力低的子代。因此,要注意加强选择,淘汰体质衰弱或有遗传缺陷的个体。

2. 异质选配

异质选配是指利用体型外貌和生产性能不同的公、母牛进行交配,目的是获得双亲有益品质的结合。一是选择具有不同优异性状的公、母牛交配,以期两个性状结合在一起,从而获得兼有双亲不同优点的后代。二是选择有同一性状但优劣程度不同的公、母牛交配,以期优良性状改良不良性状,达到目的后再转入同质选配。异质选配可以提高双亲的差异性,增加新类型,提高生产力和适应性。为了创造高产群体和新品种,可用不同品种牛进行异质选配。我国利用黄牛和奶牛的杂交后代与荷斯坦牛进行选配,从而提高了产奶量,还改善了乳用牛体型和乳房结构。

同质选配和异质选配是相对的,二者在生产实践中是互为条件、相辅相成的。两者不能截然分开,只有将两者密切配合,交替使用,才能不断提高和巩固整个牛群的品质。

(三) 选配方法

1. 个体选配

根据每头母牛的个体特性、来源、外貌和生产性能以及过去的选配效果,选择最优秀的种公牛进行交配。在这样的选配中获得优良的公牛比母牛更为重要。这种形式的选配多在育种场进行。

2. 群体选配

这种选配的本质是把母牛根据其来源、外貌特点和生产性能进行分群,根据各母牛群的特点来选择 2 头以上比该牛群优良的种公牛，以 1 头为主，以其他为辅。这种选配方式多应用于生产场或人工授精站，也可应用于育种场。

三、奶牛的纯种繁育与杂交改良

在奶牛生产中，主要采用纯种繁育，也经常采用杂交改良的方式，以提高奶牛质量。

（一）纯种繁育

纯种繁育简称“纯繁”，是指同品种内公、母牛的繁殖和选育，可以使品种的优良品质和特性在后代中更加巩固和提高。例如，各国的荷斯坦牛由于采用了“纯繁”，不仅更适宜各国的气候条件，而且产奶量也比 20 世纪 30 年代几乎提高 1 倍，乳脂率由 3.2% 提高到 3.6%。

1. 近亲繁育

凡有亲缘关系的公、母牛进行交配，称近亲繁殖。近亲繁殖可增加基因纯合。亲缘系统越近的个体间交配，基因纯合的概率越大。通过近亲繁殖可使优良基因的纯合集中于某些个体，从而获得品质优异的理想型个体。反之，近亲繁殖也可使一些有害隐性基因由于纯合而暴露出来，以致产生退化现象。所以，近亲繁殖可以创造和培育优良个体，同时也应淘汰不良个体，以便在改变牛群基因频率的基础上，逐步提高育种的水平。

2. 品系繁育

品系是指品种内具有相似特点，而又来源于同一优良种公牛的牛群。品系繁育比近亲繁育应用较广，是比较保险的一种近亲繁育方法，但品系繁育需要的时间长。

（二）杂交改良

杂交改良是指不同牛品种间进行相互交配，其目的是利用杂种优势，提高奶牛生产性能。国内外资料表明，杂交改良是迅速提高低产品种奶牛生产性能的有效方法。在奶牛生产上应用较广的杂交改良方法如下。

1. 引入杂交

引入杂交也称导入杂交。为了纠正某奶牛品种（或牛群）的个别缺点，引入另一奶牛品种进行杂交。引入杂交的方法是用含外血 1/2 的公牛与母牛交配，产生含有外血 1/4 的后代进行自群繁育；如果引入外血后对原有奶牛品种（或牛群）某些优良品质有所损失，则可用原奶牛品种公牛交配一次，以便使外血含量由 1/4 下降到 1/8，以免因引入杂交而改变原奶牛品种的基本特性。

近年来，我国曾多次从美国、加拿大引进荷斯坦牛种公牛与本国荷斯坦母牛进行交配。结果表明，后代产奶量、乳房形状、排乳速度和前乳房指数均有较大改进。目前在许多奶牛生产发达国家间，也定期地交换部分公牛精液。这种双向的导入杂交，其目的已不仅是纠正缺点,而是扩大群内的遗传变异幅度。

2. 级进杂交

级进杂交是指用高产乳用品种种公牛与低产品种母牛逐代进行杂交,一直达到彻底改造低产品种为目的。各代杂种母牛,随着杂交代数的增加,含高产品种血液也逐代增加。一般级进到3~4代,其杂种通常称高代杂种。高代杂种与纯种几乎已无差异。有的国家对四代以上的杂种母牛,即按纯种对待。采用级进杂交,必须为杂种牛创造良好的饲养管理条件,以使其优良遗传性状获得充分发挥。对公牛的选择必须慎重,以保证杂交改良的成功。

项目四

奶牛的饲养管理

任务一　了解奶牛的饲养管理规程

阅读与认知

一、牛的生活习性

（一）对环境的适应性

牛耐寒怕热，高温可使牛的采食量下降，导致生长速度和产奶量下降。对于公牛，可使其精液品质不良。牛喜欢安静的环境，噪声会影响牛的生产性能。

（二）采食性能

牛是食草反刍动物，喜青绿饲草和块根饲料，尤其喜欢采食带甜味和咸味的饲料。牛难以采食过矮牧草，采食速度快而粗，易吞进异物。牛有夜间采食的习惯，晚上应添给夜草。

（三）休息和运动

牛每天需要休息 9 ~ 12h，喜欢自由运动，所以在管理上要保证牛的运动时间。

（四）抗病力

牛的抗病力强，往往发病初期不易被发现，时刻需要细致观察。

（五）爱清洁

在饲喂草料时，应做到少给勤添。

体验与实践

了解奶牛的饲养管理规程

为维护奶牛的健康，充分发挥其生产性能，降低饲养成本，提高养殖效益，保障奶产品安全，必须建立一整套健全的规章制度，以此规范奶牛生产，维持正常的生产秩序。奶牛饲养管理规程包括奶牛的饲养、管理、挤奶、卫生防疫等方面。

一、饲养方面

（一）日粮组成要求

（1）应选择易消化、发酵的饲料。

（2）日粮组成以优质青、粗饲料为主。

（3）日粮组成应多样化、适口性好。

（4）日粮要有一定的容积和浓度，精、粗饲料合理搭配。

（5）日粮要有适当的轻泻性。

（二）饲喂技术

（1）定时定量、少给勤添，干草自由采食。每日饲喂次数和每次饲喂时间基本不变。每次给予奶牛的饲料大致均衡，尤其是群饲，精饲料定量供给。每次投给的饲料量在短时间内让其吃完，而后多次少量勤添。有条件的牧场可采用全混合日粮（TMR）饲喂技术。

（2）保持日粮相对稳定，变换饲料逐渐进行。更换饲料有1～2周的过渡期，根据计划，保质、按量稳定供应饲料。

（3）饲料清筛，防止异物。

（三）饲喂次数及顺序

奶牛饲喂次数与挤奶次数相一致。一般采用两次或三次挤奶，每天精料饲喂次数安排以2～3次为宜，尽量使每次饲喂的时间间隔相等。按“先粗后精”、“先干后湿”、“先喂后饮”（最好自由饮水）的顺序饲喂。

（四）饮水

水是奶牛最重要的营养物质。奶牛每天需水量60～100L，高产奶牛需水量高达150～200L。牛舍、运动场必须安装自动饮水装置供牛自由饮用，无此条件的牛场，每天饲喂后必须及时供应饮水，冬天3次，夏天4～5次。冬季饮水温度不应低于8℃～12℃，高产奶牛水温不得低于14℃，夏天应供凉水。

（五）补盐

在运动场内放盐槽或放盐砖，让奶牛自由舔食。

二、管理方面

(一) 分群饲养

依据奶牛的年龄、分娩时间、生理状况及生产水平等情况进行分群,有针对性地按群饲养管理。

(二) 加强运动

对于拴系饲养的奶牛,每天要进行2~3h的户外运动。对于散养的奶牛,每天在运动场自由活动的时间应不少于8h。

(三) 刷拭牛体

奶牛应经常保持皮肤清洁。每天刷拭2~3次,每次5~10min,刷下的污物和毛发要及时清理干净,最好用吸尘牛体刷刷拭。对有皮肤病和寄生虫病的牛,要用单独的刷子,并在刷后对刷子进行清洁消毒。刷拭应在挤奶前0.5~1h完成。

(四) 乳房护理

首先要时刻关注并保持乳房的清洁,以减少乳房炎的发生;其次,要经常按摩乳房,以促进乳腺的发育。定期进行隐性乳房炎检测,一旦检出即予以治疗。干奶前检测出的隐性乳房炎,应治愈后再干奶。

(五) 肢蹄护理

牛床、运动场以及其他活动场所应保持干燥、清洁,不能有尖锐铁器和碎石等异物,以免伤蹄。定期用5%~10%的硫酸铜或3%甲醛溶液洗蹄,每年春、秋定期修蹄,经常涂抹凡士林等。夏季用凉水冲洗肢蹄时,要避免用凉水直接冲洗关节部位。

(六) 防暑防寒

荷斯坦牛最适合的环境温度为8℃~16℃,温度过高或过低都会影响产奶量,所以必须做好防暑降温、防寒保温工作。

(七) 做好观察和记录

饲养员每天要认真观察每头牛的精神、采食、粪便和发情状况,发现异常情况,及时做好详细记录。对可能患病的牛,要及时报告兽医诊治;对于发情的牛,要及时通知配种人员适时输精。对体弱、妊娠的牛,要给予特殊照顾。同时,要做好每天的采食和泌乳记录。

(八) 保持卫生

应保证奶牛场、牛舍和用具等卫生。牛场大门口设消毒池,并经常更换消毒液,严格执行奶牛场的消毒程序。牛舍要保持干燥、清洁、舒适、空气新鲜,及时清理牛舍内的粪尿、污水,定期更换垫草。

每天刷洗一次饲槽,每周清洗、消毒运动场上的饮水槽。其他用具定期消毒。

(九) 牛舒适度管理

定期对牛群舒适度进行评估,主要包括牛体卫生、牛体表伤痕、牛群卧床休息等情况,找出存在的问题加以改进。如牛床铺垫料是否柔软干净。

(十) 日常管理

各饲养阶段分群管理,合理安排挤奶、饲喂、饮水、刷拭、运动、清扫、休息等各项工作日程,制订出详细的作息时间表。工作日程确定后,不得随意变动。

三、挤奶方面

加强挤奶人员的技术培训,使其熟练掌握挤奶技术,规范挤奶操作,严格遵守挤奶规定,不轻易更换挤奶人员、更改挤奶时间、增减挤奶次数。

四、防疫方面

奶牛场应贯彻"预防为主,防重于治"的卫生防疫方针。员工要加强对奶牛传染病的认识,掌握传染病的流行规律,每年必须进行一次健康检查。冬季每两个月对牛场进行一次消毒,其他季节每月消毒一次,夏季根据需要适当增加消毒次数。严格防疫卫生管理,谢绝参观;结合当地疫病流行情况,进行免疫接种。

任务二 奶牛的体况评分

阅读与认知

奶牛体况是指奶牛脂肪沉积的状况,俗称膘情。体况评分(Body Condition Scoring, BCS)就是对奶牛的膘情进行评定,它能反映牛体内脂肪沉积的多少。

一、体况评定的必要性

奶牛生产中,牛群中常常会出现过于肥胖或过于瘦弱的牛只。母牛产犊时过于肥胖,往往导致产后采食量下降,而且多发生代谢疾病及产科病;反之,过于消瘦的泌乳牛,由于缺乏足够的体能储备支持泌乳和繁殖的需要,导致泌乳期峰值不高,持续期短,产奶量低,产后发情延迟。

对于后备牛,营养不良会延迟初情期与性成熟,影响投产时间;而对于性成熟前(12月龄)过于肥胖的育成牛,则因为其乳房内沉积大量的脂肪,妨碍了乳腺组织的发育,造成终生产奶量不高;甚至因输卵管内沉积脂肪过多而堵塞,造成不孕。

通过对群体和个体的体况评分,可以对该时期的饲养效果进行研究评估,为制定下一阶段的饲养措施和调整近期日粮配方及饲喂量提供重要的依据。另外,体况评分也是对奶牛进行健康检查的辅助手段。定期进行体况评分有助于提前发现那些导致产奶量明显下降的潜在的健康问题。牛群良好的体况不仅仅能增加产量奶,而且能减少代谢紊乱,降低发病,减少乳房炎和繁殖机能障碍的发生。体况不好的牛容易出现健康问题,而过肥的牛只容易造成难产、脂肪肝综合征甚至死亡。

奶牛各个阶段均可以进行体况评定,但生产中常常有明确规定。

(1) 后备母牛一般自 7 月龄开始,每隔 1 ~ 2 个月进行一次体况评定,重点是 7 ~ 12 月龄、第一次配种时及产前 2 个月。

(2) 成年母牛一个产奶周期应该进行 5 次体况评定,即分娩期、泌乳高峰(产后 21 ~ 45d)、配种时(产后 60 ~ 110 d)、泌乳后期(干奶前 60 ~ 100 d)和干奶期。泌乳牛也可以每月评定一次。

三、理想的体况评分

理想的母牛体况评分应为 2.5 ~ 3.75 分(表 4-1)。因个体差异,允许泌乳高峰的奶牛在短期内可稍低于 2 分,但分娩前不应高于 4 分。生产上,应定期观测同一泌乳阶段的奶牛,看看它们的平均体况是否符合标准。

体况评分低(小于 3.0)的奶牛很可能缺乏持续力,并导致产奶量低下。偏瘦的奶牛没有足够的能量储备以用于有效的繁殖。

产犊时过于肥胖(大于 4.0)易导致采食量下降及代谢疾病(如酮病、真胃移位),在产犊时易导致难产、胎衣不下,进而发生子宫内膜炎和卵巢囊肿等繁殖疾病。

表 4-1　母牛理想的体况评分

泌乳阶段	理想的体况评分	范围
干奶期	3.50	3.25 ~ 3.75
成母牛产犊时	3.50	3.25 ~ 3.75
泌乳早期	2.75	2.50 ~ 3.00
泌乳中期	3.25	2.75 ~ 3.25
泌乳后期	3.50	3.25 ~ 3.75
生长的青年母牛	3.00	2.75 ~ 3.25
青年母牛产犊时	3.50	3.25 ~ 3.75

体验与实践

奶牛的体况评分方法

1. 评分方法

评定时,将牛拴于牛床上,评定人员通过对评定部位的目测和触摸,结合整体印象,对照标准进行评分。

触摸时奶牛应水平站立,首先观察奶牛整个躯体的大小、全貌、肋骨的显露程度和开张程度,背线、腰角、坐骨及尾根等部位的肥瘦程度。然后用手触摸或按压以下各部位:

肋骨:用拇指和食指掐捏肋骨,检查肋肌的丰瘠程度。过肥的牛,不易掐住肋骨。

背线:用手掌在牛的肩、背、臀(尻)部移动按压,以测定其肥胖程度。

腰角和坐骨:用手指和掌心掐捏腰椎横突,触摸腰角和臀角,如肉膘丰厚,则不易触摸到骨骼。

尾根:如过瘦,尾椎与坐骨间的凹陷非常明显。

2. 评分原则

评分时不要考虑奶牛骨架大小、泌乳阶段和健康状况等因素,只有解释奶牛体况评分时才考虑这些因素。初学者要触摸一下关键部位的肌肉多少,即腰角、臀角、韧带及臀端至脊椎骨和尾根之间的肥瘦程度。一旦评定员有能力仅用肉眼就可作出判断和比较,就无须使用以上的"手把手"式的评定方法。

奶牛体况评定侧重于背线、肋骨、腰臀及尾根等部位,同时考虑被毛光泽及顺逆、腹部的凹陷度,根据肌肉和脂肪沉积程度给予相应的分值。现行的5分制,评定方便,但不准确。为了简化评定工作,同时考虑生产应用的需要,在5分制的基础上,将介于两者之间的膘情,按倾向对整分值进行加减得出分值。对极端肥胖(4.5分以上)或极端消瘦(1.0分以下)奶牛只登记归类,不进行评分(图4-1)。

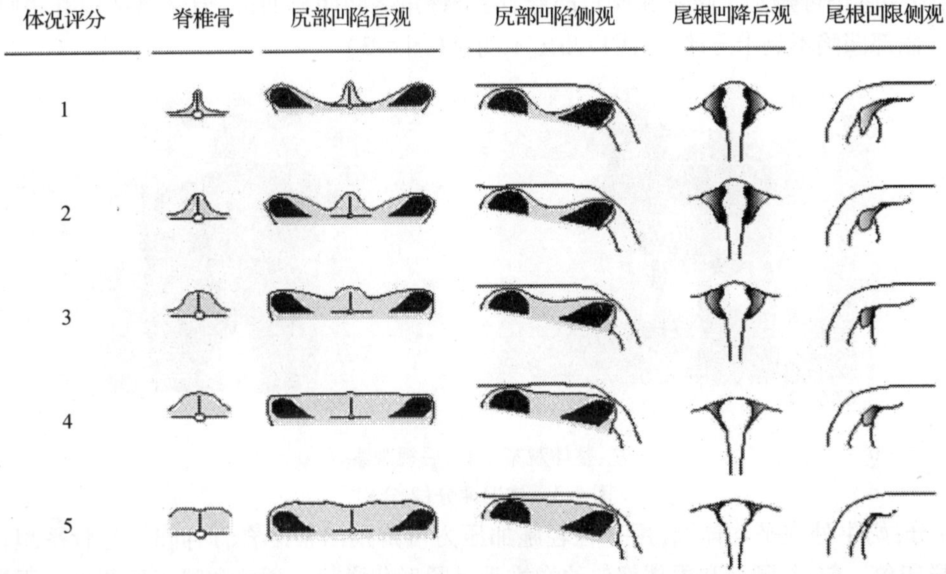

图 4-1　体况评分标准示意图

1 分:奶牛极度消瘦,整个脊骨覆盖的肌肉很少,显著凸起,脊骨末端手感明显,形成延伸至腰部的清晰可见的衣架样,腰部凹陷非常明显。前背、腰部和尻部的脊椎骨凸起明显。腰角和臀角之间严重凹陷。尾根以下与臀角之间的部位严重凹陷,使得该部位的骨骼结构极为明显地凸起。髋部和大腿部位内凹。肛门部位收缩,阴户明显凸起(图 4-2)。

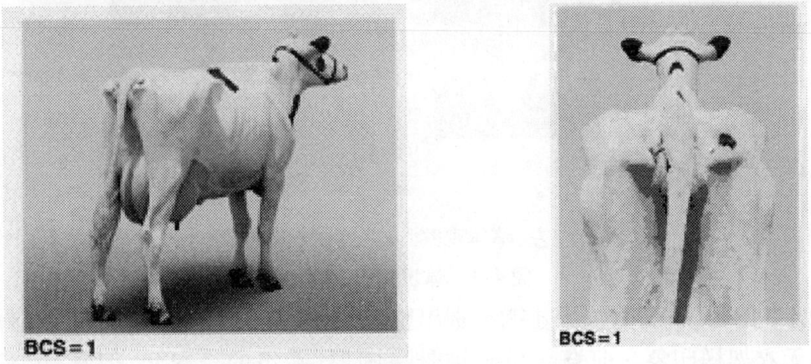

左:整体观察　右:后视观察

图 4-2　体况评分(1 分)

2 分:凭视觉辨别出整个脊骨,但不凸起。脊骨末端虽覆盖的肌肉多一些,但手摸仍明显凸起。个体脊椎骨区分不是非常明显。前脊、腰部和尻部部位的脊椎骨在视觉上不明显,但手感仍可辨别。腰角和臀角凸起,两个臀角之间明显凹进,但骨骼结构有些肌肉覆盖。髋部凹陷不是十分严重,阴户凸出不明显(图 4-3)。

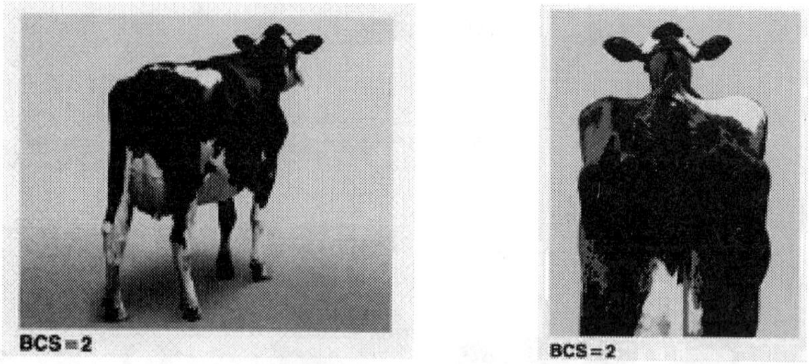

左:整体观察　右:后视观察

图 4-3　体况评分(2 分)

3 分:奶牛处在平均体膘,用手轻轻施加压力可辨别出整个脊骨,同时,脊骨平坦,无衣架样印象。前背、腰部和尻部部位的脊椎骨呈圆形背脊状。腰角和臀角呈圆形且平滑。臀角之间和尾根周围部位平坦,没有明显的脂肪沉积(图 4-4)。

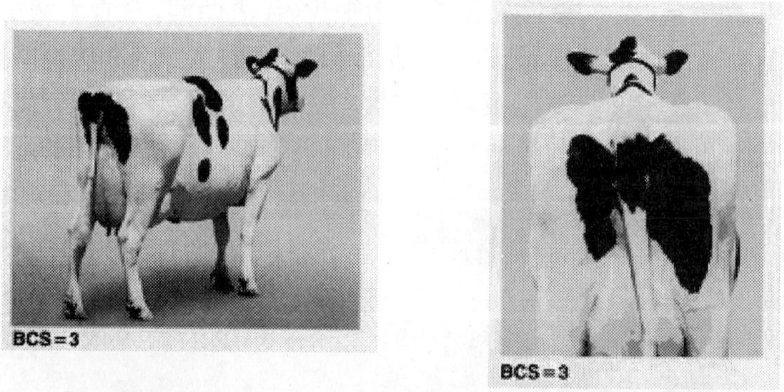

左:整体观察　右:后视观察

图 4-4　体况评分(3 分)

4 分:奶牛偏肥,手用力按压才能辨别出整个脊骨,整头奶牛圆滑,同时脊骨呈平坦或圆形,根本无衣架样印象。前脊部位脊椎骨呈圆形、平坦的隆起状,但腰、尻部位依然平坦。腰角呈圆形,两个腰角之间的"十"字部位看上去呈水平。尾根和臀角周围部位的肌肉丰满,看得出有皮下脂肪积累(图 4-5)。

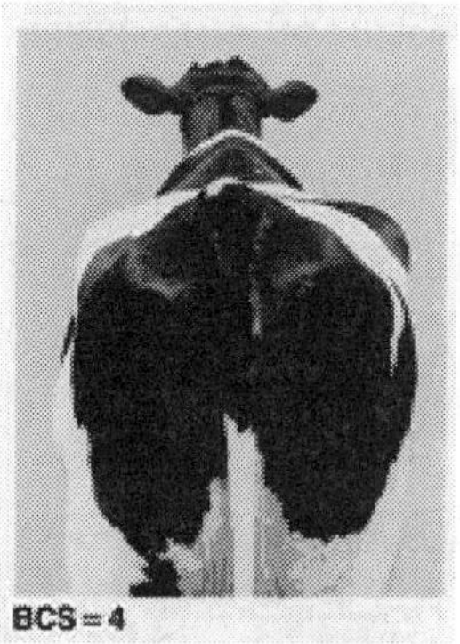

左:整体观察　右:后视观察

图 4-5　体况评分(4 分)

5 分:视觉上看不出脊椎骨、腰角和臀角部位的骨骼结构。皮下脂肪明显突起。尾根几乎埋进脂肪组织内(图 4-6)。

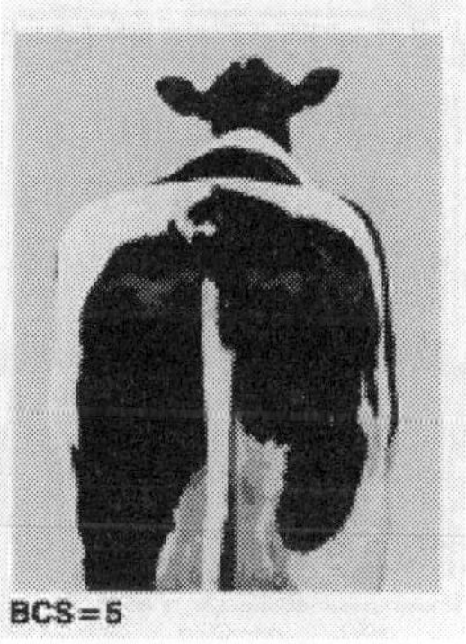

左:整体观察　右:后视观察

图 4-6　体况评分(5 分)

任务三　干奶牛的饲养管理

阅读与认知

一、干奶的意义

奶牛经过长期泌乳和胎儿生长的发育,消耗了大量的营养物质,妊娠后期胎儿发育快，初生犊牛体重的60%在干奶期内发育完成。因此，母牛通过干奶期休息，调整日粮，加强营养，恢复体质，可保证胎儿的正常生长发育和增重，获得健壮的犊牛。

干奶期间乳腺分泌活动停止，乳腺组织特别是乳腺上皮细胞得以充分休息和再生，为下一个泌乳期正常泌乳作必要准备。同时牛体也可以贮积大量营养物质，以弥补产后1～2个泌乳月出现的营养负平衡。干奶期加强营养可以提高初乳的营养浓度，使初乳中的钙、磷、维生素含量增多。

二、干奶期的长短

干奶期一般持续45～75d。一般地说，过早干奶会减少母牛的产奶量，对生产不利；干奶太晚，则使胎儿发育受到影响，也影响到初乳的品质。干奶期短，加上饲养管理不善，母牛初乳中胡萝卜素含量会减少到原来的25%～33.3%。正常情况下以60d为宜，这时初乳品质最好。

初胎或早配母牛、体弱及老年牛、高产母牛以及饲养条件差的牛，需要较长时间的干奶期，一般为60～75d。体质健壮、产奶量较低、营养状况较好的奶牛，干奶期可缩短为30～35d。早产或死胎的情况下，缺少或缩短干奶期，同样会降低下一泌乳期的产奶量。早产时的泌乳量仅仅是正常产的80%。

干奶奶牛饲养管理是奶牛整个饲养管理过程中的一个重要环节。干奶效果的好坏、干奶期长短及干奶期的饲养管理，对胎儿的发育、母子的健康及下一个泌乳期的产奶量有直接影响。

三、干奶方法

1. 逐渐干奶法

用1～2周的时间将奶牛泌乳活动停下来。在预定干奶期前10～20d开始变更饲料组成，逐渐减少青绿多汁饲料和精饲料，增加干草喂量，控制饮水量；改变挤奶次数和时间，由每天3次挤奶改为2次、1次，或隔日挤1次；每次挤奶必须完全挤净，当产奶量降至4～5kg时，停止挤奶，这样母牛就会逐渐干奶。此法适于高产奶牛或过去停奶难及患过乳房炎的母牛。

2. 快速干奶法

从进行干奶日起，在5～7d内将乳干完。开始干奶的前1d，将日粮中全部多汁饲料和精饲料减去，只喂干草，控制饮水，每天饮2～3次；停止按摩乳房，减少挤奶次数，第一天由3次挤奶改为2次，第二天1次或隔日挤奶，经4～7d就可以把奶停掉。此法一般适于中低产牛，在生产实践中，建议高产奶牛也使用此法干奶。

3. 一次干奶法

在干奶当天的最后一次挤奶时，加强乳房按摩，彻底榨干奶汁，然后每个乳头用5%碘酊浸泡1次，进行彻底消毒，并分别用乳导管向每个乳头注入抗生素油10mL。

抗生素油的配方：青霉素4×10^5IU，链霉素1×10^6IU，磺胺粉2g混入40mL灭菌过的植物油中，充分混匀后即可使用。

干奶时无论用什么方法，在停奶后的3～4d内，母牛的乳房都会因积贮乳汁较多而膨胀。所以，在此期间不要触摸乳房和挤奶。要注意乳房的变化和母牛的表现。正常情况下，过几天乳房内贮积的乳汁可自行吸收而使乳房萎缩。如果乳房中乳汁积贮过多，乳房过硬，出现红、肿、热、痛等炎症反应，干奶牛因之不安，说明干奶效果不好，应重新干奶。干奶后的一周内，需要每天两次用碘伏药浴乳头。

体验与实践

一、干奶期的饲养技术

母牛干奶期的饲养任务是保证胎儿正常发育，给母牛积蓄必要的营养物质，在干奶期间使体重增加50～80kg，为下一个泌乳期多产奶创造条件。在此期间应保持中等营养状况，使母牛被毛光泽，体态丰满，不过肥或过瘦。

干奶期，日粮干物质应占体重的2.0%～2.5%，1kg饲料干物质含奶牛能量单位1.75，粗蛋白11%～12%，钙0.6%，磷0.3%，精料和粗饲料比为25:75，粗纤维含量少于20%。干奶期的日粮要求：精饲料每头每天3～4kg；其他粗饲料：青饲料、青贮饲料每头每天10～15kg，优质禾本科干草3～5kg。糟渣类、多汁类饲料一般不喂。如果饲喂，一般不超过5kg。

1. 干奶前期饲养

干奶期为2个月，前45d为干奶前期。此期的饲养原则是：在满足母牛营养需要的前提下尽快干奶，使乳房恢复松软正常。保持中等营养状况，被毛光亮，不肥不瘦。

干奶后5～7d，乳房还没有变软，每天给予的饲料，可仍和干奶过程的饲料一样。干奶1周后，乳房内乳汁被吸收，乳房变软，且已干瘪时，就要逐渐增喂精饲料和多汁饲料。再经过5～7d达到干奶母牛的饲养标准，既要照顾到营养价值的全面性，又不能把奶牛喂得过肥。因此，一方面要给予适当的运动，另一方面要加强卫生管理和注意乳房变化。

2. 干奶后期饲养

预产期前15d进入产房阶段的饲养管理，也称为围产前期的饲养管理。

饲养原则是:要求母牛特别是膘情差的母牛有适当的增重,至临产前体况丰满度在中上等水平,健壮而不肥。据报道,干奶期间母牛每增重 1kg,泌乳期内可增加 25kg 牛奶。干奶后要逐渐加料,每天增加 0.45kg 精饲料,直至 100kg 体重 1 ~1.5kg 饲料时止。

产前 4 ~7d,如乳房过度肿大,要减少或停止饲喂精饲料和多汁饲料。如果乳房正常,则可正常饲喂多汁饲料。产前 2 ~3d,日粮应加入小麦麸等轻泻饲料,以防止母牛便秘。对有乳热症病史的母牛,在其干奶期间必须避免钙摄取过量,一般将钙降到日粮干物质的 0.2%,同时还应当减少食盐的喂量,不用小苏打、氧化镁等瘤胃缓冲剂。产犊后迅速提高钙量,以满足产奶时的需要。干奶期的奶牛,特别是干奶后期牛只,一般不喂苜蓿等豆科干草,以防摄入过量钙导致胎衣不下。

二、干奶期母牛的管理

(1) 做好保胎工作,防止流产、难产及胎衣滞留。为此要保持饲料新鲜,绝对不能喂冰冻的块根饲料、腐败霉烂饲料和有毒饲料,冬季不可饮冷水,水温不得低于 10℃。

(2) 坚持让牛适当运动,但必须与其他牛群分开,以免互相顶撞造成流产。冬季在舍外运动场逍遥运动 2 ~3h/d,产前停止活动。

(3) 皮肤刷拭,保持皮肤清洁。

(4) 按摩乳房,促进乳腺发育。一般干奶 10d 后开始按摩,每天 1 次。但对产前出现乳房水肿的牛,要停止按摩。

任务四　围产期奶牛的饲养管理

阅读与认知

围产期是指奶牛临产前 15d 至产后 15d 这一阶段。习惯上将产前 15d 和产后 15d 分别称为围产前期和围产后期。实际上,围产前期处于干奶后期,围产后期处于泌乳前期。

围产期是奶牛生理状况发生重大变化的阶段。围产期胚胎发育迅速,经历分娩、泌乳等繁殖过程,机体营养和内分泌机能的变化和调节十分剧烈,是母牛营养代谢疾病和繁殖疾病的高发期,常常影响奶牛下一个泌乳期的产奶和健康状况。因此,强化围产期饲养管理,对于保证母牛和犊牛健康,防止围产期疾病的发生,提高生产性能和经济效益具有重要的意义。

一、围产前期的饲养管理

（一）饲养

分娩前两周，日粮干物质应占体重的2.5%～3%，1kg饲料干物质含奶牛能量单位2.00，粗蛋白占13%，含钙0.2%，磷0.3%。

日粮中应减少蛋白质饲料和酒糟类饲料的比例，适当补充麦麸的比例。另外注意补充维生素A、维生素D、维生素E和各种微量元素。

（二）管理措施

（1）根据母牛的配种记录，确定其预产期。在预产期前15d，将母牛转入产房。产房、产间应事先消毒，并保持安静，便于接产。另外，准备好药品和助产用品。应安排接产人员昼夜值班，并与兽医建立联系，以便于难产发生时采取一定的措施。

（2）产前检查，注意观察临产的情况，做好接产准备。冬季产房应保持温暖，夏季应便于通风降温。临产前1～6h进入产间。

（3）母牛接近临产时，阴户肿大松弛，尾根两侧和耻骨间开始松弛下陷，即荐骨、坐骨韧带松弛，最初下陷处可容一手指，逐渐增大至可容4～5手指或一拳。如果在行走时可见凹陷部位起伏，甚至乳头发胀，用手指压乳房时，出现指压痕久久不能平复，这表明母牛将于12h内分娩，应立即用消毒药水洗净母牛后躯、外阴和乳房，更换垫草，保持环境安静，做好助产前的准备工作，随时注意母牛的表现，准备助产。

（4）母牛的分娩多为自然分娩。母牛阴门露出胎胞后20～30min即可产出。当胎儿的前蹄将胎膜顶破时，要用桶将羊水接到桶里。正常分娩时，犊牛两前肢夹着头先出来。

二、围产后期（泌乳初期）的饲养管理

围产后期，也即母牛的泌乳初期，一般是指从产犊到产犊后15～20d以内的一段时间。其生理特点是：产后气血亏损，消化机能弱，抗病力差，生殖器官处于恢复阶段；乳腺机能发育旺盛，产奶量逐日上升。因此，要加强饲养管理，促使其体质尽快恢复，并防止产后瘫痪等疾病的发生。

（一）围产后期的饲养技术

分娩后日粮立即改为钙0.6%，磷0.3%，精料和粗饲料比为40:60，粗纤维含量不少于23%。

在饲养上，母牛产后，要立即喂给温热、充足的麦麸汤（麦麸1.5kg、盐50～100g、水10kg，也可加适量红糖），以暖腹、充饥及增加腹压，有条件的可补饮益母草红糖水（益母草0.25kg，水1.5kg，煎成水剂后，另加红糖1.0kg，温水3.0kg，温度控制在40℃左右，每天一

次,连服 2~3d),以促进子宫恢复和恶露排出。有条件的牧场,产后立即给母牛静脉滴注 25%~50% 的葡萄糖 500mL,10% $CaCl_2$ 500mL,肌注缩宫素 15~20mL,并灌服温水 40~60kg,补充水分和体能。灌服水中还可以添加丙酸钙、丙二醇等,以预防发生代谢性疾病。整个泌乳初期要保证充足、清洁、适温的饮水。一般产后一周内应供给 37℃~40℃ 的温水,以后逐步降至常温。对于乳房水肿严重的奶牛,应适当控制饮水量。

产后 3~5d 的日粮应以优质干草为主,精料可以根据挤奶量及健康状况酌情喂给。从产后 2~3d 开始,每天增加 1~1.5kg 精料,至产后 8~10d 达到标准给量,但喂量以不超过体重的 1.5% 为宜。分娩后饲养应改喂高钙日粮(钙占日粮干物质的 0.7%~1%),如果日粮不能提供充足的钙、磷,就会导致软骨症、肢蹄病和产后瘫痪等各种疾病。产后 10d,每头每天钙摄入量不应低于 150g,磷不应低于 100g。

产后 4~5d,日粮中加进少量青草、青贮及块根饲料,以 4~5kg 为宜,以后随着乳房水肿的消除和产奶量的上升逐步增加喂量,至泌乳初期结束,每天青贮喂量达 20kg,优质干草 3~4kg,块根类 5~10kg,槽渣类 15kg。产后 10~15d,根据奶牛的健康情况继续增加精料喂量,直至泌乳高峰到来。到产后 15d,日粮干物质中精料比例应达到 50%~55%。

增加喂料量应稳妥进行,增料的同时应随时观察牛的食欲、乳房状况、行为及粪便等。如果出现消化不良和乳房水肿迟迟不消的现象,要降低精料喂量,待恢复正常后再增加。精料的增加幅度应根据不同的个体区别对待。对产后健康状况良好,泌乳潜力大,乳房水肿轻的奶牛可加大增加幅度;反之,则应减小增加幅度。要注意控制多汁饲料和精料的喂量,不要急于催奶,以免加重乳房水肿。

(二) 围产后期的管理技术

围产后期管理的好坏直接关系到以后各阶段的产奶量和奶牛的健康,必须给予高度重视。

加强对母牛的护理,注意胎衣是否完全排出。如发现异常,及时处理。随时清除污秽垫草,换上干净垫草。保持产房的清洁与干燥。母牛产犊后,第一次挤奶的时间越早越好,一般在产后 30~60min 开始挤奶。挤奶前应对乳房进行热敷和按摩。提前挤奶,有助于产后胎衣的排出,同时能使初生犊牛及早吃上初乳,有利于犊牛的健康。

有研究表明,对中低产及体质较好的奶牛在分娩后立即挤净初乳,可刺激奶牛加速泌乳,增进食欲,降低乳房炎的发病率,促使泌乳高峰提前到达,而且不会引起产后瘫痪。对于体弱或三胎以上的高产奶牛,在产后 3h 内静脉注射 20% 葡萄糖酸钙 500~1500mL,可以有效地预防产后瘫痪。

为尽快消除产后母牛的乳房水肿,每次挤奶时要坚持用 50℃~60℃ 温水擦洗乳房,先用湿毛巾趁热温敷,然后按摩乳房,并适当增加挤奶次数,每天最好挤奶 4 次以上。如果乳房消肿较慢,可用40%的硫酸镁温水洗涤,并按摩乳房,这样能促进乳房水肿更快消失。并在牛床上多铺清洁、干燥、柔软的垫草。

产后4~5d内,每天坚持消毒后躯一次,重点是臀部、尾根和外阴部,要将恶露彻底洗净。同时,注意观察恶露排出情况,如有恶露闭塞现象,应及时处理,以防发生产后败血症或子宫炎等生殖道感染。

要注意观察阴门、乳房、乳头等部位是否有损伤,观察有无瘫痪等疾病的先兆。同时,要详细记录奶牛的难产、助产、胎衣排出、恶露排出情况以及分娩时奶牛的体况等资料,以备日后参考。

一般奶牛经过泌乳初期后身体即能康复,食欲日趋旺盛,乳房水肿消退,恶露排尽。此时,可调出产房转入大群饲养。

任务五　泌乳盛期奶牛的饲养管理

此期又称泌乳高峰期,是指产后16~100d,是奶牛平均日产奶量最高的一个阶段。实践证明,峰值产奶量的高低直接影响整个泌乳期的产奶量,一般峰值产奶量每增加1kg,全期产奶量能增加200~300kg。因此,加强泌乳盛期的饲养管理非常重要。

阅读与认知

泌乳盛期奶牛的生理特点

此期母牛机能基本恢复、代谢强度提高,泌乳机能增强,是奶牛高产的关键时期。由于此阶段处于泌乳高峰期,而采食量尚未达到高峰(一般在分娩后8~10周采食量达到高峰),采食高峰滞后于泌乳高峰约2周,使奶牛摄入的养分不能满足泌乳的需要,不得不动用体储备来支撑泌乳。因此,泌乳盛期开始阶段,奶牛体重下降。

如果体脂肪动用过多,在葡萄糖不足和糖代谢障碍的情况下,会造成脂肪氧化不全,导致奶牛暴发酮病,对牛体损害极大,高产奶牛表现尤为明显。

体验与实践

一、奶牛泌乳盛期的饲养

（一）饲养要点

1. 满足干物质采食量

每头牛每天干物质采食量要达体重的3.2%～3.5%。高产牛可以达到4%。配制日粮时，既要考虑牛的饱腹感，还要考虑营养的满足，所以日粮营养浓度要适宜，精料与粗料干物质比例达到60∶40。

2. 供给优质的粗料

干草以优质豆科牧草及禾本科牧草为主；青贮饲料最好是全株玉米青贮；同时，饲喂一定量的啤酒糟、白酒糟或其他青绿多汁饲料，以保持奶牛良好的食欲。粗料喂量，以干物质计，不能低于奶牛体重的1%，日粮中粗纤维应占15%左右（不低于13%）。

3. 供给优质的配合精料

精料中玉米或大麦占50%，糠麸类占15%～17%，豆饼占25%～30%，磷酸氢钙占3%，食盐占2%。高产奶牛还要适当添加微量元素添加剂和瘤胃缓冲剂。精料喂量要逐渐增加，以每天增加0.5kg左右为宜。一般认为，精料的喂量最多不超过15kg，按干物质计算，精料占日粮的最大比例不宜超过60%。在精料比例高时，要适当增加精料饲喂次数，采取少量多次饲喂的方法，或使用TMR日粮，可有效改善瘤胃微生物的发酵环境，减少消化障碍、酮血症、产后瘫痪等疾病的发生。

4. 满足能量的需要

在泌乳盛期，奶牛对能量的需求量很大，即使达到最大采食量，仍无法满足泌乳的能量需要，奶牛必须动用体脂肪贮备。饲养的重点是供给适口性好的高能量词料，并适当增加喂量，将体脂肪储备的动用量降到最低。但由于高能量饲料基本为精料，而精料饲喂过多对奶牛健康有很大的损害，因此可以通过添加过瘤胃脂肪酸、植物油脂、全脂大豆、整粒棉籽等方法提高日粮能量浓度，而不增加精料喂量。但要注意，直接添加油脂会影响奶牛采食量，抑制瘤胃微生物的活动，降低乳蛋白。脂肪的供给量以每天0.5kg以下为宜，禁止使用动物性脂肪。日粮中饲料能量要达到2.4NND/kg。

5. 满足蛋白质的需要

虽然奶牛最早动用的体储备是脂肪，但在营养负平衡中缺乏最严重的养分是体蛋白，这是由于体蛋白用于合成乳的效率不如体脂肪高，体储备量又少，因此必须高度重视日粮中蛋白质的供应。一般要求粗蛋白质占日粮干物质的16%～18%，过高不仅造成蛋白质浪费,还会影响奶牛健康。实践表明,高产奶牛以饲喂高能量、满足蛋白需要的日粮效果最好。奶牛日粮中必须含有足量的过瘤胃蛋白、过瘤胃氨基酸等,以满足奶牛对氨基酸特别是赖氨酸和蛋氨酸的需要。过瘤胃蛋白含量应占日粮总蛋白质含量的48%左右。目前已知的过瘤胃蛋白含量较高的饲料有豆粕、棉粕、玉米酒精糟(DDGS)、玉米蛋白粉、小麦面筋粉、啤酒糟、白酒糟等,适当多喂这些饲料对增加奶牛产奶量有良好效果。

6. 满足钙、磷的需要

泌乳盛期奶牛对钙、磷的需要量大幅度增加,应给予充分的供给。钙的含量一般应占到日粮总干物质的0.6% ~0.8%,磷占0.45%。

(二) 饲喂方法

1. 预支饲养法

该法是一种应用范围较广的奶牛饲养方法,即从奶牛分娩后15 ~20d开始,在提供优质充足的粗料、青贮饲料和青绿、多汁饲料的前提下,以满足奶牛维持和泌乳实际营养需要的饲料量为基础,每天再增加1.0 ~1.5kg混合精料,作为奶牛每天的实际精料供给量。在整个泌乳盛期,精料的喂量随着产奶量的增加而增加,始终保持1.0 ~1.5kg的“预支”,直到产奶量不再增加为止。

采取预支饲养法的时间不能过早,以分娩后奶牛的体质基本康复为前提;否则,容易导致各种消化道疾病。采用预支饲养法,可以充分发挥奶牛的泌乳潜力,减轻体况下降的程度。

2. 引导饲养法

引导饲养法是在预支饲养法的基础上发展而成的一种新型饲养方法。这种饲养方法的特点是:从产前就要引导、训练母牛采食精料,为产后大量采食精料在生理机能上做准备。其具体方法是:从干奶期的最后2周开始增加精料喂量,最初1 d每头牛喂给1.8kg的精料,以后每天增喂0.45 ~0.5kg,直到100kg体重吃到1.0 ~1.5kg的精料为止,不再增加喂料量(如500kg体重的牛,每天精料最多5.5 ~8.0kg,在14d内共喂料60 ~70kg)。奶牛产犊后,只要体质正常,就不降低精料喂量,仍继续按每天0.45kg增加精料,直至精料喂量达到泌乳高峰为止,或达到最高采食量为止(根据牛的食欲和消化情况加以判断)。泌乳高峰后再按产奶量、含脂率、体重调整精料喂给量。

采取引导饲养法可以有效减少酮血症的发病率,有助于维持体重和提高产奶量。在实施引导饲养的过程中,必须始终保证优质饲草的供给,任其自由采食,并给予充足、清洁的饮水,以减少母牛消化系统疾病的发生。采用引导饲养法,可使多数奶牛出现更高的泌乳高峰,且增产的趋势可持续整个泌乳期,因而能有效提高整个泌乳期的产奶量。

二、泌乳盛期的管理

泌乳盛期是乳房炎的高发期，要重点加强乳房的护理，适当增加挤奶次数，加强乳房热敷和按摩。每次挤奶后对乳头进行药浴，可有效减少乳房受感染的机会。泌乳盛期奶牛的营养需求很高，但此时并不是采食能力最强的时期，因此应适当延长饲喂时间，每天食槽空置的时间应控制在 2 ~ 3h 以内。饲料要少喂勤添，保持新鲜。可采用精料和粗料交替饲喂，以使奶牛保持旺盛的食欲。使用 TMR 日粮，要保证有足够的食槽空间，以便每头牛都能充分采食，并有 5% 左右的剩料量。

加强对饮水的管理，应始终保证充足、清洁的饮水。冬季有条件的要饮温水，水温在 16℃以上；夏季最好饮凉水，以利于防暑降温，保持奶牛食欲。密切注意奶牛产后发情情况。奶牛产犊后 40 ~ 50d，出现产后第一次发情，此时要做好配种工作。对产后 60d 尚未发情的母牛应及时诊治。注意体况变化，体况最差应不低于 2. 5 分，否则会使奶牛极度虚弱，极易患病。在奶牛体况过差的情况下，应考虑增加精料喂量、延长饲喂时间或增加饲喂次数。

拓展与延伸

泌乳盛期奶牛的能量负平衡问题

奶牛分娩后，产奶量会迅速增加，经 6 ~ 8 周可进入产奶高峰，但母牛对饲料干物质采食量的增加和达到采食高峰通常比产奶量的升高和产奶高峰晚 2 周左右。因此，泌乳初期奶牛能量处于负平衡状态：产奶量越高，负平衡越严重。如果适逢夏季，奶牛食欲降低，采食量不足，能量供需矛盾就更加突出，其他营养物质的利用率也随之降低。

在没有充足能量供给的情况下，母牛为了保障泌乳所需，会动用大量体脂合成牛奶。其结果是：一方面，体脂的分解导致了奶牛体重的下降，使泌乳早期的奶牛日渐消瘦，产奶量降低，无法达到泌乳高峰；另一方面，如果体脂动用过多、过快，会产生大量酮体，从而引发酮病，给生产造成更大损失。在生产实践中，可在围产期添加过瘤胃包被胆碱，以减少酮病的发生。

解决能量负平衡的有效办法是在日粮中补充适量的过瘤胃脂肪。饲料中添加适量的脂肪，一方面可增加能量浓度，使得动物在一定采食量下获得更多的能量；另一方面可以提高乳脂率，减少疾病的发生率。如果脂肪以未保护的形式直接添加，会对奶牛产生一些副作用。复合脂肪酸钙可有效地解决高产奶牛能量负平衡的难题。当补饲奶牛后，复合脂肪酸钙在瘤胃内停留和反应，不会带来任何的副作用，不会影响瘤胃的正常消化活动，当安全通过前胃而到达皱胃后,即迅速分解成可直接吸收利用的脂肪酸和钙,从而为奶牛机体代谢提供了高能量。它的主要功能表现在,可使分娩后产奶高峰期延长,乳脂率增加,产后初次发情排卵提前,一次受胎率提高。

任务六 泌乳中期奶牛的饲养管理

泌乳中期是指奶牛分娩后的101~210d。泌乳中期奶牛每天产奶量仍然很高,是获得全期稳定高产的重要时期,产奶量应力争达到全期产奶量的30%~35%。此时要最大限度地增加奶牛采食量,促进奶牛体况恢复,延缓产奶量的下降速度,保持稳产。

体验与实践

一、泌乳中期的饲养

泌乳中期奶牛的食欲旺盛,采食量高。同时,随着妊娠天数的增加,饲料利用效率提高,而产奶量逐渐下降。应及时根据奶牛状况和产奶量调整日粮营养浓度,在满足蛋白质和能量需要的前提下,适当减少精料喂量,逐渐增加优质青、粗饲料喂量,力求使产奶量下降幅度减到最低程度。如果饲养上稍有忽视,产奶量会迅速下降。

此时可采用常规饲养法,即以青、粗饲料和糟渣类饲料等满足奶牛的维持营养需要,用精料满足泌乳的营养需要的方法。一般按照每产3kg奶喂给1kg精料的方法确定精料喂量。这种方法适合于体况正常的奶牛。对于体瘦或过肥的奶牛,应根据体况适当调整日粮营养浓度和精料喂量。以干物质计,采食量可占体重的3%~3.2%,精料与粗料比例为(40~50):(50~60),粗蛋白质占日粮的14%~16%,含钙0.45%,含磷0.4%,粗纤维含量不少于17%,1kg含2.13NND。

二、泌乳中期的管理

泌乳中期奶牛的管理主要是尽量减缓产奶量的下降速度,控制奶牛体况在适当的范围内。

1. 密切关注产奶量的下降速度

每月产奶量的下降速率应保持在5%~8%之间,如果每月产奶量下降超过10%,则应及时查找原因,采取相应措施。

2. 控制奶牛体况

随着产奶量的变化和奶牛采食量的增加,奶牛在分娩后160d左右体重开始增加,此时要防止奶牛体况过肥。精料饲喂过多是造成体况过肥的主要原因，过肥会严重影响奶牛的产奶量和繁殖性能。因此，应每周或隔周根据产奶量和体重变化调整精料喂量。在泌乳中期结束时，奶牛体况应达到2.5分。

在泌乳中期，应坚持刷拭牛体、按摩乳房、加强运动、保证充足饮水等，以保证奶牛的高产、稳产。

任务七　泌乳后期奶牛的饲养管理

泌乳后期通常是指分娩后201d至干奶。此阶段奶牛产奶量继续下降，采食量也开始下降。初产牛的产奶量每月降低约6%，经产牛降低9%～12%。营养摄入量能够满足产乳需要，并可弥补泌乳早期减轻的体重。同时由于胎儿生长和胎盘增大，因此，该期奶牛常常体重增加。

泌乳后期的奶牛正处于妊娠后期，胎儿生长发育快，胎盘激素、黄体激素作用强，抑制脑垂体分泌催乳素，产奶量急剧下降。在饲养管理上，除了要考虑泌乳外，还应考虑妊娠。对于头胎牛，还要考虑生长因素。因此，此期饲养管理的关键是既要延缓产奶量下降的速度，又要让奶牛在泌乳期结束时恢复到一定的膘情，以保证胎儿的健康发育。

体验与实践

一、泌乳后期的饲养

泌乳后期的饲养往往很容易被忽视。实际上，泌乳后期奶牛采食的营养物质用于增重的效率要比干奶期高得多。因此，充分利用泌乳后期使奶牛达到较理想的膘情，会显著提高饲料利用效率。

泌乳后期应确保奶牛获取足够的营养以补充体内营养储存，日增重应达到0.5～0.75kg，到泌乳期结束时体况应达到3.0～3.8分的理想体况。如果奶牛营养摄入不足，则导致体况过差，干奶期又不能完全弥补，会使奶牛在下一个泌乳期产奶量大大低于遗传潜力，繁殖效率低下。此阶段应防止因营养过高、体况过好而导致在产犊时易患的代谢性疾病（如酮病、脂肪肝、真胃移位、胎衣不下、子宫炎、子宫感染和卵巢囊肿等）。日粮应以青粗饲料特别是干草为主，适当搭配精料。为降低饲料成本，可降低精料中过瘤胃蛋白质或过瘤胃氨基酸的添加量，停止添加过瘤胃脂肪，限制碳酸氢钠等添加剂的饲喂。

泌乳后期，日粮干物质应占体重的3.0%～3.2%，1kg饲料干物质含奶牛能量单位

(NND)2.0,粗蛋白占12%,钙0.45%,磷0.35%,精料和粗饲料比为30:70,粗纤维含量不少于20%。

精饲料给料标准:每头每天喂6~7kg。

其他粗饲料给料标准:青饲料、青贮饲料,每头每天不低于20kg;干草4~5kg;糟渣和多汁饲料不超过20kg。

据报道,泌乳后期的牛利用代谢能增重的效率为61.6%,而在干奶期仅为48.3%,因此,泌乳后期是奶牛增加体重、恢复体况的最好时期。凡是泌乳盛期体重消耗过多和瘦弱的牛,此期应适当比维持和产奶需要多喂一些,让牛体稍有营养蓄积,而当进入干奶期时,牛的体况已基本恢复(3.5分)。这不仅有利于母牛健康,还提高了饲料转化效率。因此,这一阶段日粮中的能量和蛋白质来源已经不很重要,与前几个阶段相比,可以大幅度增加粗饲料的喂量。

二、泌乳后期的管理

如果此期奶牛膘情差别太大,应分群饲养,以有效预防奶牛过肥或过瘦。泌乳后期结束时,奶牛体况评分应为3.5~3.75,并在整个干奶期得以保持,这样可以确保奶牛营养储备满足下一个泌乳期泌乳的需要。

任务八 夏季奶牛饲养管理

我国饲养的奶牛品种主要以中国荷斯坦牛为主。荷斯坦牛体型较大,汗腺不发达(仅为人体的10%),具有耐寒不耐热的特点。其适宜温度为5℃~25℃,最适宜温度为10℃~16℃。当外界环境温度过高(23.3℃以上),体内产生的热量依靠非蒸发散热的方式不能奏效时,就必须依靠出汗和汗液的蒸发方式散热。当气温从25.9℃上升到28.6℃时,奶牛标准奶产量下降25.4%。随着气温的升高、湿度的增大等多种因素的作用,造成产热量大于散热量,奶牛机体出现不适(体温升高,呼吸和脉搏加快,采食量和产奶量减少),甚至发生中暑,严重的造成死亡。这种现象称为热应激。

阅读与认知

一、热应激的危害

1. 采食量减少

热应激导致奶牛体温、呼吸、心率等一系列指标增加,代谢水平提高,内分泌紊乱,影响干物质采食量,降低产奶量。

当环境温度从25℃升到27℃时,奶牛的采食量降低;当环境温度升到30℃以上时,奶牛的采食量急剧下降;当环境温度达到40℃时,奶牛的采食量仅为适温时采食量的20%~40%。干物质采食下降大于10%~15%时,饲料利用效率下降,奶牛摄入的能量用于产奶的比例降低。

2. 产奶量减少和乳成分降低

环境温度高于26.7℃,产奶量开始下降。据试验,当气温上升至28℃时,产奶量明显下降(下降幅度达25%以上)。其下降幅度与牛的单产水平成正比,即产量越高,下降幅度越大。气温与泌乳量的关系见表4-2。

表4-2 气温与奶牛泌乳量的关系

气温/℃	泌乳量/%	气温/℃	泌乳量/%
10.0	100	32.2	53.0
15.6	98.4	35.0	42.6
21.1	89.2	37.8	26.9
26.7	75.2	40.0	15.5
29.4	69.6		

热应激会造成奶牛泌乳持续时间缩短,还常常会发生低脂乳现象。热应激不仅影响泌乳牛,而且还会影响干奶牛:干奶期的牛处于热应激下,将影响下一个泌乳期产奶量。这主要是由于热应激会使奶牛生长激素、甲状腺素、雌激素及前列腺素分泌减少,进而影响乳腺发育。

荷斯坦牛乳蛋白含量也随着气温的升高逐渐降低,温度每升高1℃,蛋白合成量下降0.01kg。当温湿指数THI>72时,每增加一个单位,泌乳量降低0.2kg,乳脂和乳蛋白合成量分别降低0.012kg和0.009kg,乳脂率也会下降。同时,牛奶的干物质含量也会下降。

3. 降低繁殖力

热应激下奶牛的繁殖率明显降低。母牛在舍饲条件下,从产犊到产后首次发情的平均间隔期在高温雨季为(102.15±29.27)d,而在低温旱季仅为(68.41±26.82)d,差异显著。

高温热应激时,奶牛调动一切因素用来散热。皮肤等外周血流量增加,内部器官(包括子宫)血流量减少,营养供应不足,从而影响正常的生殖机能。热应激条件下,促肾上腺皮质激素(ACTH)分泌增加,干扰垂体促卵泡素(FSH)和促黄体素(LH)等激素的分泌。热应激时,不仅直肠温度升高,生殖道温度也升高,影响精子、卵子的运行、受精和着床;发情表现受到抑制，暗发情增加；胚胎早期死亡增加，受胎率降低。夏季受胎率只有春季和秋季的60%左右。

4. 抵抗力降低，易发疾病

在高温情况下，由于奶牛散热不畅，常使牛的体温升高，呼吸加快，皮肤代谢发生障碍，食欲下降，采食量减少，食入的营养降低，营养呈负平衡，从而出现奶牛体重减轻，体况下降，疾病增多，甚至死亡。奶牛正常体温为38.5℃，当气温为18℃时，牛的平均体温为38.6℃；当气温上升到30℃时，其体温可达39.9℃。因此，必须采取防暑降温措施。

夏季胎衣不下发病率比冬季高，导致子宫炎发病率也高，影响配种受胎。高温也降低牛的免疫力，易发生流产，造成巨大的损失。

夏季病原微生物增殖速度快，如果牛舍卫生状况不好，易感染乳房炎、子宫炎、蹄叶炎等炎症。高温导致患病奶牛病程延长；体细胞数和乳腺炎发病率增加；对接种疫苗产生负面反应，导致流产和死亡；新产牛脂肪肝问题增加；妊娠后期3个月处于炎热季节期间的干奶牛所产犊牛的出生体重降低，产后代谢疾病增多，随后泌乳期产奶量降低12%；蹄叶炎的发病率增加。

综上所述，夏季给奶牛生产、健康、繁殖造成的影响是严重的，而且是多方面的，生产上必须采取相应的措施加以控制。

二、奶牛热应激的判定

产奶量的变化是判定奶牛热应激的明显指标。如果牛群产奶量下降10%，说明处于轻度的热应激状态；如果牛群产奶量下降25%，说明处于严重的热应激状态。

但是在发现产奶量下降后才改善饲养管理会带来不应有的损失。奶牛直肠温度、呼吸频率的高低也可作为判断奶牛热应激的指标。由于环境指标如环境温度、温湿指数（THI）、体感温度（ET）等测定简便，生产中常用环境指标来判断温热环境是否对奶牛造成了热应激。现在多用温湿指数来评价环境对奶牛生理及行为的影响。

计算温湿指数（THI）的公式如下：

$$THI = 0.72(T_d + T_w) + 40.6$$

$$THI = T_d + 0.36T_{dp} + 41.2$$

$$THI = 0.80T_d + (T_d - 14.4)R_H + 46.4$$

公式中 T_d、T_w、T_{dp} 和 R_H 分别表示干球温度、湿球温度、露点和相对湿度。

当 THI <72 时，无热应激；大于72时，奶牛处于热应激状态。其中 THI 为73～77时为轻度热应激，78～89时为中度，90以上时为严重热应激。

体验与实践

预防奶牛热应激的主要措施

奶牛热应激主要是由环境高温造成的，因此，预防奶牛热应激首先应采取的措施是改善奶牛的生活、生产环境，同时考虑改善饲养管理方式，增强奶牛抗热应激的能力。

一、改善奶牛饲养环境

（一）科学设计牛舍

目前现代化牛舍结构为夹心彩钢板型大跨度结构，每个成母牛舍分两个区域，中间过道为饲喂区，每栋牛舍可以饲喂奶牛 400～600 头。牛舍尺寸根据实际情况分为三种：75m×26m、160m×31m 和 160m×29m。

（1）牛舍结构体系为单层三跨双坡钢框架，柱高 5m，顶高 10m，钟楼高 1～2m，总高度为柱高的 2.3 倍。这种结构有利于空气沿着垂直坡度的空间向上升，加强空气对流；热空气上升可带走热量，达到降温效果。

（2）牛舍间隔 69m，高度为 11m，间隔为高度的 6.3 倍。足够的牛舍间隔，有利于水平自然风的流通，自然风流经每栋牛舍的风速和温度基本一致，充分带走牛舍顶棚的热量。

（3）牛舍屋面为 50mm 隔热夹心彩钢板，挤奶间结构体系采用单层实腹钢架，屋面同样为 50mm 隔热夹心彩钢板。隔热彩钢板保温隔热效果好。

夏季较高的大气温度，强烈的日光照射，以及奶牛自身产生的热量，容易造成牛舍内温度过高。牧场建设时要考虑到夏季高温天气给奶牛带来的影响，加强牛舍结构的隔热设计，有效地防止高温与太阳辐射对奶牛的影响。首先，牛舍应建在通风良好、地势干燥处，牛舍屋顶在考虑建筑学要求的情况下，尽量选用导热系数小的材料，以加强隔热，最好不用传热快的单层石棉瓦；其次，可采用浅色、光平屋顶来增加屋顶反射，减少太阳辐射向舍内的传递；再次，采用通风屋顶，将屋顶设计成双层，增加牛舍屋顶到地面的高度，使之产生"烟囱效应"，靠中间层空气的流动将顶层传入的热量带走，降低舍内温度。

（二）加大舍内通风

在牛床上方装轴流式风扇，加大通风量，有利于体热散失，同时可降低空气中的湿度，从而产生一定的防暑效果。在奶牛舍设计过程中，充分考虑奶牛耐寒不耐热的特点，注意舍内门窗的设计，尽量修建开放或半开放式牛舍，减少实体围墙等阻挡通风的结构。同时，舍内要安装大的排风扇，排风扇吹风的方向应与牛舍的长轴相一致，形成接力送风、连续送风，使牛舍空气流动起来。

另外，挤奶时奶牛行走到挤奶大厅会产生一定的热量，而现在牧场广泛使用的鱼骨式和并列式挤奶设备，奶牛站立时较拥挤，会使奶牛处于一种极度应激状态，在挤奶时奶牛猝死事件时有发生。因此，待挤区和挤奶大厅的通风降温更应引起重视。

（三）做好牛场的绿化与遮阳

在牛舍和运动场周围进行绿化及牧场空旷地带进行最大限度的绿化，种植树木或牧草，这样可以充分吸收太阳辐射，减少牛舍外部热量累积。绿化的地面的辐射热是未绿化的地面辐射热的20%～25%。可种植梧桐、毛白杨等阔叶树木，还可搭架种植爬蔓植物，使南墙、窗口及屋顶形成绿荫棚。绿化可有效改善牛场环境条件和局部小气候。树木还对空气中尘埃有吸附作用，可减少空气中的灰尘，使空气更清洁。树木对气流中病原微生物具有过滤作用，可以防止疫病的传播。

通过挡板遮阳、水平遮阳来阻挡从窗户射进舍内的阳光，同时还可通过加长挑檐、搭凉棚、挂草帘等措施来对运动场以及水槽进行遮阳，能减少30%～50%的太阳辐射热。

（四）冷却降温

为缓解热应激对奶牛的影响，可采取必要的降温设备和降温措施。

1. 喷雾降温

可利用机械设备向舍内直接喷水或在进风口处将低温的水喷成雾状，借此来降低舍内温度。但是此种方法不宜在湿度较大的季节使用，以免增加湿度，不利于奶牛散热。

2. 喷淋降温

（1）母牛舍安装风机-喷淋系统。

母牛舍采食区采用风机-喷淋系统，应选择符合要求的风机，5m处风速可以达到4m/s。风机安装高度以牛不能触碰到为准，通常为2.2m，安装角度与垂直面夹角为25°。按风速要求确定安装距离，尽量降低高度，确保空气流通。喷头直接安装在风扇下方，并可保持180°旋转。成年母牛舍卧床休息区安装风机，进行强制通风降温。

（2）挤奶舍安装风机-喷淋系统。

奶牛在挤奶舍一般停留15～40min，而待挤厅牛群密度大，奶牛体温可迅速上升2℃，热应激程度显著提高，因此，挤奶舍是重要的防暑降温区域。

挤奶厅安装风机，以24×2并列式挤奶台为例，每侧安装两排风机，其中3台正对奶牛躯体，2台正对奶牛头部。并列式挤奶台中间安装1台风机，用于挤奶工的降温。

待挤奶厅上部采用风机-喷淋系统，喷淋为大水量喷淋，待挤厅每侧都需要安装强排风风机，保证牛进入待挤奶厅用水淋透，经过强排风，在挤奶前吹干。

（3）建立凉棚冷水喷淋风扇降温系统。

当气温接近或高于体温时，上述防暑降温方法均难以发挥作用，只能采取蒸发散热的方式，才能有效。例如，以色列许多牛场，给牛创造一个专门用于防暑降温的场所，上有凉棚，下有水泥地面，里面安装冷水喷淋风扇降温系统。每天在最炎热的时间，把牛赶到这里，先喷淋 5min，让牛周身湿透，然后再吹风 25min，周而复始。目前这种降温系统已被广泛使用，对缓解高温具有很好的效果(表 4-3)。

表 4-3　风扇和喷淋降温对乳牛产奶量及奶成分的影响

项　目	实验组(降温组)	对照组
产奶量/(kg/d)	36.2	34.2
4% 标准奶/(kg/d)	29.0	27.0
乳脂率/%	2.68	2.65
乳蛋白率/%	2.91	2.82
乳脂量/(kg/d)	0.96	0.90
乳蛋白量/(kg/d)	1.04	0.96
采食量/(kg/d)	19.4	17.8
饮水量/(L/d)	91.0	100.0

在炎热季节，奶牛可通过喷淋进行降温，以缓解奶牛热应激。喷淋降温可利用喷头或钻孔水管，对奶牛进行喷淋。应设定好喷淋时间，喷淋时间过短达不到降温效果，过长既浪费水又造成牛舍湿度过大。一般每隔 5 ~ 10min 自动喷淋一次，每次持续 30s，再用风扇吹 3 ~ 5min 的方式交替进行。

(五) 其他管理措施

(1) 合理安排产犊季节，防止奶牛泌乳高峰落在炎热的夏季。淮河以南地区在 9 月中旬至 11 月中旬，减少或不给奶牛配种，从而有效减少高温对奶牛产奶的影响。

(2) 消除蚊蝇。夏天蚊蝇猖獗，干扰奶牛休息，还容易传染疾病，可采用适宜的方法杀灭蚊蝇。由于夏季气温高，病原微生物的生长和繁殖也比较活跃，因此，应搞好环境卫生，加强疫病的防治工作。经常刷拭牛体，保持牛体清洁，增加体表血液循环，有利于牛体散热。同时还要及时清除粪便，牛舍每周用 5% 的来苏儿或 2% 的氢氧化钠溶液消毒一次，以减少疾病的发生。

其他措施如减小牛群密度，在牛舍顶部喷水，牛舍附近的路面进行洒水降温，将饲喂时间、挤奶时间调整到天气凉爽的时候等，能改善牛的饲养环境，缓解高温的作用。

二、改善奶牛的夏季饲养管理方式

（一）调整日粮结构，减少饲料增生热

夏季由于高温的作用，奶牛进食量减少，为保证奶牛吃到足够的营养物质，就必须改变日粮结构。

1. 调整日粮精粗料比例

高产奶牛的日粮干物质结构比例为：精料：粗料：糟粕为60：30：10。若粗料均为优质干草时，日粮结构也可改为精：粗为60：40。

高纤维饲料适口性差，同时在消化和代谢过程中产生较多的热（热增耗高）。因此，夏季奶牛日粮要控制劣质粗饲料饲喂量，提高优质粗饲料和精料比例。但日粮精料最大比例一般不宜超过65%。

2. 在日粮中添加脂肪，提高能量水平

在炎热条件下，气温每升高1℃需要增加3%的维持能量。当气温达到40℃时，奶牛的维持需要比温度舒适区增加约30%，干物质采食量降低大约56%。因此，为维持较高奶产量，必须提高日粮能量浓度。在奶牛日粮中添加脂肪或富含脂肪的饲料具有明显的效果，这主要是因为提高了日粮能量利用率。乙酸转化为乳脂肪的效率为70%～75%，而日粮脂肪的转化效率高达94%～97%，因过瘤胃脂肪不参与瘤胃发酵，脂肪消化时产生较少或不产生热增耗，合理补充一定量的过瘤胃脂肪能降低体内的热负荷。

因此，提高奶牛日粮中能量水平是缓解热应激的方法之一。夏季日粮脂肪含量可达到5%左右，以不超过日粮干物质的7%～8%为宜，而且40%～45%的脂肪应来源于日粮本身的饲料中（如玉米、饲用谷物等）。整粒大豆、整粒棉籽、脂肪酸钙、氢化油脂等，都是很好的脂肪来源。每头奶牛每天整粒棉籽的饲喂量应控制在1.0～2.0kg，同时添喂棉籽的日粮必须提高日粮干物质的钙含量（提高10%）。牛场实验表明，夏季热应激奶牛精饲料中添加6%的全棉籽，实验结束时产奶量比对照组增加了0.86kg，乳脂率显著提高0.34%，乳蛋白率提高0.11%，取得了良好的效果。

王建平博士在上海开展的一项连续70d的最新试验表明，饱和脂肪酸（能乳发）对泌乳中期奶牛可以改善热应激和奶牛生产性能。试验中将48头处在泌乳中期的奶牛分为3组，添加饱和脂肪酸的水平分别为0、1.5%或3%（能值分别为6.43、6.68或6.98MJ泌乳净能/kg干物质）。根据温湿度指标（THI64.2～97.3，平均76.6）显示，试验奶牛从试验开始和整个试验期间均处于热应激状态。

与没有添加饱和脂肪酸的奶牛相比，添加组奶牛在1400h体温有所缓解，对干物质采食量、体况和呼吸没有影响。与对照组相比，饱和脂肪酸添加组产奶量提高了2kg/d。两个不同脂肪添加量的试验组之间产奶量没有差别。这可能是因为奶牛受到了遗传潜能所允许的产奶量限制和对日粮中蛋白质消化吸收量的限制以及其他因素限制。

3. 保持适宜的蛋白质含量

热应激还引起代谢率增加,加速了蛋白质的降解,同时皮肤蒸发使氮的排出增加,而热应激时因采食减少易导致蛋白质摄入量不足。因此,应提高日粮中蛋白质的水平,一般不超过日粮干物质的17%。

在蛋白质的利用方面,调控蛋白质在瘤胃中的降解也很重要,要尽量减少使用过量的瘤胃可降解蛋白质,提高过瘤胃蛋白的比例,一般以降解蛋白不超过30%,其余70%为非降解蛋白较适宜。但必须注意不要过量,否则过量的蛋白质被脱氨基供能,增加热增耗,反而加剧热应激。可使用一些降解率较高的优质粕类蛋白质饲料(豆粕、花生饼)等。日粮中也可适当补充必需氨基酸(如蛋氨酸、赖氨酸),使日粮氨基酸更加平衡,从而满足奶牛的需要。

在夏季奶牛日粮中添加蛋氨酸有较好的饲养效果。研究表明,在日粮蛋白和过瘤胃蛋白进食量相同的情况下,日粮赖氨酸与蛋氨酸的比例由1.6∶1提高到3.0∶1,夏季产奶量可提高11%。

4. 使用瘤胃缓冲剂

在炎热月份,奶牛出汗较多,钠、钾、镁损失较多,奶牛食欲下降,在日粮中添加小苏打、KCl、MgO等,可维持电解质平衡,保持瘤胃及肠道内容物和体液中氢离子的正常浓度,改善瘤胃发酵环境,防止酸中毒,既有利于健康,又提高采食量和产奶量。小苏打呈弱碱性,能中和部分瘤胃挥发性脂肪酸(VFA),使瘤胃内的pH保持在6.2~6.4,有利于瘤胃内微生物的生长,促进粗纤维分解、VFA的产生和吸收,提高饲料的消化利用率。小苏打的添加量为精料量的1.0%~1.5%。补饲时小苏打和氧化镁合用效果更好,另外补充小苏打时可适当降低食盐的添加量。

夏季高产奶牛日粮中精料比例高于日粮干物质的60%时,奶牛极易缺钾,必须注意补充。据报道,日粮中添加0.3%的氯化钾,可使产奶量提高8.2%。添加适量的钾还可以有效地缓解热应激对高产奶牛造成的影响。

调整日粮阴、阳离子平衡(DCAB),可以调节机体的多种机能,使之有利于热应激奶牛的产奶性能的发挥。DCAB对热应激奶牛采食量、消化率、矿物质代谢、酸碱平衡及其他血液生化指标、产奶性能等有不同程度的影响。在热应激条件下,DCAB的目标水平是+300 mEq/kg干物质左右。

5. 使用抗应激添加剂

抗热应激饲料添加剂可以强化日粮的营养价值,提高其利用效率,提高产奶量,改善奶牛体内代谢。

维生素C、维生素E、维生素A、二氢吡啶以及硒等属于抗氧化添加剂。由于奶牛在热应激期间维生素A和维生素E需要量增加,所以在夏季应补给较平时高1倍的维生素A和维生素E,并尽可能多喂青绿多汁饲料,如胡萝卜、冬瓜、南瓜、瓜皮等。

维生素C可以抑制体温上升,促进采食,增强机体对各种疾病的抵抗力,一般饲料中添加0.04%~0.06%的维生素C。维生素A的添加量从每日每头5万国际单位提高到15万国际单位。维生素E主要在于阻止体内氧化物的生成而防止其他维生素被氧化,夏季可在饲料中添加正常添加量3~5倍的维生素E。二氢吡啶(Diludin)是一种绿色非营养性添加剂,具有抗氧化功能,能抑制体内生物膜的氧化,提高生物膜中6-磷酸葡萄糖酶的活性,稳定组织细胞结构,具有天然抗氧化剂维生素E的某些功能。据报道,日粮中添加0.02%二氢吡啶能够显著提高夏季奶牛产奶量,增强奶牛的抗氧化和抗热应激能力。

6. 饲喂新型饲料添加剂

据研究表明,饲喂半胱胺盐酸盐每日每头30g(张荣飞,2004),有机铬15mg/头(禹爱兵,2006),瘤胃素300g/d(杨书慧等,2007),以及活酵母、酵母培养物、生化黄腐酸、有机稀土、有机微量元素等,可以缓解热应激,提高采食量和产奶量。

(二) 调整饲喂时间与次数

1. 调整饲喂时间

夏季白天高温,奶牛采食量很少,不到定额的一半,而在夜间和清晨凉爽时饲喂奶牛采食量高,所以把60%以上的日粮放在凌晨饲喂。奶牛采食后的3h左右为热能生产的高峰阶段。如果在凌晨5~6点饲喂奶牛,消化产热在8~9点达到高峰,奶牛在一天温度高峰来临之前散发掉部分热量。同样,晚上饲喂的奶牛将更舒适,可采食更多的饲料,并且其产热高峰发生在晚上环境温度已经降低的时候。

2. 增加饲喂次数

为满足奶牛的营养需要,每天饲喂次数由3次改为4次,夜间增加1次。在清晨和夜间饲喂时,奶牛的进食量会多一些,饲喂时间应相应延长。

(三) 提供充足饮用冷水

水是奶牛代谢过程中不可缺少的重要物质,有助于调节体温。炎热季节,奶牛的水分消耗较大,奶牛饮水量每天都在100kg左右,泌乳牛每天饮水130~170kg。若饮水不足,奶牛就会出现食欲降低、消化减缓的现象,严重影响产奶量,并可使奶牛体内的黏膜干燥,降低奶牛抵抗疾病的能力。每日应保证供应充足、清洁的凉水,清凉的饮水可吸收牛体内一部分热量,冷水与尿液之间存在温差,饮冷水有利于传热散热,减少机体热负担,增强奶牛食欲。

有研究表明，在温度"舒适区"时，奶牛采食 1kg 干物质需摄入 3kg 水；而在热应激情况下，采食 1kg 干物质需摄入 7kg 以上的水。对奶牛来说，在夏季高温时，最合适的水温范围是 15.5℃ ~26.5℃。对饮用 10℃和 27.8℃水的奶牛实验结果发现，温度较低的水使干物质采食量提高了 15%，奶产量提高了 11%。每 20 ~25 头奶牛至少提供一个饮水区，水槽宽至少 30cm，深至少 10cm。在挤奶厅的返回过道应有饮水供应，但是在出口处不要设置水槽。

任务九　犊牛的培育

犊牛是指出生至 6 月龄的小牛。这一阶段的饲养管理方式和营养水平关系到奶牛日后乳用特征的形成和产奶潜力的发挥，是培育高产奶牛的关键时期。

阅读与认知

一、初生犊牛的生理特点

犊牛初生后的 5 ~7d 以内称为初生期。此一时期犊牛的生活环境是从母牛子宫内的生活环境，逐渐适应子宫外的生活条件。犊牛对外界的各种刺激产生应答性反应，逐步形成条件反射，从而与外界环境不断地保持统一。

此期，犊牛消化道黏膜容易被细菌穿过，皮肤的保护能力很差，神经系统反应迟缓，体温调节机制不健全，因此容易受各种病菌侵袭，造成疾病和死亡。这个时期在饲养管理方面主要是促进犊牛机体防御机制的发育，预防犊牛下痢、感冒及肺炎等疾病的发生。

二、初乳的作用

母牛产犊后 7d 以内分泌的乳叫初乳。为了使初乳及早促进犊牛生长发育，应尽早让犊牛吃上初乳。

初乳是犊牛不可替代的天然食物，对犊牛有很多特殊作用，主要有以下几个方面。

（一）营养丰富

母牛初乳的干物质较常乳高 1 倍，其中蛋白质占 18%，为常乳的 4 ~5 倍，钙、磷矿物质也较常乳多 1 倍以上，微量元素和维生素比常乳高几倍，甚至几十倍。

（二）防病免疫

初乳中含有溶菌酶和抗体，能杀灭多种病原微生物；含有 α-球蛋白，能抑制某些病菌活动，对增强犊牛抗病力起关键作用。因母体免疫球蛋白不能透过胎盘传给胎儿，所以犊牛出生时没有免疫力。犊牛吃到初乳后，免疫球蛋白进入犊牛血液才获得免疫力。初乳中还有一种抗原凝集素，能拮抗特殊品系的大肠杆菌。

初生犊牛皱胃及肠壁没有黏液分泌，对于侵入的病原微生物抵抗力很弱，刚分泌的初乳密度大，深黄而黏稠，进入肠胃即黏附在壁上，可防止病原微生物侵入体内。

（三）舒肠健胃

初乳能刺激消化腺大量分泌消化酶，促进胃肠机能早期活动，初乳中含有镁盐和钙的中性盐，具有轻泻作用，特别是镁盐，能促进胎粪排出，防止消化不良和便秘。

三、哺乳期犊牛的营养需要

乳用犊牛出生后即母子隔离，采取人工哺乳，其管理较复杂，饲养技术要求细致。这个时期饲养管理好坏，直接影响成年后的体型结构和终生的生产性能。因此，对犊牛培育的要求是力争全活全壮，不断扩大牛群数量和提高牛群质量。

1. 营养需要

哺乳期50～60d，全期哺乳量300～400kg。

1kg料干物质中应含有产奶净能7.7～8.79MJ，粗蛋白质18%～20%，钙0.6%～1%，磷0.4%～0.7%，镁0.1%，钾0.65%，钠0.1%，氯0.2%，硫0.2%，其他微量元素应符合营养标准，另外还要含有多种维生素。

2. 日粮要求

精饲料给料标准：哺乳期4～7d内喂初乳，7d以后喂常乳及训练吃精饲料和粗饲料。粗饲料选用优质干草，30d后逐渐增加精饲料，加到1kg左右，6月龄前增至2.0～2.5kg。

其他粗饲料给料标准：5～6月龄，青饲料、青贮饲料平均每头日给量3～4kg，优质干草1～2kg。

体验与实践

一、犊牛的饲养

（一）初生期的饲养

母牛第一次挤奶一般不应迟于分娩后1h，挤出的奶要趁热喂给犊牛。据研究，犊牛在初生时对初乳吸收率最高，几乎达到100%，2h以后为90%，4h以后为80%，20h后为12%。24～36h后，仅能吸收少量甚至不吸收。另据报道，犊牛越早吃到初乳，犊牛血液中免疫球蛋白就越多,死亡率也越低。就母牛来说,在产后24h内,初乳中抗体含量较多,过后便大幅度下降。

第一次初乳喂量,可根据犊牛体型大小、健康情况合理掌握,在不影响消化的情况下,尽量饮足。第一次饮量可达2kg,以后一般为0.75～1.5kg。日给量按初生重35～40kg计算,喂奶量相当于体重的1/7～1/6。每天分3次喂给,各次间隔基本相等。如初乳温度下降,须放在热水锅内隔水加温至37℃～38℃再喂,否则会引起犊牛下痢。为使犊牛得到足够的免疫球蛋白,也可以使用初乳灌服器,于犊牛出生1h内灌服3.5～4kg初乳。

初乳饲喂期一般为5d。没有初乳时,可用人工初乳代替,其配方为:新鲜鸡蛋2～3个、食盐9～10g、新鲜鱼肝油15g与0.75kg牛奶充分混匀,加温至38℃喂犊牛。

为了提高新生犊牛的抵抗力,可以补充一些三合维生素(维生素A、维生素D、维生素E)制剂,也可用紫外线及红外线照射。红外线照射可以提高白细胞的吞噬作用和其他生物活性。

犊牛初次饮乳的方法:个体户养奶牛数量少时,可让犊牛臀部紧靠墙角,饲养员用双腿夹住犊牛的颈部,饲养员一手端盆,另一手拇指按住犊牛鼻梁,食指和中指蘸奶伸入犊牛口角,让其吃奶,逐渐将犊牛嘴唇浸到奶液表面。每天要定时、定温(35℃～38℃)、定量,挤出初乳,要趁热喂。值得注意的是,要控制犊牛饮奶速度和防止舔癖。

(二)常乳期间的饲养

1. 喂常乳

犊牛生后15d内最好喂母乳,15d以后喂混合常乳。精饲料条件差的地区,哺乳期可定3～5个月,哺乳量为300～500kg;精饲料条件好的地区,哺乳期可缩短到2～3个月,哺乳量为300kg左右。在常乳为主要来源的1月龄阶段,每日哺乳量为犊牛体重的8%～12%;2～3月龄为过渡阶段,随着草料的增加常乳量逐渐减少。

2. 犊牛早期补饲

为让犊牛尽早采食植物性饲料,促进瘤胃发育,减少喂乳量,一般从1周龄后喂干草和青草及精饲料。饲喂干草时,可在犊牛栏设草架或小篮子装入优质干草或青草,让犊牛自由采食;喂精饲料时,用小盆装食料并放少许牛奶拌匀,引导犊牛舔食。开始时每天每头可喂15～25g,数日后逐渐增加。1月龄后每天每头可采食250～500g,2月龄时可采食500～1000g,3～4月龄可采食1250～2000g,5～6月龄可采食2000～2500g。

犊牛出生后20日龄,在混合饲料中加入20～25g切碎的胡萝卜和甜菜,以后逐渐增加,2月龄可增加到1000～1500g,青贮饲料从2月龄开始喂,每天可给1000～1500g,3月龄喂1500～2000g,4月龄喂4000～5000g。

3. 饮水

犊牛出生后1周即可开始训练饮水,先在水中加一些牛奶,水要烧开后晾至37℃。

（三）断奶后犊牛的饲养

犊牛早期断奶，不仅有助于节约商品乳和劳动力，降低犊牛培育成本和犊牛死亡率，促进犊牛消化器官的迅速发育，更具有发挥母牛生产力的优点。国内外大量实验研究表明，犊牛哺乳期缩短为3～5周，喂乳量控制在100kg以内，甚至可以减少到20kg全乳，而代之以人工乳和代乳饲料是完全能办到的。

1. 犊牛断奶方案的拟订

各国现行的断奶方案不尽相同。根据我国目前奶牛饲养的实际情况，乳用犊牛总喂乳量200kg以下，2月龄断奶，可视为早期断奶。

该方案的具体操作方法：生后10d内的犊牛，用其母所产的初乳进行哺喂。从11～42日龄将全乳3kg分两次分别于早、晚饲喂，奶温38℃。从11日龄开始，自由采食特制的犊牛饲料和干草；42日龄断奶，只喂犊牛饲料和干草。11～42日龄共喂犊牛饲料17.71kg，日平均0.54kg；干草1.55kg，日平均0.05kg。43～91日龄，共喂犊牛饲料125.59kg，日平均2.56kg；干草11.13kg，日平均0.23kg。

经常供给饮水，每头每天供水1～2L，冬季须给30℃的温水。

2. 人工乳配制

人工乳是以乳业副产品为主的商品饲料。一般配制方法是，将一定比例的动物脂肪、植物油、磷脂类、糖类、维生素和矿物质等加入脱脂奶粉中配成与全乳营养成分相似，并为犊牛消化利用的人工奶粉，其营养指标主要是蛋白质和脂肪的含量，蛋白质含量不得低于20%，脂肪不低于10%，粗纤维含量低于5%，必须含有丰富的维生素和矿物质。

由于脱脂奶粉提供的乳蛋白质成本昂贵，来源短缺，因此，国内外经过研究，在人工乳和代乳料中蛋白质来源方面，用大豆蛋白代替乳蛋白取得了令人满意的效果。具体方法是，将大豆粉经过0.05%氢氧化钠溶液处理后，在37℃条件下焖7h，然后用盐酸中和至中性，再同其他原料混合，经巴氏灭菌后冷却到35℃，最后加入维生素。按犊牛体重的1/10喂给。

3. 代乳料

代乳料是犊牛由人工乳为主转向完全采食植物性饲料过渡的中间饲料，具有适口性强、易消化和营养丰富的特点。代乳饲料可分为粉状或粒状，但粒不宜过大，一般直径以0.32cm为宜。代乳饲料应含蛋白质16%～18%，粗脂肪7.5%～12.5%，干物质72%～75%，粗纤维6%～7%。通常也把代乳饲料称为开食饲料。乳用犊牛只能用低脂肪代乳料。

4. 断奶后的饲养

为了顺利地度过断奶期，犊牛的日粮结构和营养水平要保持相对稳定，做到断奶后犊牛继续饲喂2周犊牛料,再逐渐更换成混合精料。

3月龄以后的犊牛采食量逐渐增加,应注意控制精料饲喂量,每头每日不应超过2kg。此时瘤胃还没有充分发育,容积较小,不要饲喂营养较差的劣质粗草,而尽量喂以优质青粗饲料,以更好地促使其向乳用体型发展。

6月龄时的理想体重应为168kg,日增重为500~580 g,体高为102cm,胸围为124cm。此时的营养需要NND 7~9,DM 3.5~4.5kg,钙23~24g,磷13~16g。

二、犊牛的管理

犊牛出生后最重要的是卫生管理和防病工作。

1. 哺乳卫生

人工喂养犊牛,喂奶要做到定时、定量、定温、定人。要特别注意哺乳用具的卫生,每次用后要及时洗净,放置妥当,定期消毒,饲槽用后也要清洗干净。在饲喂两头以上犊牛时,必须用颈架夹住,喂完用毛巾将口鼻残留乳汁擦净,防止互相乱舔,使被舔犊牛造成乳头炎及脐炎等,同时也可防止舔食的毛在胃内形成毛球,影响消化和健康。大小不一的毛球往往堵塞食道、幽门等而导致犊牛死亡。

2. 犊栏卫生

犊牛出生后应及时放进犊牛室(栏)内。犊牛室(栏)大小为1.5~2m^2,每头犊牛一栏,隔离管理。出产房后,可转到犊牛栏中,集中管理。每栏可容纳4~5头,栏内要保持清洁干燥,定期消毒。犊牛舍保持室内明亮,通风良好,冬暖夏凉。禁忌把犊牛放入阴、冷、湿、脏和忽冷忽热的奶牛舍饲养。

3. 运动

犊牛出生1周后根据天气状况使其在运动场自由活动,随日龄增加延长运动时间,一般每天不应少于4h。

4. 刷拭

刷拭既可保持犊牛体表清洁,促进血液循环,又可调教犊牛,因此每天应刷拭1~2次。刷拭时要用软刷,手法要轻,使犊牛有舒适感。

5. 保健护理

平时注意观察犊牛的精神状态、食欲、粪便、体温和行为有无异常。如犊牛发生轻微下痢,应减少喂奶量,奶中加1~2倍水。严重时,应暂停喂奶1~2次,可喂饮温开水加少许0.01%的高锰酸钾溶液。犊牛下痢和肺炎对犊牛的威胁很大,要认真预防和治疗。

6. 去角

犊牛初生后10d内去角。去角的方法:首先在生角基部周围涂上凡士林油,然后用氢氧化钠或氢氧化钾棒涂擦生角基部直至皮肤出血为止。也可用烙铁烙，以破坏角的生长点。去角后的犊牛要隔离牛群饲养，防止互相舔食。夏秋季节注意防治发炎、化脓，采取必要的消炎措施。

7. 建立档案

犊牛出生1周内，及时绘制图像或采用数码照相，在左耳打上标识号牌，建立牛只档案，填写好出生日期及系谱卡。

8. 测体重

按月龄、体重断奶后分群管理，每月测体重1次。

9. 及时转群

满6月龄时测体尺、体重，转入育成牛群饲养。

拓展与延伸

一、犊牛培育的原则

首先，应该从胚胎时期开始加强怀孕母牛的饲养管理，给新生犊牛奠定一个健壮体质的物质基础；其次，恰当地使用优质粗饲料，促进犊牛消化机能的形成和消化器官的良好发育；再次，尽量利用放牧条件，加强运动并注意泌乳器官的锻炼。放牧和运动不仅有利于乳用犊牛呼吸、血液循环器官的发育，而且还有利于锻炼四肢、防止蹄病及促进乳腺组织的良好发育。

二、犊牛的消化生理特点

（一）瘤胃的发育

牛的胃可以分为瘤胃、网胃、瓣胃和真胃四个部分。初生犊牛的瘤胃在整个复胃体积中所占比例只有25%左右。而网胃、瓣胃和真胃体积所占比例分别为5%、10%和60%左右。随着犊牛的生长，瘤胃、网胃体积所占比例迅速增加。成年牛瘤胃的体积约占整个复胃体积的80%，而真胃体积只占8%左右。

犊牛在1~2周龄时没有反刍活动，3~4周龄时开始反刍。在没有反刍活动之前，犊牛主要靠真胃消化。

（二）犊牛的消化道特点

犊牛出生后，真胃分泌的胃蛋白酶和凝乳酶的活性很高。随着日龄的增加，凝乳酶的活性逐渐下降，而胃蛋白酶的活性逐渐升高。凝乳酶的活性还受日粮等因素的影响。用乳清粉代替脱脂乳，犊牛的凝乳酶分泌减少，而胃蛋白酶分泌量不变。断奶或减少牛奶喂量也使凝乳酶的分泌减少。

犊牛在出生后胰蛋白酶和淀粉酶的分泌迅速增加。在犊牛出生后7～24d内，胰蛋白酶的分泌量可提高20%，出生后24～63d提高25%以上，消化道淀粉酶的活性可以增加600%。

反刍前犊牛小肠内乳糖酶和纤维二糖酶的活性很高，随着年龄的增长而逐渐下降。但是4～6月龄时乳糖酶的活性仍然较高。犊牛小肠中缺乏蔗糖酶，因此如果大量采食蔗糖会导致严重腹泻。犊牛对乳糖的消化率远高于对淀粉的消化率。但随着日龄的增加，由于肠道中微生物的作用，犊牛对淀粉的消化率逐渐升高。

犊牛的唾液和胰液中存在脂肪消化酶，所以能够消化脂肪。

任务十　后备母牛的饲养管理

从6月龄到配种前(14～16月龄)的母牛统称为育成牛，青年牛是指14～16月龄配种妊娠后到产犊前的母牛。

阅读与认知

一、后备母牛阶段培育的目标

中国荷斯坦牛育成牛的培育目标是：在整个生长期平均生长率为750 g/d(前期600～700g/d，后期800～900 g/d)，11～12月龄达到性成熟，体重270kg左右，14～16月龄时达到初次配种所要求的体重380～400kg(约为成年体重的65%左右)，适时配种妊娠。

青年牛的培育目标是：在23～25月龄初产时，体重达到540～620kg(为成年体重的80%～85%)，并顺利完成第一胎犊牛的生产。

据研究报道，在育成牛的生长发育阶段存在一个临界期，大型品种活重为90～300kg，小型品种为60～210kg。当营养水平过高而使该时期日增重分别超过700g和500g时，母牛头胎分娩后产奶量降低。临界期以后，如果提高营养水平而使增重超过此限，产奶量反而可以提高。其原因是：在临界期，高营养水平培育下的育成母牛乳腺组织含量永久减少，同时还可以使生乳素减少，从而导致产奶量降低。

二、日粮要求

(1) 精料给料标准：每头日喂量分别为2.0～2.5kg和3.0～3.5kg。

(2) 其他粗饲料给料标准:青饲料、青贮饲料每头日喂量分别为10~15kg和15~20kg;干草每头日喂量分别为2.0~2.5kg和2.5~3.0kg。要防止青年牛过肥。

体验与实践

一、后备牛的饲养技术

犊牛满6个月即转入育成牛群。育成牛处于生长发育旺盛阶段,如果饲养管理不良,则生长迟滞,延迟配种时间,影响一生的生产效能。因此,育成阶段对奶牛的体型、体重、产乳及适应性的培育意义较犊牛期更为重要。

(一) 6~12月龄

该阶段是初情期趋向性成熟的时期,性器官和第二性征发育很快,体躯向高度急剧生长,前胃已相应发达,容积扩大1倍左右,因此在饲养上要求供给足够的营养物质,日粮要有一定容积以刺激前胃的发育。育成牛的日粮应以青粗饲料为主,适当补喂精饲料。按100kg活重计算,青贮饲料5~6kg,干草1.5~2kg,秸秆1~2kg,精饲料1~1.5kg。

(二) 12~18月龄

育成牛的消化器官发育接近成年奶牛,无产奶负担,此阶段后期配种,怀孕后早期胚胎发育增重缓慢,营养需要没有明显增加。为了刺激其进一步增长,日粮应以青、粗饲料为主,按干物质计算,粗饲料占75%,精饲料占25%,注意补充钙、磷、食盐和必要的微量元素。

饲养后备公牛,对容积大的多汁饲料和秸秆必须控制饲喂量,可适当喂给青贮饲料以促进食欲。6月龄后的青贮饲料喂量以月龄乘以0.5为准。

(三) 18月龄至产犊前半个月

这时奶牛已配种受胎,后体躯显著向宽、深发展。在营养丰富的饲养条件下,母牛体内容易沉积脂肪。这一阶段营养既不能过多,也不能过于贫乏,仍按育成奶牛饲养。日粮应以优质干草、青草、青贮饲料及根茎类饲料为主,精饲料适当少喂,但分娩前2~3个月,由于胎儿迅速增长,为给泌乳打下基础,每天精饲料不得少于2~3kg(根据妊娠牛的体况可逐渐增至4kg以上),尤其应充分供应维生素A、钙、磷。

二、后备牛的管理技术

(一) 育成母牛的管理

育成牛阶段,可按6~12月龄、12~18月龄分群管理。公、母犊合群饲养时间以4~6

月龄为限,以后应分群饲养。育成种公牛 8 ~ 10 月龄穿鼻,带上鼻环。第一次带的鼻环宜小,以后随年龄增长再更换大的鼻环。

观察记录每头奶牛的初情期,对长期不发情的母牛,请人工授精员或兽医进行检查。12 月龄以后每天按摩乳房 1 次。14 ~ 18 月龄体重达 380kg 时开始配种。

(二) 青年奶牛的管理

配种受胎至初产为青年牛阶段。母牛配种妊娠后,饲养管理员必须耐心、细心,经常通过刷拭牛体、按摩乳房等与之接触,使之养成温驯习性。

注意清除造成流产的隐患,如冬季勿饮冰碴水,防止奶牛舍地面结冰,奶牛上下槽不急赶,不喂发霉、冰冻、变质饲料等。

按摩乳房,一般从妊娠 5 ~ 6 个月开始,每天 1 ~ 2 次,每次 3 ~ 5min,至产前半月停止按摩。严禁试挤奶。

项目五

挤奶技术

任务一　手工挤奶

阅读与认知

乳房的生理结构

奶牛的乳房(图5-1)附着于后躯腹下,乳房悬韧带和结缔组织把乳房分成四个独立的乳区,每个乳区有一个乳头。每个乳区都是一个独立的功能单位(图5-2),分泌的乳汁通过各自的乳头排出。

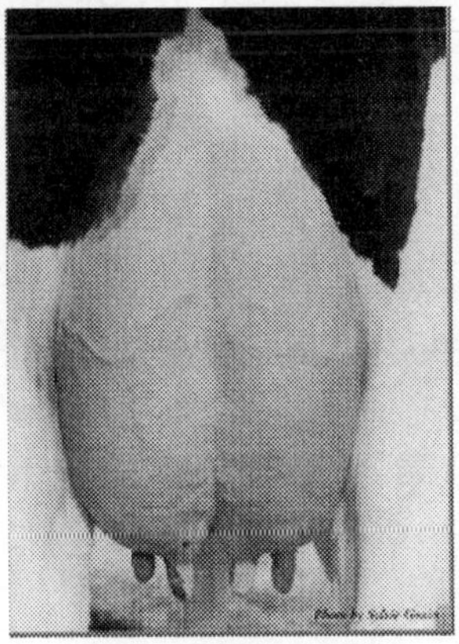

图5-1　奶牛的乳房

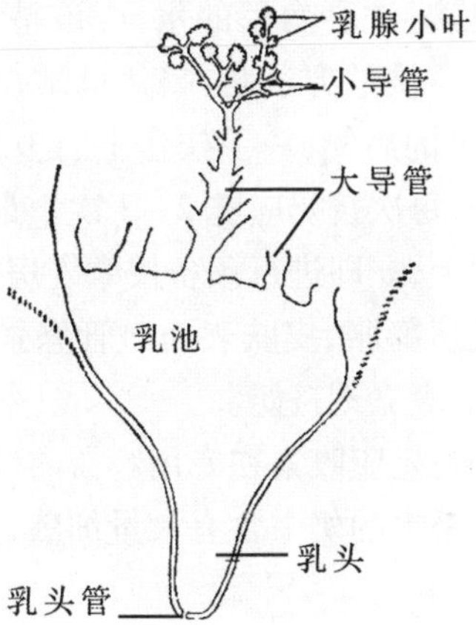

图5-2　乳区结构图

乳头位于每个乳区的中央,乳头长6cm左右,直径2cm左右,乳头远端形态以圆略带外突为佳，乳头开口由乳头括约肌包围，可以阻止细菌进入乳腺。

乳房的外部是皮肤及皮下组织，乳房内部由腺体组织、结缔组织、血管、淋巴、神经及导管所组成。乳腺泡是乳腺的最小单位，在挤奶时，由于催产素的作用，包围在乳腺泡外的乳泡纤维收缩，使乳腺泡中生成的牛奶通过小导管、大导管排入乳池，最后通过乳头口被挤出。乳腺在出生前已形成，但直到初情期乳房才开始发育，青年母牛怀孕的最后 3 个月是乳腺生长发育最快的阶段。

体验与实践

一、做好挤奶前的准备

（一）用具准备

准备好清洁的挤奶用具、小板凳、肥皂、毛巾等。

（二）牛体准备

赶起牛时要温和对待，不要鞭打；牛站起后，随即清理牛床后 1/3 处的垫草，将粪便刮入粪沟，以便于挤奶的操作。同时要洗刷牛的后躯，避免碎草、粪土等物落入奶中。

（三）挤奶员的准备

挤奶员在挤奶前要剪短指甲，以免损伤乳头及乳房。穿好工作服、双手洗净之后，就可进行挤奶前的预备操作。

（四）挤奶前的乳房准备

首先擦洗乳房，洗乳房用的水，应该是清洁的温水，水温以 50℃左右为宜，在挤奶过程中要换几次水。洗的方法是：挤奶员站在牛的右侧，用带水毛巾洗乳头孔及乳头，再洗乳房；然后站在牛的后侧，一手扶住牛的坐骨，一手擦洗牛的乳镜、乳房两侧与大腿之间。要洗得全面彻底，每次挤奶应洗 2 ~ 3 次。最后将毛巾拧干擦拭乳房的每一部位。接着将牛尾拴在牛后腿上，立即进行预备按摩乳房操作。用双手按摩乳房表面以后，轻轻按摩乳房各部。这时乳房膨胀，皮肤表面血管怒张，呈淡红色，皮温升高，触之很硬，这是乳房内开始放奶的征兆，应立刻挤奶。

挤出的前两把奶应收集在专用容器内（图 5-3），不可挤入奶桶内，也不宜随便挤在牛床上。因为最初挤出的奶中含有大量细菌，会污染垫草而传播疾病。

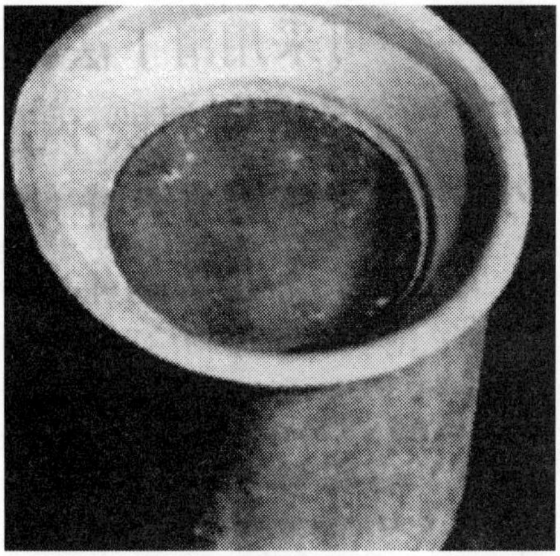
左：带面网的滤奶杯

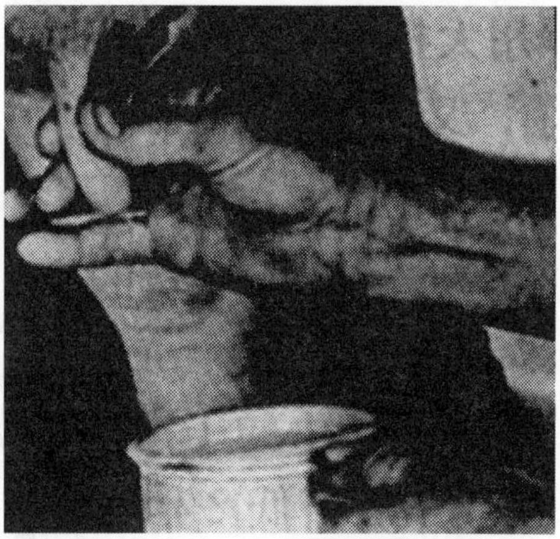
右：检查前两把奶质

图 5-3　检查前两把奶质

二、进行手工挤奶

挤奶员以小板凳坐在牛的右侧后 1/3～1/2 处，与牛体纵轴呈 50°～60°的夹角。将奶桶夹于两大腿之间，左膝在牛后右后肢飞节前侧附近，两脚向侧方张开，即可开始挤奶。一般是先挤后侧两个乳头，这叫“双向挤奶”法。此外还有单向挤奶法（先挤一侧两乳头）、交叉挤奶法（先挤左前右后两乳头，以后再挤右前左后两乳头）、单乳头挤奶法。后一种方法在挤奶结束时，对一些特殊乳房或已经变了形的乳房（如漏斗状乳房），为榨取其中的余奶而采用。

（一）压榨挤奶法

挤奶时，要用手的全部指头把乳头握住，从手底几乎看不见乳头，用全部指头和关节来同时进行，这叫拳握法或压榨法（图 5-4）。此法的优点是可以保持牛的乳头清洁干净，不损坏、不变形，挤奶速度快，省力而方便。

压榨挤奶法应使握拳的下端与乳头的游离端齐平，以免奶溅到手上，污染乳汁。挤奶时尽量做到用力均匀、一致。压榨速度应稍快，每分钟 80～120 次，根据母牛的排乳特性灵活掌握，原则是母牛大量排乳时，必须加快速度。一般在开始挤奶的 1min，速度为 80～90 次/min，以后大量排乳，速度为 120 次/min，最后排乳较少，速度又降为 80～90 次/min。每分钟的挤奶量应能达到 1～2kg。

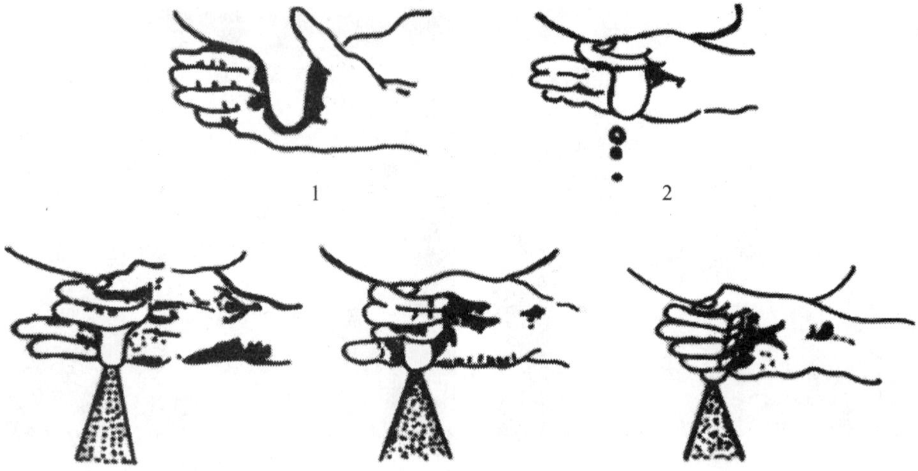

图 5-4　拳握法挤奶手法示意图

（二）滑榨法挤奶

对于乳头短小的母牛，可采取滑榨法挤奶，即以拇指、食指捏住乳头基部，向下滑动，将奶捋出。此法初学时很易操作，但对奶牛危害极大，容易引起乳头皮肤破裂、乳头变长、乳头腔弯曲等。因此，除乳头特别短小者外，此法应禁止采用。

三、挤奶后的乳头药浴

使用乳头药浴液消毒乳头（图 5-5），可保护好奶牛的乳头和乳房，预防乳房炎的发生，并使乳头皮肤处于最佳状态。

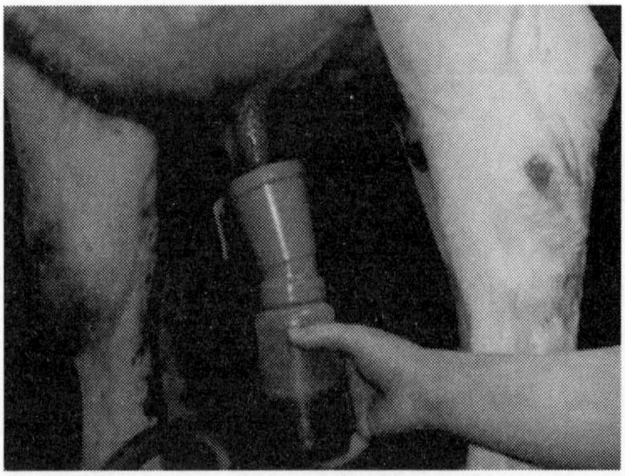

左：准备给乳头药浴

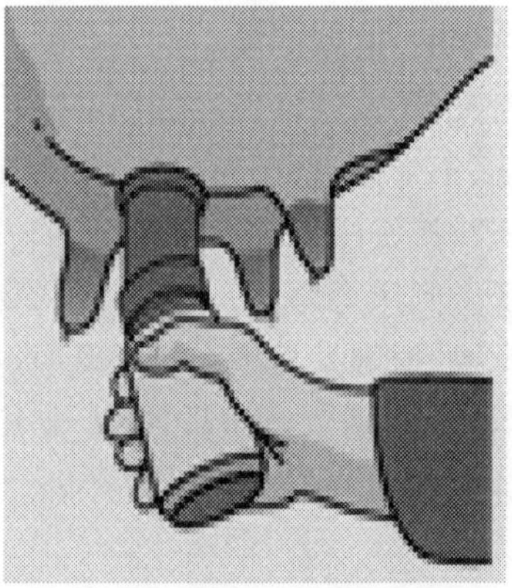

右：正在给乳头药浴

图 5-5　乳头的药浴

拓展与延伸

一、副乳头的识别与去除

（一）识别副乳头

25% ~30% 的犊牛生下来有副乳头，副乳头不仅影响奶牛的整体外貌美观和挤奶操作，而且有些副乳头会分泌少许牛奶，可能因疏忽而导致乳腺炎。

副乳头一般有三个位置：正常乳头的后方、前后乳头之间、正常乳头边上。可以从乳头的大小来判别，一般情况下，副乳头比正常奶头小，如果还不能确认，可等犊牛月龄大一些再去除副乳头。

（二）去除副乳头

去除副乳头必须在犊牛 6 月龄之内进行，最佳时间是在 2 ~3 周内，但最好避免在夏季进行，去除副乳头可结合去角同时进行。清洗消毒副乳头及周围，轻轻拉起副乳头，用弯形手术剪，沿副乳头基部，剪去副乳头，创面涂 2% 的碘酊，一般不会流血，无不良反应。

二、挤奶注意事项

（1）擦洗乳房后，要立即挤奶，并且每头牛要在 6 ~8min 内挤完，其中包括擦洗乳房和按摩乳房的时间。时间太长，将降低产奶量。因为奶的分泌与奶牛的神经系统和内分泌有密切关系，挤奶前乳房的擦洗和按摩对乳房产生一种刺激，通过神经系统作用于乳房的收缩组织，同时也通过内分泌反射地引起肌上皮和平滑肌细胞的收缩，使奶由乳房排出。这种反射和收缩作用时间是很短的，只能维持几分钟，所以从擦洗乳房到挤奶结束一定要连贯进行，要求在几分钟内挤完，中途不可停顿。如果时间拖得过长，反射性活动已消失，奶便很难挤出，这样必然降低产奶量。试验证明，缓慢的挤奶可降低奶量 12% 左右。

（2）挤奶时精力要集中，禁止喧哗、嘈杂和特殊音响等，勿让生人站在母牛附近，以防奶牛受惊，影响产奶量。有人试验，挤奶时开放音乐唱片能提高产奶量。这说明挤奶时创造安静、良好的环境，使奶牛感到舒适，有利于乳汁的良好分泌。

（3）严格执行作息时间，并以一定次序进行作业，不可任意打乱或改变。因改变时间和顺序会引起奶牛不安，这不仅会造成挤奶困难，而且还会降低产奶量。

（4）遇有踢人恶癖的母牛，首先态度要温和，严禁拳打脚踢，应不断给予安抚。挤奶时注意牛的右后腿，如发觉牛要抬右后腿，可迅速用右手挡住。不得已时才用绳将两后腿拴住，然后进行挤奶。

(5) 每挤完一头牛的奶，应分别称重，做好记录。患乳房炎的牛应在最后挤奶。一切与牛奶接触的用具，在使用前后均应洗净晾干，保持清洁。

任务二 机器挤奶

体验与实践

一、机器挤奶前的准备

(一) 挤奶前挤奶设备的清洗、消毒

在每次挤奶前用符合饮用标准的清水或自来水加入食品级消毒剂清洗挤奶设备，以清除可能残留的酸液、碱液和微生物。清洗循环时间为 2～10min。

另外，要准备好乳房专用毛巾或纸巾、乳头药浴杯及乳头消毒剂等。

(二) 挤奶前的乳房准备

1. 检查乳房

挤奶前观察或触摸乳房外表是否有红、肿、热、痛症状或创伤。

2. 检查奶质

把每个乳区的前 2～3 把奶挤入带深色面网的杯中（挤奶台挤奶可直接挤到地面上），检查牛奶中是否有凝块、絮线状或水样奶，以及时发现临床乳腺炎，防止乳腺炎奶混入正常乳中。

3. 乳房和乳头的清洁与消毒

应使用清洁、干燥的稻草、木屑等铺垫牛床位，以保证乳房清洁，同时保持奶牛活动场地的清洁与干燥。要剪掉乳房上过长的毛。清洁的乳房可仅擦净乳头。乳房很脏时，用含消毒剂的温水清洁乳房，但要注意避免用大量的水来清洗乳房。对环境污染严重或隐性乳腺炎多发的牧场应在按摩乳头后用消毒剂浸（喷）乳头，再用消毒巾擦干奶头（图 5-6）。

4. 擦干奶头

清洁乳头后马上擦干，留在乳头上的脏水不擦干会流入奶衬或牛奶中。使用卫生的毛巾或一次性纸巾是最佳的方法，可阻止乳腺炎的交叉感染。如使用毛巾，要注意使用后的清洗、消毒和干燥。

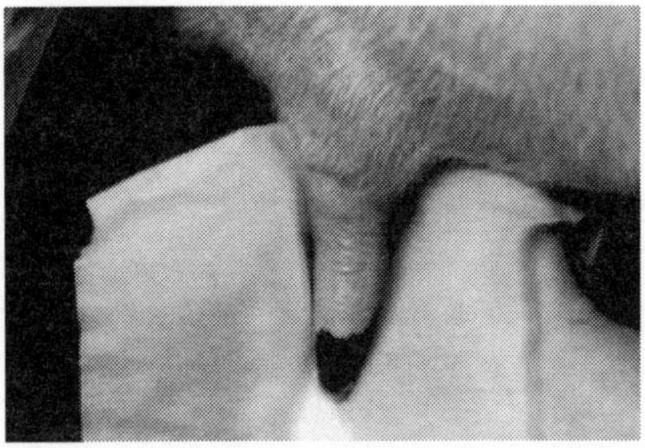

图 5-6　用乳房专用毛巾擦干奶头

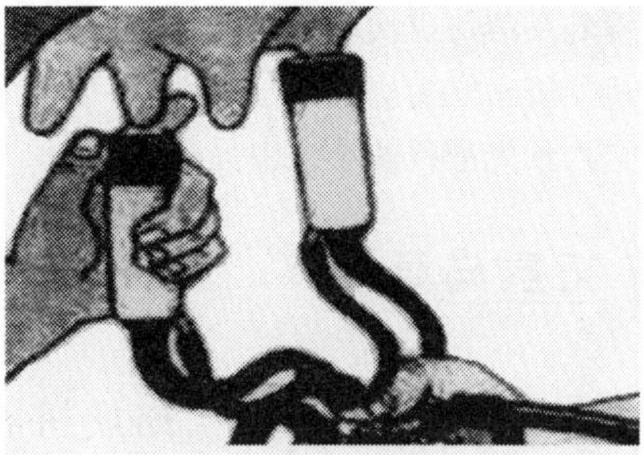

图 5-7　套奶杯示意图

5. 按摩乳头

在擦干奶头的同时，应对乳头进行水平方向的按摩，按摩时间为 20s（4 只乳头 ×5s），以保证挤奶前足够的良性刺激。

二、进行机器挤奶

奶牛在分娩 1～3d 后即可用机器挤奶。每天的挤奶时间确定后，奶牛就建立了排乳的条件反射，因此必须严格遵守，不轻易改变。

挤奶间隔均等分配有利于获得最高奶产量，每天 2 次挤奶，最佳挤奶间隔是 12±1h。如超过 13h，会影响产奶量。每天 3 次挤奶，最佳挤奶间隔是 8±1h。一般 3 次挤奶奶产量可比 2 次挤奶提高 10%～20%。采用 2 次挤奶或 3 次挤奶还必须同时平衡劳动力费用、饲料费用和管理方法等。

（1）准备结束后，在 45s 内上好奶杯，充分利用奶牛排乳的生理特性。

（2）奶杯妥帖地套在乳头上，防止空气吸入及奶杯上涌（图 5-7）。

（3）调准奶杯位置，使奶杯均匀分布在乳房底部，并略微前倾，可用挂钩来校正奶杯位置。

（4）下奶最慢乳区的牛奶挤完后，关闭集乳器的真空 2～3s 后移去奶杯。不提倡机器逼奶头，对习惯逼奶头的牛，机器逼奶头一般不超过 20s，方法是手放在集乳器上稍加压力。

三、药浴乳头

挤奶一结束必须马上浸乳头（图 5-5），并使牛保持站立 20min，因为在挤奶后 15～20min 乳头括约肌才能完全闭合从而阻止细菌的侵入。浸乳头是降低乳腺炎发病的关键步骤之一。

浸乳头液每班次均应调换新鲜液。每天对浸乳头药液杯进行一次清洗消毒。

机器挤出之初奶和部分奶梢奶,以及含抗生素的牛奶,均不得进入管道系统,应使之截流进入预先准备的小桶中另作处理。

拓展与延伸

挤奶机器的构成与工作机制

机器挤奶分为桶式(提桶或奶罐)和管道两种,桶式适用于比较小的或牛群分散的牧场,管道适用于大型集约化饲养牧场。

一、原理

挤奶机器的原理是模仿犊牛吮奶的生理动作,由真空泵产生负压,真空调节阀控制挤奶系统的真空度,脉动器产生挤奶和休息节拍,空气通过集乳器小孔进入集乳器,以帮助把牛奶从集乳器输送到牛奶管道或桶体中。

二、真空度

真空度即在挤奶过程中的挤奶真空程度(也即奶衬与奶头之间的真空程度)。当牛奶达到高峰流量时,要求真空度为(30.5 ±3)cmHg。真空度太高会引起奶头开口处变硬,真空度太低会降低挤奶的速度,增加奶杯脱落的频率。为了符合这一要求,高位管道的管道式挤奶器的真空表读数要求为 36.8 ~38.1cmHg。低位管道的管道化挤奶器的真空表读数要求为 33.0 ~34.3cmHg。

三、真空泵

选择真空泵大小时,除了考虑挤奶需要外,还要考虑管道漏气、奶杯脱落、奶杯滑动、集乳器小孔进气,并保证在挤奶过程中乳头低部真空度的稳定。所需真空泵功率(排气量)简单的计算方法是:集乳器个数 ×85L/min +990L/min。目前使用的真空泵大部分是旋转滑片式油泵,因此在日常使用中要保证润滑油的供应。

四、管道

管道化挤奶器的管道安装设计要形成环状通道。管道坡度至少要达到 0.3%(挤奶台管道坡度 1.25%)。管道的安装应保持挺直,保证牛奶快速回到牛奶接收罐中。双管道挤奶系统所使用奶杯数与奶管直径大小有密切关系：管道直径为 5.08cm、6.35cm、7.62cm，所用奶杯组数分别为 4、7～9、10 组（图 5-8）。

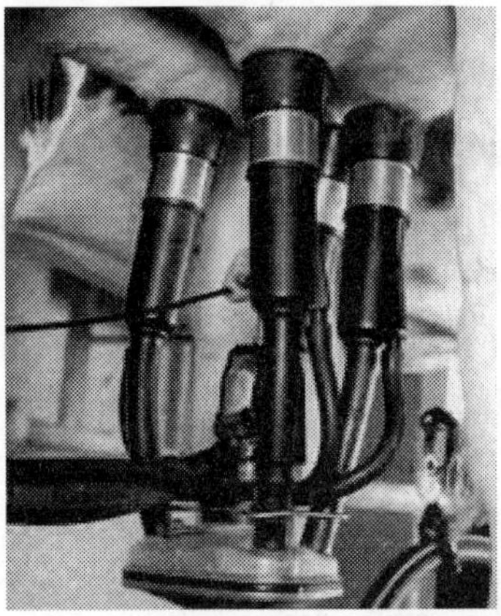
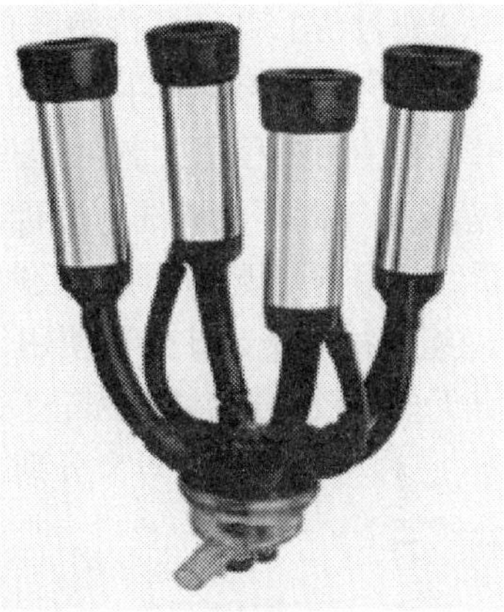

图 5-8　挤奶杯组（左图为正在使用中的挤奶杯组）

五、真空调节阀

真空调节阀是最精确、最敏感的部件，其功能是保证挤奶系统中真空度的稳定。应保持周围环境干燥与清静，调节阀至少每月清洗一次，确保正常工作。

六、脉动器

间歇地打开或关闭奶杯脉动腔中的真空，使奶杯内衬与杯间的奶杯脉动腔形成真空或大气压，交替完成挤奶和休息节拍。正常的脉动频率为每分钟 50～60 次。在每个节拍中，挤奶时间占 50%～60%，休息时间占 40%～50%。在每付奶杯之间的差别，应保持在 5%以内。

脉动器主要有单节拍和双节拍之分，单节拍脉动器使四个奶杯同时工作。双节拍脉动器使四个奶杯前后交替工作，前后交替节拍的挤奶时间比可设计为有差异。每周应测试一次脉动器的频率，维护和调整脉动器频率的稳定。

七、集乳器

集乳器收集四个奶杯挤下的牛奶，每次挤奶前须检查泌乳器上的小孔是否畅通。在挤奶过程中，由于空气从小孔进入集乳器，形成集乳器与奶管的压力差，加速牛奶送入牛奶管道中，从而保证正常的挤奶速度。

八、奶杯内套(奶衬)

奶杯内套奶衬(图 5-9)是挤奶器直接与牛接触的唯一部件,其质量优劣,直接影响使用寿命、挤奶质量、乳头保护及牛奶卫生。选用奶衬时要与不锈钢奶杯相配套。

奶衬材料在使用过程中会老化,失去弹性,形成裂缝(有的缝隙十分细微,难以觉察)或破裂,细菌藏匿于此不易清洗与消毒,容易导致疾病传染和影响正常的挤奶功能,因此按不同材质经使用不同规定时限后及时调换奶衬是挤奶器管理中极为重要的环节之一。采用 A、B 两组奶衬间隔数日交替使用,能减轻奶衬材料的疲劳,延长使用寿命。制造奶衬的材料有天然橡胶、合成橡胶和硅胶。由于材料不同,因此奶衬的使用寿命也不一样。一般情况下,三种材料的使用寿命分别是 1000 头次、2500 头次和 5000 头次,计算奶衬使用期限的公式如下:

$$可使用天数=\frac{奶衬所能使用的头次数\times 奶杯组数}{每天挤奶次数\times 挤奶牛头数}$$

图 5-9　奶杯内套

九、注意挤奶机品牌和型号的选择

在正式使用挤奶机之前,应认真阅读、理解产品的使用要求,培训员工。以正确的方法使用、维修、保养和更换部件,是管道化机器挤奶获得成功的必要条件。

任务三 清洗挤奶设备

体验与实践

一、挤奶设备的预冲洗

一般挤奶设备中所有和牛奶接触的部位都要清洗(图 5-10)。这些部件可以分为三类:

第一类包括挤奶过程中收集牛奶和挤奶真空的部位,如挤奶杯组、奶量计、奶管以及集乳罐。

第二类包括集乳罐和冷藏罐之间负责传送牛奶的部件,如奶泵、冷排。在牛奶送运过程中,一般不需要真空泵。

第三类为牛奶冷藏罐。

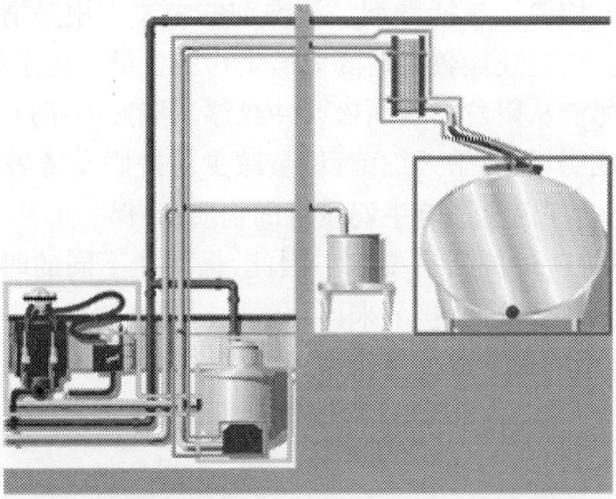

图 5-10 挤奶设备需要清洗的部分

清洗不仅仅涉及挤奶设备的内部,贮奶间、奶厅以及挤奶设备的外部(如奶杯组)都要清洗。

为提高清洗效率,保证清洗效果,要配置一些专门用来清洗的设备,这些设备有:清洗槽、清洗管道、一个进气阀(选用,视系统情况)、一个水加热器(视系统情况)、清洗托、清洗阀、一个控制箱等。实际上,清洗槽、水加热器、进气阀和控制箱构成了挤奶设备的清洗系统。

挤完牛奶后,应马上进行挤奶设备的预冲洗,以防管道中的残留物发生硬化,使冲洗更加困难。预冲洗不用任何清洗剂,只用清洁(符合饮用水卫生标准)的软性水冲洗即可。

预冲洗水不能走循环,用水量以冲洗后水变清为止。预冲洗水温在35℃~46℃之间最佳,水温太低会使牛奶中脂肪凝固,而水温太高会使蛋白质变性。

二、手工清洗

挤奶一结束,拆散挤奶器,马上用温水清洗一遍。按浓度加入碱液,用刷子刷洗各个部件。按浓度加入酸液进行酸洗,然后晾干各部件。用氯浓度为200ppm的食品级消毒液在挤奶前对设备进行消毒。

各种牛奶容器的清洗和消毒,可参照上述方法,于每次挤奶后进行,并防昆虫污染和晾干后备下次使用。

三、挤奶设备的碱洗

不论是碱洗还是酸洗,均要选择清洗剂。清洗剂的主要作用是清除挤奶装置内表面附着的奶渣。在很多情况下,它还能较大地降低微生物的含量。为了达到这些目的,清洗剂需要满足如下要求:将奶渣从附着的表面松开并悬浮于溶液中;防止这些奶渣再次黏到设备的其他地方,防止形成奶垢层;杀灭细菌;尽量减少对挤奶设备表面(如橡胶件)的有害影响;使用安全简单;不含任何会影响牛奶质量的物质;环保。

一种清洗剂很难能满足上述的所有要求。因此,最好在不同的时间段使用不同的清洗剂。通常,一段时间用碱性清洗剂,接下来再用酸性清洗剂清洗。从表5-1可以看到清洗剂里常用的一些不同类型的化学成分及作用。

表5-1 清洗剂的作用

种类	作用
碱性成分	分解并溶解脂肪,利于冲洗,降低蛋白质黏度
润湿剂	减少脂肪和设备表面的接触面积
水软化剂	形成含有如镁离子、钾离子、铁离子等金属离子的可溶性化合物,防止挤奶设备表面胶体膜的形成
消毒剂	杀灭微生物
酸性成分	去除挤奶设备表面的沉积物和奶垢

清洗剂的选择可与专业生产厂联系,按产品要求进行使用。

每次挤奶完毕经预冲洗后立即进行碱洗，碱洗时循环清洗5～8min，挤奶台连续挤奶的，每日碱洗至少两次。碱洗液浓度要达到pH 11.5，在决定碱洗液浓度时，首先要考虑水的pH和水的硬度，同时碱洗液浓度与碱洗时间、碱洗温度有关。碱洗的开始温度为74℃以上，循环后水温不能低于41℃。碱洗结束后用温水冲洗挤奶管道，不循环，直接排放。

四、挤奶设备的酸洗

酸洗的主要目的是清洗管道中残留的矿物质，每周1～7次，一般如果使用深井水，则每天使用一次酸洗；如果使用自来水，则每两天使用一次酸洗。清洗剂的酸度要达到pH 3.5，同样酸度与清洗时间等有关。酸洗温度35℃～46℃，循环酸洗5min。酸洗结束后立即用温水进行后冲洗，冲洗出残留酸液，不循环。

拓展与延伸

一、管道式挤奶系统（RTS）中的水流路线

在简单的管道式挤奶系统中，水从清洗槽里吸出（图5-11），经过挤奶杯组，流经整个管道系统，最后到达集乳罐。集乳罐里的水，可通过奶泵泵回清洗槽，或排到水渠里。

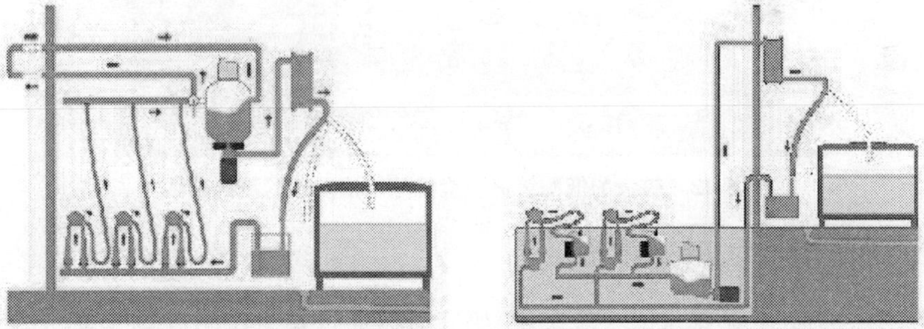

图5-11 管道式挤奶系统中清洗液的流经线路

为了避免水流通过分支管道过早地流入集乳罐，在清洗的过程中必须关闭阀门。通过这个阀门，可以控制泄漏，从而保证水流不会从支管流到集乳罐。

为了加快水流速度，可以在清洗槽边或里面注入空气。注入空气以后，将挤奶杯组并排放置，垂直放在清洗托上，后者与清洗系统连接。当采用可控式浪涌时，挤奶杯组后面一般先安装一个入气口。

二、奶厅里的水流路线

奶厅的清洗流程一般和管道的清洗流程一样。主要的不同之处在于,奶管比较短,挤奶机组在原来奶厅的位置进行清洗,也就是说,它们必须垂直放在清洗托上。

奶厅一般都有奶管和清洗管。这些管道的位置要低于奶牛站立的水平面,因而被称为低配管道系统;也有的管道高于挤奶员,被称为高配管道系统或者中配管道系统。

对于所有的奶厅来说,水都是吸进清洗管里的。挤奶杯组(有时还有奶量计)和清洗管相连,然后注入水。通过挤奶杯组,水流进奶管,最后进入集乳罐。通常水是直接吸入奶管的。

在装有较大奶管的奶厅,清洗一般采用可控式浪涌。清洗系统的配置方式可以有很多种。图 5-12 描述了一种双吸管式的清洗系统,一条吸管作为清洗管,和挤奶杯组相连,另外一条吸管和奶管相连,两条吸管在清洗槽附近都有一个进气阀。因为奶管里形成了水回路,所以要装一个清洗阀。

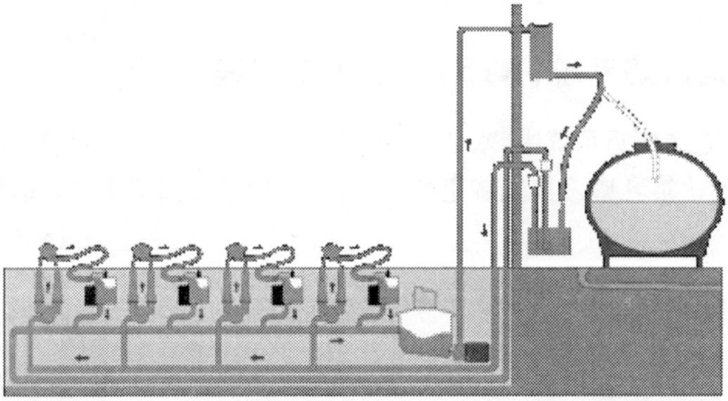

图 5-12　较大的低配管道装置奶厅中清洗液的流经路线

三、奶厅清洗之后的排水

奶厅清洗之后,必须排水。一般来说,奶管可以通过重力作用自动排净,不过有时候也需要人工操作,如用海绵球吸水等。通常还可以采用吹风的办法来排干管道里的水。牛奶输送管也采用重力排水,通常在奶泵附近装有一个手动的排水阀。如果农场有冷排的话,则还须装一个排水阀。

四、清洗时要注意的因素

一般来说,清洗主要是去除设备上的残余奶渍。为了尽可能地提高清洗的效率,必须考虑到四个重要的因素:机械力、清洗剂、热量、作用时间。当然,水是非常重要的载体,它将上述四个因素结合起来,从而获得令人满意的清洗效果。

1. 机械力

在牛场里,奶渣往往牢固地附着在一些部件的表面,需要用一定的机械力才能把它们去除。这个机械力通常通过清洗液在装置内进行的循环来实现,但也可以通过擦洗和喷淋的方式来实现。奶厅和冷藏罐都可以采用上述方法清洗。

2. 清洗剂

清洗剂可以分为洗净剂和消毒剂两种。不过,一般的清洗剂同时含有这两种成分。清洗剂的主要作用是在冲洗的过程中,让奶渍松动并悬浮起来,易于清除。清洗剂的另外一个重要作用是防止阳离子(如钙离子、镁离子)形成奶石。

清洗剂可以是碱性的,也可以是酸性的,一般主要用碱性清洗剂。酸性清洗剂也用,一般是 1 ~2 天一次,用来去除奶石。

消毒剂用来杀灭微生物,通常含有氯或者氯化物。有些清洗系统不用消毒剂,而用高温灭菌。

3. 热量

热量的主要作用是增强清洗剂的溶解、渗透能力,乳化不同的溶质。比较温热的水使清洗剂很容易溶解。温水在碱清洗去除含脂物质时也是非常重要的。

4. 作用时间

作用时间指的是水、热量、清洗剂要有足够的时间来完成清洗任务。由于清洗方法的不同,作用时间也有差异。

5. 水

水对于清洗的结果影响很大,原因是:清洗的时候,水携带了清洗剂和热量,而且还传递着机械力到清洗表面;水的另外一个重要作用就是传送奶渍,因为奶渍是微生物主要的寄生地。在清洗剂、热量以及冲洗作用下,奶渍就悬浮起来,或者被溶解,这样就很容易被清除。

另外,作为清洗过程的重要因素之一,水里面也可能含有各种各样的杂质,影响清洗的效果。这些杂质主要包括:钙离子、镁离子以及其他可以让水的硬度升高的离子。

任务四　牛乳的初步处理

阅读与认知

一、鲜奶的过滤及净化

在生产场所，对牛乳及时进行过滤具有很大意义。在没有严格遵守卫生条件下挤奶时，乳易受到粪屑、体屑、被毛以及饲料、蚊蝇和尘埃污染。这些杂物的混入不仅使牛奶外观不洁，并且带入相应数量的微生物，从而加速牛奶的变质。因此，在鲜奶挤出后或冷却储存之前必须过滤，以除去杂质和部分微生物。

（一）鲜奶的过滤

生产中最常用的过滤方法是用消毒纱布进行过滤。将纱布叠成3～4层，扎在盛乳桶口上，再将挤出的乳通过纱布倒入桶中起到过滤作用。要求纱布每次过滤乳不得超过50kg，每次用后立即洗净、消毒、干燥后存放在清洁干燥处备用。在手工挤奶的牛舍，过滤可在挤奶时进行，将纱布扎在奶桶口上，将挤出的奶倒入扎有纱布的奶桶中即可。在机器挤奶的牛场可在鲜奶处理站进行过滤，可用专用的牛奶过滤筛，其构造为漏斗形，筛子底部为两层金属网，即不锈钢制金属丝网夹上多层纱布进行粗滤。进一步可采用管道过滤器，内有专用过滤纸。

（二）鲜奶的净化

过滤后的乳仍有很多极微小的机械杂质和细菌、细胞等，为了除去这些杂质，达到较高的纯净度，必须用离心式净乳机净化。离心净乳机的构造基本与奶油分离机相似，分离钵具有较大的聚沉空间，杯盘没有孔，上部有分配杯盘。乳在分离钵内受强大离心力的作用，将大量的杂质留在分离钵内壁而被除掉。现代乳品厂多用自动排渣净乳机或三用分离机，使乳净化、奶油分离和标准化。

二、鲜奶的冷却

刚挤下的乳温度为36℃左右，此温度是微生物发育的最适温度。如果不及时冷却，乳中微生物会大量繁殖，使酸度迅速增高，导致乳的质量降低。所以为了保证乳的新鲜度，刚被挤出的乳应迅速冷却，以抑制微生物的繁殖。我国国家标准规定，验收合格乳应迅速冷却至4℃～6℃。牧场一般是在挤奶结束后2h内奶温降至4℃以下。

冷却的方式有水池冷却、冷排冷却、浸入式冷却器冷却。前一种方式冷却效果较慢，为了加速冷却，还须经常进行搅拌并按照水温进行排水和换水，因此这种冷却方式耗水量大、效益低。而后两种方式可连续处理，效率高并可将乳迅速地冷却到5℃以下。

（一）水池冷却

水池冷却（图5-13）是最简易的冷却方法，是将装有鲜奶的奶桶置于水池中，在池中通入冷水或冰水进行冷却。冷却过程中应不时搅拌牛奶，使桶内牛奶冷却均匀，水池中的水应不断更换，以加快冷却速度。此法冷却速度慢，耗水量大，效率低，只适于小型牛场使用。

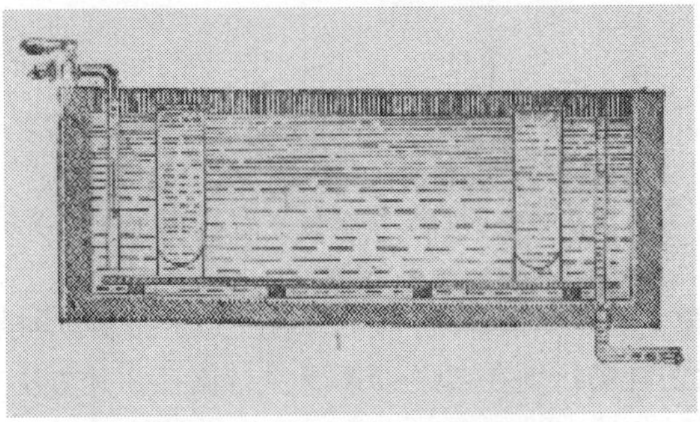

图5-13　冷却水池构造剖面图

（二）冷排冷却

冷排是由金属排管组成的表面冷却器（图5-14），内通冷却剂，使排管表面降温，牛奶自上而下经排管表面流下，使牛奶降温。冷排冷却效率高，构造简单，使用方便，价格低廉。

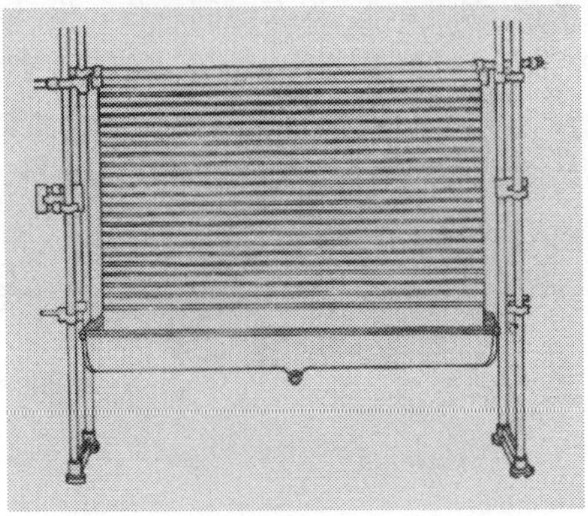

图5-14　表面冷却器构造剖面图

(三)浸入式冷却器冷却

图5-15所示是一种可以插入储奶罐或奶桶中的冷却装置,本身带有搅拌器和定时搅拌控制系统,既可使牛奶均匀冷却,又可防止稀奶油上浮。

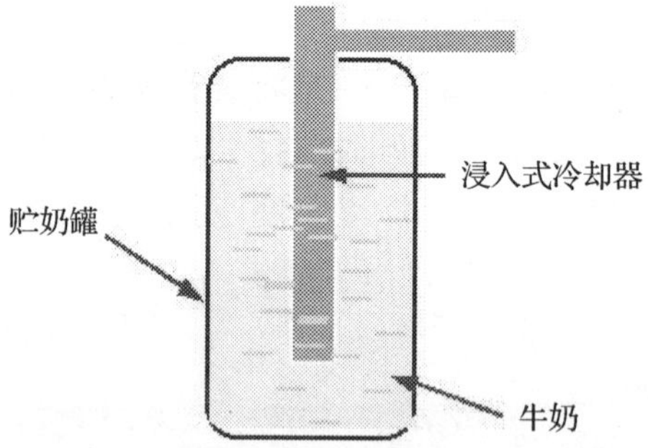

图5-15 浸入式冷却器的使用

三、鲜奶的存储

冷却后鲜奶中的微生物并未被杀死,而是暂时受到了抑制。如果温度回升,仍会开始快速繁殖,因而冷却后的鲜奶仍须在4℃～5℃下进行储存。其方法有二:其一,将奶桶一直储存于前面所介绍过的冷却水池中,并通过更换水池中的冷水将奶温控制在4℃～5℃,直至将奶运出。其二,将通过冷排降温的奶储存于装有浸入式冷却器的储奶罐中,或将鲜奶直接在储奶罐中直接用浸入式冷却器冷却后继续储存其中,并控制奶温保持在4℃～5℃。

冷却后的乳应尽可能保存在低温处,以防温度升高。如果乳温降到13℃保存12h,仍可保持乳的新鲜度。一般来说,温度越低,保存时间越长。生产中冷却后的乳贮存在具有良好绝热性能的贮乳槽(缸)内。贮乳槽有立式、卧式两种,其容量规格有1～10t不等。图5-16所示为卧式贮乳槽。一般贮乳槽的总容量应为回收总量的2/3～1。而且每只贮乳槽的容量应与生产品种的班生产能力相适应,每班的处理量一般相当于2只贮乳槽的牛乳容量。贮乳槽在使用前应彻底清洗、杀菌,待冷却后贮入牛乳。每槽须放满,并加盖密封。贮存期间要定时开动搅拌机,但注意搅拌时不要混入空气。

图 5-16　卧式贮乳槽

四、鲜奶的运输

奶牛场生产的鲜奶往往需要运至乳品厂进行加工。如果运输不当，会导致鲜奶变质，造成重大损失。因此，鲜奶运输中应注意下列各点：

（1）防止鲜奶在运输中温度升高，尤其在夏季运输，最好选择在早晚或夜间进行。运输工具最好用专用的奶罐车。如用奶桶运输，应用隔热材料遮盖。

（2）容器内必须装满盖严，以防止在运输过程中因震荡而升温或溅出，或引起牛乳中成分状态改变。

（3）尽量缩短运输时间，中途一般不得停留。

（4）保持运输容器的清洁，运输容器要严格消毒，避免在运输过程中污染。

五、原料乳的验收及检查

验收原料乳时除根据标准进行感观指标的检验外，还要进行理化性质、微生物等方面的检查。

1. 乳的密度

正常乳的密度是乳中各种成分密度的平均值。当乳中比水重的无脂干物质增多时，乳的密度会增高，加水时密度则降低。乳的密度通常用乳汁密度计测定，以度数(°F)来表示，正常乳为 30 度。每加 10% 的水约降低 3 度。乳的密度随温度而变化。在 10℃ ~ 25℃范围内，温度每增加或降低 1℃，密度则减小或增大 0.2 度。因此，当乳温达到 20℃

后，每提高 1℃，密度值应加 0.2 度；反之，应减去 0.2 度。

2. 乳的酸度

由于牛乳含有蛋白质、柠檬酸盐、磷酸盐、脂肪酸、二氧化碳等酸性物质，因此牛乳呈微酸性，其 pH 为 6.5 ~ 6.7，这种酸度称为自然酸度。由于微生物的活动，乳糖被分解产生乳酸，使牛乳的酸度升高。这种因发酵而升高的酸度称为发酵酸度。自然酸度和发酵酸度的总和称为总酸度。乳的总酸度越高，乳的热稳定性越低，生产出乳制品的质量也会降低。牛乳的酸度通常用吉尔涅尔度（°T）表示，正常乳为 16°T ~ 18°T。其测定方法一般是：用0.1mol氢氧化钠滴定 10mL 乳品，用 0.5% 酚酞为指示剂，当被滴定样品呈微红色时所消耗的氢氧化钠的体积数乘以 10 即为 100mL 乳的酸度。

3. 乙醇试验

乙醇试验是验收原料乳的重要项目。一定数量的正常乳对一定浓度及数量的乙醇的脱水作用呈现稳定性。但乳的酸度升高时，乳酪蛋白质因乙醇的脱水作用而产生凝集作用。一般用 68% ~ 70% 的乙醇与等量的牛乳相混合，若呈现稳定，说明牛乳的蛋白质稳定，牛乳的酸度符合原料乳的要求。牛乳对乙醇的稳定性越高，牛乳的热稳定性也愈好。此外，乙醇试验还可以检出乳房炎乳、盐类不平衡及混入钙等异常乳。

4. 热稳定性试验（煮沸试验）

煮沸试验能有效地检出高酸度乳和混有高酸度的乳。将牛乳（取 5 ~ 10mL 乳于试管中）置于沸水中或酒精灯上加热 5min，如果加热煮沸时有絮状或凝固现象发生，则表示乳已不是新鲜的、酸度在 20°T 以上或混有高酸度乳、初乳等。

5. 乳中抗菌物质的检验

乳中有无抗菌物质，常用氯化 2，3，5-三苯基四氮唑法（TTC 法）检验。将检样（9mL）（以不含抗菌物质的脱脂乳为对照）于 80℃ 恒温水浴中保持 5min 杀菌，然后冷却至 37℃。向试管中加入试验用稀释菌液（嗜热链球菌）1mL，充分混合后于 37℃ 条件下培养 2h，然后各加入 0.3mL TTC 试剂，继续培养 5min。如果样品液与对照液一样出现红或桃红色，说明无抗菌物质存在；若为无色，说明有抗菌物质存在。

6. 细菌数的测定

一般直接、快速的测定方法为直接计数法。步骤为：

（1）测直径。在显微镜下用测微尺测出油镜视野的直径（D）。

（2）涂片。载玻片上用玻璃刀或用蜡笔划 1cm^2 的方格，用微量吸样器吸样并滴到载片的方格中，用接种针将样品涂匀，然后在酒精灯火焰上干燥（40℃ ~ 50℃）。

（3）脱脂。干燥后将玻片置于二甲苯中脱脂 1 ~ 2min，取出沥净晾干，再浸入 95% 乙醇 1 ~ 2min，除去二甲苯。

(4) 染色。用骆氏美蓝染色5min,水洗、干燥。然后镜检10～15个视野,计所见细菌数。

拓展与延伸

原料乳的质量要求

制造优质的饮用乳及乳制品,必须选用优质的原料,尤其是供加工饮用乳、酸牛乳、干酪、炼乳的原料乳必须是优质的。所有从牛舍或挤奶间中生产出来的鲜牛乳在供应市场或做进一步加工之前,都应进行检验和初步处理。作为原料乳的生鲜牛乳国家标准从感官、理化及微生物指标方面已有了明确的规定,具体要求为:

(1) 生鲜牛乳系由正常饲养的健康母牛挤出的新鲜乳。初乳和末乳不得作为原料乳使用。奶温在10℃以下。

(2) 具有纯正的鲜奶所固有的滋味、气味,不得有苦味、酸味、臭味、涩味、霉味、金属味等。

(3) 新鲜生牛乳的色泽为乳白色或乳黄色。不得呈黏稠状、絮状、凝块状。

(4) 不得有肉眼可见的杂质、凝固物或草屑、牛粪、尘土等杂质,不得冻结。

(5) 酸度不超过20°T。

(6) 乳的相对密度为1.028～1.032,含脂率不得低于3.1%,乳蛋白不低于2.9%,无脂乳固体物不低于8%。

(7) 细菌总数每毫升少于50万个。

(8) 不得使用防腐剂、抗生素和其他任何有碍食品卫生的物质。

项目六

肉牛生产

任务一 肉牛品种的认知

阅读与认知

肉牛是指经过高度培育的、产肉性能很高的专门化的肉用牛品种。全世界约有60多个专门化肉牛品种,其中英国17个,法、意、美、俄罗斯各11个。世界上主要的肉牛品种,按体型大小和产肉性能,大致可分为两大类:一是中、小型早熟品种,主要品种有海福特牛、安格斯牛等;二是大型品种,主要产于欧洲大陆,代表品种有夏洛莱牛、利木赞牛、皮埃蒙特牛等。肉乳兼用品种和我国优良的黄牛品种也具有良好的产肉性能。

现将我国引进的主要肉用牛品种与优良的黄牛品种介绍如下:

一、引进品种

(一) 比利时蓝白花牛

1. 产地

比利时蓝白花牛(图6-1,图6-2)分布在比利时中北部,是荷斯坦牛血统中唯一被育成纯肉用的专门品种。

2. 外貌特征

毛色为白色,身躯中有蓝色或黑色斑点,色斑大小变化较大。鼻镜、耳缘、尾巴多黑色。个体高大,体躯呈长筒状,体表肌肉醒目,肌束发达,"双肌"特征明显,头部轻,尻微斜。公牛体高148 cm,体重1200kg;母牛体高134 cm,体重700kg。

3. 生产性能

犊牛早期生长速度快,最高日增重可达1.4kg,屠宰率65%。1.5岁左右初配,比同类大型牛略早成熟，妊娠期 282d。

4. 杂交改良效果

我国于 1996 年引入比利时蓝白花牛，用做肉牛配套系的父系。

图 6-1　比利时蓝白花牛♂

图 6-2　比利时蓝白花牛♀

(二) 皮埃蒙特牛

1. 产地

皮埃蒙特牛（图 6-3，图 6-4）原产于意大利北部皮埃蒙特地区，是在役用牛基础上选育而成的专门化肉用品种，是目前国际上公认的终端父本。

图 6-3　皮埃蒙特牛♂

图 6-4　皮埃蒙特牛♀

2. 外貌特征

体型中等，毛色不一，基本毛色为灰白色，鼻镜、眼圈、嘴唇、腹下、阴门、耳尖、尾尖为黑色。双肌特征明显。皮薄骨细，肌肉丰满。成年体重，公牛不低于 1000kg，母牛为 500 ~ 600kg。

3. 生产性能

牛生长速度快，育肥期平均日增重 1.5kg。肉质细嫩，瘦肉含量高，屠宰率高达60% ~ 70%；胴体瘦肉率达 84.13%，脂肪和胆固醇含量低。

4. 杂交改良效果

我国于1986年从意大利引进冻胚和冻精，现已在12个省推广应用。杂交效果好，杂交后代生长速度达到肉牛的领先水平。

（三）夏洛莱牛

1. 产地

夏洛莱牛（图6-5，图6-6）原产于法国中西部到东南部的夏洛莱省和涅夫勒地区，是举世闻名的大型肉牛品种，自育成以来就以其生长快、肉量多、体型大、耐粗放而受到国际市场的广泛欢迎，早已输往世界许多国家，参与新型肉牛育成、杂交繁育，或在引入国进行纯种繁育。

图6-5　夏洛莱牛♂

图6-6　夏洛莱牛♀

2. 外貌特征

最显著的特点是被毛为白色或乳白色，皮肤常有色斑；全身肌肉特别发达；骨骼结实，四肢强壮。夏洛莱牛头小而宽，角圆而较长，并向前方伸展，角质蜡黄，颈粗短，胸宽深，肋骨方圆，背宽肉厚，体躯呈圆筒状，肌肉丰满，后臀肌肉很发达，并向后和侧面突出。成年活重，公牛平均为1100～1200kg，母牛为700～800kg。

3. 生产性能

夏洛莱牛在生产性能方面表现出的最显著特点是生长速度快，瘦肉产量高。在良好的饲养条件下，6月龄公犊可达250kg，母犊210kg，日增重可达1400g；公牛周岁可达511kg。该牛作为专门化大型肉用牛，产肉性能好，屠宰率一般为60%～70%，胴体瘦肉率为80%～85%。16月龄的育肥母牛胴体重达418kg，屠宰率66.3%。夏洛莱母牛泌乳量较高，一个泌乳期可产奶2000kg，乳脂率为4.0%～4.7%，但该牛纯种繁殖时难产率较高（13.7%）。

4. 杂交效果

我国在1964年和1974年先后两次直接由原产国引进夏洛莱牛，分布在东北、西北和南方部分地区，用该品种与我国本地牛进行杂交改良，取得了明显效果。

（四）利木赞牛

1. 产地

利木赞牛（图6-7，图6-8）原产于法国中部的利木赞高原，并因此而得名。在法国，其主要分布在中部和南部的广大地区，数量仅次于夏洛莱牛。现在世界上许多国家都有该牛分布，属于专门化的大型肉牛品种。

图6-7　利木赞牛♂

图6-8　利木赞牛♀

2. 外貌特征

利木赞牛毛色为红色或黄色，口、鼻、眼周围，四肢内侧及尾帚毛色较浅，角为白色，蹄为红褐色。头较短小，额宽，胸部宽深，体躯较长，后躯肌肉丰满，四肢粗短。成年平均体重：公牛1100kg，母牛600kg；在法国较好饲养条件下，公牛活重可达1200～1500kg，母牛达600～800kg.

3. 生产性能

利木赞牛产肉性能高，胴体质量好，眼肌面积大，前后肢肌肉丰满，出肉率高，在肉牛市场上很有竞争力。在集约饲养条件下，犊牛断奶后生长很快，10月龄体重即达408kg，周岁时体重可达480kg左右，哺乳期平均日增重0.86～1.0kg。该牛在幼龄期（8月龄）就可生产出具有大理石纹的牛肉，因此成为法国等一些欧洲国家生产牛肉的主要品种。

4. 杂交效果

1974年和1993年，我国先后数次从法国引入利木赞牛，在河南、山东、内蒙古等地改良当地黄牛。杂交牛体型改善，肉用特征明显，生长速度增大，杂种优势明显。目前，黑龙江、山东、安徽为主要供种区。

（五）海福特牛

1. 产地

海福特牛（图6-9，图6-10）原产于英格兰西部，是世界上最古老的中小型早熟肉牛品种。

图 6-9　海福特牛♂

图 6-10 海福特牛♀

2. 外貌特征

毛色为橙黄色或黄红色,具有"六白"特征,即头部、颈部、鬐甲、腹下、尾帚及肢下部为白色;鼻镜粉红;体躯宽深、前胸发达、肌肉肥满、四肢短、呈长方形的典型肉用牛体型;分有角及无角两种。

3. 生产性能

具有比较高的增重率,在良好的条件下,7 ~ 12 月龄日增重可达 1.4kg,一般屠宰率为 60% ~65% ,18 月龄公牛活重可达 500kg 以上。

4. 杂交改良效果

我国于 1974 年首批从英国引进海福特牛,杂交后代生长快,抗病耐寒,适应性好。

(六) 短角牛

1. 产地

短角牛(图 6-11,图 6-12)原产于英国,因为是由当地土种长角牛经改良而来的,角较短小,故取名称短角牛。

图 6-11　短角牛♂

图 6-12　短角牛♀

2. 外貌特征

被毛红色,也有白色和红、白交杂的沙毛个体,但以红毛色为好;相当数量的个体腹下和乳房部有白斑；该牛体型为典型的肉用型牛体型，侧望为矩形，四肢较短，体躯较长，垂皮发达。母牛乳房较发达。

3．生产性能

肉用性能好，在良好饲养下，肥育期日增重可达1.0kg以上；哺乳期日增重也高，在200日龄的肉用公犊活重为209kg，400日龄为412kg；肌肉间夹杂脂肪，呈大理石状，肌纤维较细，屠宰率为65%～68%。

4．杂交效果

与我国北方黄牛杂交效果较好，后代乳、肉性能全面提高。

（七）安格斯牛

1．产地及分布

安格斯牛（图6-13，图6-14）属于古老的小型肉牛品种，原产于英国的阿伯丁、安格斯和金卡丁等郡，并因产地而得名，目前世界上多数国家都有该品种牛。

图6-13　安格斯牛♂

图6-14　安格斯牛♀

2．外貌特征

安格斯牛以被毛黑色和无角为其重要特征，故也称其为无角黑牛。该牛体躯低矮、结实，头小而方，额宽，体躯宽深，呈圆筒形，四肢短而直，前后裆较宽，全身肌肉丰满，具有现代肉牛的典型体型。安格斯牛成年公牛平均活重700～900kg，母牛500～600kg，犊牛平均初生重25～32kg，公、母成年牛体高分别为130.8cm和118.9cm。

3．生产性能

安格斯牛具有良好的肉用性能，表现早熟，胴体品质高，出肉多。屠宰率一般为60%～65%，哺乳期日增重900～1000g。育肥期日增重（1.5岁以内）平均0.7～0.9kg。肌肉大理石纹很好。该牛适应性强，耐寒抗病。缺点是母牛稍具神经质。

二、我国黄牛品种

中国黄牛是我国长期以役用为主，除水牛、牦牛以外的牛群体总称，广泛分布于全国各地。我国黄牛按地理分布区域和生态条件，分为中原黄牛、北方黄牛和南方黄牛三大类型。中原四大黄牛是指秦川牛、南阳牛、鲁西牛、晋南牛，北方黄牛主要包括蒙古牛和延边牛，产于东南、西南、华南、华中和台湾的黄牛均属南方黄牛。

我国黄牛品种，大多具有适应性强、耐粗饲、抗病力强、性情温顺、牛肉风味好等优点，但大都属于役用或役肉兼用体型，存在成熟晚、体型较小、日增重不高、后躯欠发达、尖斜尻、肢蹄不良等缺点。我国各省区黄牛品种很多，分布很广，产肉性能比较突出的优良牛品种主要为我国五大黄牛品种，即秦川牛、晋南牛、南阳牛、鲁西牛和延边牛。

现将我国黄牛主要品种介绍如下，其他黄牛品种可参阅《中国牛品种志》。

（一）秦川牛

秦川牛（图6-15，图6-16）为中国地方良种，被誉为“国之瑰宝”，是中国体格高大的役用牛种之一。

图6-15 秦川牛♂

图6-16 秦川牛♀

1. 产地

秦川牛产于陕西省关中地区，因“八百里秦川”而得名。关中地区自古以来种植苜蓿，也是历代粮食主产区，农民对饲养管理和牛种选择积累了丰富经验。由于当地耕作精细，农活繁重，车辆挽具笨重，牛只都比较大。选种遵循农谚：“一长”“二方”“三宽”“四紧”“五短”的要求：“一长”指的是牛体要长，“二方”指的是口方和尻方，“三宽”指的是额部宽、前胸宽、后躯宽，“四紧”指的是四个牛蹄的蹄缝要紧，“五短”指的是四肢短和脖子短。在毛色上非紫红色不作种用，这些对现代秦川牛的形成起到了重要作用。

2. 外貌特征

秦川牛属较大型的役肉兼用品种，体格较高大，骨骼粗壮，肌肉丰满，体质强健；头部方正，肩长而斜；中部宽深，肋长而开张，背腰平直宽长，长短适中，结合良好；荐骨部稍隆起，后躯发育稍差；四肢粗壮结实，两前肢相距较宽，蹄叉紧。公牛头较大，颈短粗，垂皮发达，鬐甲高而宽；母牛头清秀，颈厚薄适中，鬐甲低而窄。角短而钝，多向外下方或向后稍弯。公牛角平均长14.8cm，母牛角平均长10cm。毛色为紫红、红、黄色三种，角呈肉色，蹄壳分红、黑和红黑相间三种颜色。

3. 生产性能

经肥育的18月龄牛的平均屠宰率为58.3%，净肉率为50.5%。肉细嫩多汁，大理石纹明显。泌乳期为7个月，泌乳量715.8kg。繁殖性能上，秦川母牛常年发情。在中等饲养水平下，初情期为9.3月龄。成年母牛发情周期20.9d，发情持续期平均39.4h。妊娠期285d，产后第一次发情约53d。秦川公牛一般12月龄性成熟，2岁左右开始配种。秦川牛是优秀的地方良种，是理想的杂交配套品种。

（二）鲁西牛

1. 产地

鲁西牛（图6-17，图6-18）主要产于山东省西南部的菏泽和济宁两地区，聊城、泰安以及山东的东北部也有分布。20世纪80年代初有40万头，现已发展到100余万头。

图6-17　鲁西牛♂

图6-18　鲁西牛♀

2. 外貌特征

鲁西牛体躯结构匀称，细致紧凑，为役肉兼用。公牛多为平角龙门角，母牛以龙门角为主。垂皮发达。公牛肩峰高而宽厚，胸深而宽，后躯发育差，尻部肌肉不够丰满，体躯明显地呈前高后低。母牛鬐甲低平，后躯发育较好，背腰短而平直，尻部稍倾斜。被毛从浅黄到棕红色，以黄色为最多，一般前躯毛色较后躯深，公牛毛色较母牛的深。多数牛的眼圈、口轮、腹下和四肢内侧毛色浅淡，俗称“三粉特征”。鼻镜多为淡肉色，部分牛鼻镜有黑斑或黑点。角色蜡黄或琥珀色。

3. 生产性能

18月龄的阉牛平均屠宰率57.2%，净肉率49.0%。成年牛平均屠宰率58.1%，净肉率50.7%。肌纤维细，肉质良好，脂肪分布均匀，大理石状花纹明显。

4．繁殖性能

母牛性成熟早，有的8月龄即能受胎。一般10～12月龄开始发情，发情周期平均22（16～35）d，持续期2～3d。妊娠期平均285（270～310）d。产后第一次发情平均为35（22～79）d。

（三）南阳牛

1．产地

南阳牛（图6-19，图6-20）原产于河南省南阳市行河和唐河流域的平原地区，许昌、周口、驻马店等地区分布也较多。

图6-19　南阳牛♂

图6-20　南阳牛♀

南阳地区所处地理位置较偏僻，土质坚硬，需要体大力强的牛只进行耕作和运输，群众素有选留大牛的习惯。以舍饲为主，精心喂养，育成了大型牛只。

2．体型外貌

南阳牛属较大型役肉兼用品种。体高大，肌肉较发达，结构紧凑，体质结实，皮薄毛细，鼻镜宽，口大方正。角形以萝卜角为主，公牛角基粗壮，母牛角细。鬐甲隆起，肩部宽厚。背腰平直，肋骨明显，荐尾略高，尾细长。四肢端正而较高，筋腱明显，蹄大坚实。公牛头部雄壮，额微凹，脸细长，颈短厚稍呈弓形，颈部皱褶多，前躯发达。母牛后躯发育良好。毛色有黄、红、草白三种，面部、腹下和四肢下部毛色浅。鼻镜多为肉红色。南阳牛是中国黄牛中体型最高的。

3．生产性能

经强度肥育的阉牛体重达510kg时宰杀，屠宰率达64.5%，净肉率56.8%，眼肌面积95.3 cm^2。肉质细嫩，颜色鲜红，大理石纹明显。南阳牛体格高，步伐快，挽车速度每秒1.1～1.4米，载重1000～1500kg时能日行30～40km，是著名的“快牛”。

4．繁殖性能

南阳牛较早熟，有的牛不到1岁即能受胎。母牛常年发情，在中等饲养水平下，初情期为8～12月龄。初配年龄一般掌握在2岁。发情周期平均21(17～25)d,发情持续期1～3d。妊娠期平均289.8(250～308)d。怀公犊比怀母犊的妊娠期长4.4d。产后初次发情约需77d。

(四)晋南牛

1. 产地

晋南牛(图6-21,图6-22)产于山西省西南部汾河下游的晋南盆地。晋南牛分布于运城地区的万荣、河津、临猗、永济、运城、夏县、闻喜、芮城、新绛,以及临汾地区的侯马、曲沃、襄汾等县、市。其中河津、万荣为晋南牛种源保护区。

图6-21　晋南牛♂

图6-22　晋南牛♀

2. 外貌特征

晋南牛属大型役肉兼用品种。体躯高大结实,具有役用牛体型外貌特征。公牛头中等长,额宽,顺风角,颈较粗而短,垂皮比较发达,前胸宽阔,肩峰不明显,臀端较窄,蹄大而圆,质地致密;母牛头部清秀,乳房发育较差,乳头较细小。毛色以枣红为主,鼻镜粉红色,蹄趾也多呈粉红色。晋南牛体格粗大,胸围较大,体较长,胸部及背腰宽阔,成年牛前躯较后躯发达,具有较好的役用体型。晋南牛成年公牛体高、体长、胸围、管围和体重分别为:138.6cm、157.4cm、206.3cm、20.2cm和607.4kg,成年母牛分别为117.4cm、135.2cm、164.6cm、15.6cm和339.4kg。

3. 生产性能

晋南牛具有良好的役用性能,挽力大,速度快,持久力强。晋南牛产肉性能尚好,肌肉发达,前躯和中躯发育良好;适应性能良好,抗病力强,耐热、耐苦、耐劳、耐粗饲。在生长发育晚期进行肥育时,饲料利用率和屠宰成绩较好,是向肉役兼用方向选育有希望的地方品种之一,但目前还存在着乳房发育较差、泌乳量低、尻斜而尖等缺点。繁殖率高,9月龄性成熟,适配年龄为2岁。

（五）延边牛

1. 产地

延边牛(图 6-23,图 6-24)主产于吉林省延边朝鲜族自治州以及朝鲜。

图 6-23 延边牛♂

图 6-24 延边牛♀

2. 外貌特征

公牛头方额宽,角基粗大,多向外后方伸展成一字形或倒八字形。母牛角细而长,多为龙门角。毛色为深浅不一的黄色,被毛长而密。胸部宽深,皮厚而有弹力。公牛颈厚隆起,母牛乳房发育良好。

3. 生产性能

18 月龄育肥牛平均屠宰率为 57.7% ,净肉率为 47.2% ,眼肌面积 75.6cm^2。

任务二 肉用牛生产力指标的测定与计算

阅读与认知

肉用牛生产力指标,包括产肉性能相关的指标如下:

一、体重测定指标

（1）初生重:犊牛生后吃初乳前的活重。

（2）断奶重:一般用校正断奶重(国外用 205d,国内可考虑用 210d 或 205d 的校正断奶重)。

（3）哺乳期日增重:断奶前犊牛平均每天增重量。

（4）育肥期日增重:育肥期间肉牛平均每天增重量。

二、屠宰测定指标

(1) 宰前重:宰前绝食24h后的活重。

(2) 宰后重:屠宰放血以后的体重。

(3) 血重:宰时所放出的血液重量,或宰前重减去宰后重的重量差。

(4) 胴体重:胴体重是指牛在屠宰后去掉头、皮、尾、内脏(但不包括肾和肾周脂肪)、蹄和生殖器官后的重量。胴体重虽然不是牛产肉性能的重要直接指标,但它是计算其他产肉性能指标的基础。

胴体重 = 宰前活重 - [头重 + 皮重 + 血重 + 尾重 + 内脏重(不包括肾和肾周脂肪) + 蹄重 + 生殖器官及周围脂肪重]

(5) 净体重:放血后,除去胃肠和膀胱内容物后的总体重量。

(6) 胴体骨重:将胴体中所有的骨骼剥离后的骨重。

(7) 胴体脂重:胴体内、外侧表面及肌肉块间可剥离的脂肪总重量。

(8) 胴体肉重(也称净肉重):胴体除去剥离的骨、脂后,所余部分的重量。

(9) 背膘厚度(背脂厚):第五至六胸椎间离背中线3~5cm,相对于眼肌最厚处的皮下脂肪厚度。

(10) 腰膘厚度(腰脂厚):第12—13胸椎间、离背中线3~5cm,相对于眼肌最厚处的皮下脂肪厚度。

(11) 眼肌面积:第12—13肋间眼肌的横切面积(cm^2)。有鲜眼肌面积,即新鲜胴体在宰后立即测定的,有将样品取下冷冻24h后测定第12肋后面的眼肌面积。其测定方法有用硫酸纸照眼肌轮廓划点后用求积仪计算的,也有用透明方格纸照眼肌平面直接计数求出的。测定时特别要注意,横切面要与背线保持垂直,否则要加以校正。

三、产肉能力的主要计算指标

(1) 屠宰率:屠宰率是指牛胴体重占宰前活重的百分比,是牛产肉性能的重要指标。牛的屠宰率越高,说明其产肉性能越好。

(2) 净肉率:净肉率是指牛胴体净肉重占屠宰前活重的百分比。净肉率是牛产肉性能的重要指标,牛的净肉率越高,说明其产肉性能越好。

(3) 胴体产肉率:指牛胴体净肉重占胴体重量的百分比,是牛产肉性能的重要指标。牛的胴体产肉率越高,说明其产肉性能越好。

(4) 肉骨比:牛的肉骨比是指牛胴体的净肉重与骨重之比。肉骨比越大,说明牛的产肉性能越好。

(5) 肉用指数(BPI):即平均成年活重(kg)与体高(cm)的比值(表6-1)。

表6-1　不同经济类型牛的肉用指数(BPI)值范围

牛的经济类型	公牛	母牛
肉用型/(kg/cm)	≥5.6	≥3.9
肉役兼用型/(kg/cm)	4.6~5.6	3.3~3.9
役肉兼用型/(kg/cm)	3.6~4.6	2.7~3.3
役用(原始)型/(kg/cm)	<3.6	<2.7

注:此表适用于普通牛群。

拓展与延伸

一、牛肉的化学组成及营养价值

(一) 牛肉的化学组成

广义的牛肉指的是肉牛胴体,国际有关机构统计的各国牛肉产量即指的是牛胴体总量(FAO)。牛的胴体中,按照解剖组织学原理划分,包括肌肉组织(占胴体重的50%~60%)、脂肪组织(10%~30%)、结缔组织(9%~14%)和骨骼组织(13%~20%)。这里叙述"牛肉化学组成"则指第10~12肋样肉的化学分析结果。试验证明,该部位样品的化学组成对于全部胴体来说有代表性(表6-2)。

表6-2　不同肥度牛肉样品的化学组成

活体肥度	下等	中等	上等	肥胖	很肥
水分/%	74.1	68.3	61.6	50.0	33.7
蛋白质/%	21.0	20.0	19.2	14.7	10.6
脂肪/%	3.8	10.7	18.3	34.6	54.6
灰分/%	1.1	1.0	0.9	0.7	0.5
热能/(kJ/kg)	5.08	7.59	10.40	16.78	24.63

这里的样品肉中,既包括肌肉组织,还有脂肪组织和少量结缔组织。就解剖学意义上的牛肌肉组织而言,其水分含量范围在65%~78%,蛋白质15%~22%,灰分1%左右;而脂肪占3%~20%,可见,脂肪比例变化很大。脂肪本身水分含量很少(低于8%)。

牛胴体中脂肪含量与水分含量呈强负相关($r=-0.9800$)。脂肪组织又因部位不同而主要划分为体腔脂肪库、皮下脂肪库、肌肉间脂肪库、肌肉内脂肪库。随着肉牛营养水平的提高,按脂肪沉积从早至迟和量由多至少的次序是:体腔→皮下→肌间→肌内脂肪库。肌肉间脂肪库指的是肌(肉块)外膜之间的可剥离脂肪;而肌内脂肪指的是肌肉膜间和肌束间脂肪,可形成所谓的大理石状纹,一般不可解剖剥离。体腔脂肪库中的肾周脂肪,属于胴体部分,但其特性是自从犊牛出生以后就有,而且即使营养水平持续极差,甚至饥饿死亡,也不会出现无肾脂的程度。

(二) 牛肉的营养价值

1. 蛋白质

牛肉蛋白质是一种全价蛋白,富含人体必需的各种氨基酸,特别是粮食类蛋白中很缺乏的赖氨酸(牛肉:7.6% ~9.6%)。人食后其消化利用率也高达90% ~93%。

2. 脂肪

脂肪是牛肉的主要能源成分,其营养价值一方面在于提供热能,另一方面提供不可替代的人体必需的脂肪酸,如亚油酸、次亚麻油酸和花生四烯酸。牛脂因含有高达40%的硬脂酸,所以溶点较高,硬度较大。

3. 矿物质

牛肉中含有人体所需的诸种元素,如钾、钠、钙、磷、铁、镁、铜等,其中铁含量是猪肉中的2倍,鸡肉中的3倍。

此外,牛肉中还含有多种维生素,如维生素A、D、E和维生素B族,而叶酸的含量比猪、禽肉中的含量都高。

二、影响肉牛生产性能的因素

肉牛的生产性能受很多因素的影响,这些因素包括牛的类型与品种、牛的性别、牛的年龄与体重和牛的饲养水平与杂交利用等因素。

1. 品种的影响

牛的品种类型是影响牛产肉性能的重要因素之一。一般而言,肉用型品种牛较乳用型品种牛、役用型品种牛生长速度快,屠宰率高,肉质好。肉用品种牛的肌肉纤维细嫩,脂肪分布均匀,肉层厚,产肉量高。不同品种牛在平均体格大小、体型和代谢类型方面的不同,使得每头牛的单产肉量、生长率和胴体组成方面表现出较大差异。例如,夏洛莱牛和契安尼娜牛育肥期平均日增重可达1.5 ~2.0kg,18月龄胴体重300 ~350kg;而海福特牛和安格斯牛的日增重为1 ~1.5kg;但中国本地黄牛仅为0.6 ~0.8kg。良种肉牛的屠宰率可高达65%以上,甚至70%左右;而我国黄牛一般仅55%左右。

肉用牛品种的早熟性对生产性能也有明显影响。一般而言,在相同饲养管理条件下,要饲养到相同的胴体等级时,大型晚熟品种较小型早熟品种所需时间长,也就是说小型早熟品种较大型晚熟品种沉积脂肪早。但是,在相同的饲养管理条件下,要饲养到相同的体重,大型品种较小型品种所需的时间短,这是因为大型品种较小型品种生长速度快。

2. 性别对生产性能的影响

性别是影响肉牛生产性能的重要因素之一。一般而言,公牛生长速度快,瘦肉多,屠宰率高,饲料利用率也高;母牛的肌纤维较细,骨比例较小,脂肪含量高,肉质较好。阉牛的特点介于公牛与母牛之间。

3. 年龄与体重的影响

牛的产肉性能与年龄关系密切。肉的嫩度随着年龄的增大逐渐老化;胴体中脂肪含量小牛(性成熟以前)很少,而经育肥的大龄牛(2 岁以上)却很多。小牛每头产肉量少,但生长速度快,饲料利用率高;而大牛(2 岁以上)产肉量多,但生长速度减慢。所以,为了获得最佳产肉效益,国外多以育肥至 1.5 岁左右屠宰肉用。年幼的牛较年老的牛肌纤维细,脂肪沉积少,肉较细嫩。相同品种的牛体重大者较体重小者屠宰率高。

4. 饲养管理的影响

各种产肉指标都会受到营养水平的很大影响,如活重、胴体重、胴体组成、生长速度等。如饲养水平高,牛的增重速度快,饲料利用率高,屠宰率高,肉质也好。管理状况,特别是环境卫生状况,对肉牛生产来说极为重要。在商品肉牛生产中,更要重视牛群保健和产品卫生规格,以确保肉牛生产的综合效益。

5. 品种间杂交的影响

与纯种繁育相比较,杂种犊牛的初生重、断奶重、断奶后增重、增重饲料报酬率、犊牛育成率均有所提高。与繁殖性能相关的性状如周岁存活率、青年牛的生长势(断奶后生长率)等表现出较高的杂种优势。

杂种母牛具有较早的性成熟期和较长的产犊寿命,而且其繁殖率高而犊牛很少死亡。因此,在肉牛的生产中,经常利用品种间杂交的繁育制度,促进肉牛生产效益的提高。

任务三　架子牛的选择

阅读与认知

认识肉牛的增重规律

一、体重的增长规律

（一）体重的一般增长

表示牛生长情况的最常用指标是增重。

（1）妊娠期间，胎儿在4个月以前的生长速度缓慢，以后生长变快，分娩前的速度最快。

（2）在充分饲养的条件下，体重的增长是沿着一条近似于S形的曲线进行的，出生后到断奶生长速度较快，断奶至性成熟最快，性成熟后逐渐变慢，到成年基本停止生长。

生长发育最快的时期也是把饲料营养转化为体重的效率最高的时期。掌握这个特点，在生长较快的阶段给予充分的营养，便可在增重和饲料转化率上获得最佳的经济效果。

（二）补偿生长

在生产实践中，常见到牛在生长发育的某个阶段，由于饲料不足造成生长速度下降，当其一旦恢复高营养水平饲养时，则其生长速度比未受限制饲养的牛要快，经过一定时期的饲养后，仍能恢复到正常体重，这种特性叫补偿生长。

根据这一特性，生产中我们常选择架子牛进行育肥，往往获得更高的生长速度和经济效益。但须注意，补偿生长不是在任何情况下都能获得的。例如：

（1）生长受阻若发生在初生至3月龄或胚胎期，以后很难补偿。

（2）生长受阻时间越长，越难补偿。一般以3个月内，最长不超过6个月，补偿效果较好。

（3）补偿能力与进食量有关。进食量越大，补偿能力越强。

（4）补偿生长虽能在饲养结束时达到所要求的体重，但总的饲料转化率低，体组织成分要受到影响，比正常生长的骨比例高，脂肪比例低。

二、体组织的生长规律

（一）体组织的生长

（1）骨骼。骨骼在胚胎期生长速度快，出生后生长速度变慢且较平稳，并最早停止生长。

（2）肌肉。从初生到 8 月龄生长最快，8 ~ 12 月龄生长速度减缓，18 月龄后更慢。肉的纹理随年龄增长而变粗，因此青年牛的肉质比老年牛嫩。

（3）脂肪。脂肪从出生到 1 岁间生长速度较慢，以后逐渐加快。生长顺序是先贮积在内脏器官附近，即网油和板油，然后是皮下，最后沉积到肌纤维之间形成“大理石”花纹状肌肉，使肉质变得细嫩多汁。老年牛经肥育后脂肪沉积到肌纤维间，也可使肉质变好。

（二）体组织比例的变化

随着牛的生长，各体组织之间的相对比例在不断发生变化。一般而言，骨骼在体组织中的比例随生后月龄的增长而持续下降，肌肉在体组织中的相对比例随生后月龄的增长先上升而后下降，脂肪在体组织中的比例生后随月龄的增长而持续上升。也就是说，小牛骨的含量高，大牛脂肪含量高。

（三）生长过程中体成分的变化

牛在生长过程中体化学成分有很大变化。一般而言，水分在体组织中的比例随其生长持续下降，蛋白质的比例持续缓慢下降，脂肪的比例持续上升，灰分的比例持续缓慢下降。也就是说，幼龄牛水分含量较高，而老龄牛脂肪含量较高。

体验与实践

架子牛的选择

目前国内进行的肉牛育肥主要是架子牛的育肥。进行架子牛育肥时，架子牛选择的正确与否是育肥能否成功的关键。如饲养上无特殊要求，在注意架子牛品种选择的基础上，还要注重年龄、体重、性别、体型等方面的选择，不论什么样的牛都必须健康无病。

一、架子牛品种的选择

品种是影响肉牛育肥的主要因素，要想取得良好的育肥效果，必须重视肉牛品种的选择。

（一）杂交牛育肥的优势

目前我国还没有专门化的肉牛品种用于育肥，但有大量的杂交牛。大量的试验已经证实，在相同的育肥条件下，杂种牛的日增重、饲料利用率、肉质量、屠宰率和经济效益均好于本地牛。所以，养殖肉牛，首先要选良种肉牛或肉乳兼用牛与本地牛的杂交牛，如利杂牛、西杂牛、夏杂牛、短杂牛等，其次选荷斯坦公牛和荷斯坦牛与本地牛的杂交后代荷杂牛。

当然，杂交牛的耐粗能力不如本地牛，在饲料和饲养技术条件比较差的地区，可选择我国黄牛良种如鲁西牛、南阳牛、晋南牛等优良黄牛品种饲养育肥。

（二）优良肉用杂交牛的识别

杂交牛品种形成过程为：本地黄牛为母本，引入品种为父本所产生的后代，这样的杂交牛应叫做杂交一代，这种杂交叫做二元杂交。如果用此引入品种为父本再与此杂交一代的母牛配种繁殖，所生产的后代叫做杂交二代。显然杂交二代比杂交一代改良程度大，牛的肉用性能提高更大。如果用另一个引入品种为父本与此杂交一代的母牛配种繁殖，这种杂交叫做三元杂交。显然，三元杂交牛拥有两个优良的引入品种的血液，其外貌与肉用性能比二元杂交牛更好。识别优良杂交牛品种，主要看外貌特征。外貌特征越接近父本品种的杂交牛，其肉用性能越好。

1. 识别西杂牛

西杂牛即西门塔尔牛与本地黄牛的杂交牛。西杂牛从被毛颜色上就可识别，具有白头或白头心，身体其他部位有白花。西杂一代牛多数只有白头或白头心，身体其他部位没有白花；西杂二代牛多数头、腿部、尾巴等部位有白花；西杂三代牛除头、腿部、尾巴等部位外，身体其他部位也有白花。西杂牛的体躯结构较黄牛有比较大的变化，体躯比较长、宽、高而深，呈长方形，后躯臀部比较宽大。

2. 识别利杂牛

利杂牛即利木赞牛与本地黄牛的杂交牛。利杂牛仅从被毛颜色上难以识别，由于利木赞牛被毛为深黄色或深红色，利杂牛的被毛仍为黄色，所以只看毛色很难将利杂牛与黄牛区分，但是利杂牛比同龄的黄牛体格大，体躯比较长、高、宽而深，特别尻部比较宽、平，而本地黄牛体格小，体躯比较短、矮、窄而浅，特别尻部比较窄、倾斜。

3. 识别夏杂牛

夏杂牛是即夏洛莱牛与本地黄牛的杂交牛。绝大多数夏杂牛被毛颜色为枯草色或乳白色，夏杂牛的体躯结构比本地黄牛有比较大变化，体躯比较长、宽、高而深，呈长方形，后躯臀部比较宽大。

4. 识别黑杂牛

黑杂牛是黑白花奶牛与黄牛的杂交牛。黑杂牛的被毛为黑白花斑，黑白花斑对黄色是显性遗传，仅从毛色就很容易识别黑杂牛。

在我国肉牛市场上常见一些黑白花奶牛,这些奶牛多数为奶牛公犊、奶牛低代杂交牛、淘汰牛等,其具有以下育肥优势:

(1) 生长潜力大。黑白花奶牛初生重大,成年体重也大,可达650kg,高于肉牛品种。

(2) 经济效益高。黑白花奶牛饲料利用率高,粗饲料利用能力强。以蛋白质为例,各种畜禽将饲料蛋白质转换成动物蛋白质的效率分别为:奶牛 26.3%、蛋鸡 23%、肉仔鸡 22.8 %、牛 15.5%、肉牛 15.3%。

(3) 牛肉质量高。黑白花奶牛育肥后肌肉大理石花纹最理想,皮下脂肪少,牛肉等级最高。

(4) 肥育期日增重高。奶牛的肉用性能较好,经肥育的公牛,500 日龄平均活重为556kg,屠宰率为62.8%。该牛在肉用方面的一个显著特点是,肥育期日增重高。据丹麦1967—1970 年测定517 头荷斯坦小公牛,平均日增重为1195g,淘汰的母牛经100 ~150d育肥后屠宰,其平均日增重为900 ~1000g。

黑白花奶牛育肥增重效果显然好于地方黄牛品种,特别是奶牛公犊牛具有明显的增重优势,选择这些奶牛育肥是可行的。

(三) 肉用杂交改良牛的种类与分布

我国从20 世纪70 年代末开始,先后引进西门塔尔、夏洛莱、利木赞、海福特、安格斯、皮埃蒙特、比利时蓝白花等16 个品种的良种公牛1000 头,大规模改良我国黄牛,确定了以西门塔尔、利木赞和夏洛莱为当家品种,根据不同地区、不同品种和不同的经济发展水平,采用不同的杂交方法和杂交组合,生产杂交肉牛。

在河南、山东、河北、安徽和辽宁等省,用西门塔尔牛、利木赞牛和夏洛莱牛等几个品种对当地黄牛及其杂种后代进行的二元或三元杂交非常普遍,这些杂交肉牛在市场上数量很多。在河南省南阳、驻马店、周口和安徽阜阳及山东菏泽一带广大的黄淮海平原上,集中连片开展肉牛改良,形成数十万头的杂交肉牛群体,西杂牛在松辽平原、科尔沁草原、太行山麓、皖北、豫东和苏北农区形成了近百万头的群体。

目前在我国肉牛市场上最常见的肉牛杂交改良牛主要有西杂牛、利杂牛,其次是夏杂牛、海杂牛,安杂牛、皮杂牛相对比较少。在山东,鲁西南、鲁西北、鲁北等鲁西牛边缘产区、沿黄河地带及鲁东南、鲁南、鲁中地区如陵县、禹城、梁山、曹县、无棣、平原等地主要以利木赞牛级进杂交改良为主,形成黄色肉牛带;胶东地区如高密、莱州、烟台、胶州、诸城、平度等地主要以西门塔尔牛级进杂交改良为主,形成花色肉牛带;部分地区用夏洛莱、皮埃蒙特、德国黄牛、海福特、安格斯等品种杂交。

二、架子牛年龄的选择

（一）牛的年龄对育肥效果的影响

年龄对架子牛增重影响很大。一般规律是，肉牛在性成熟前（12 月龄）体重增加最快，增加的体重主要为肌肉组织、骨骼组织，而且肌纤维比较细嫩，柔软多汁，脂肪组织沉积比较少；性成熟后肌肉组织生长减慢，肌纤维开始变粗硬，增重开始减慢，脂肪组织沉积比较快。正常情况下，以 1 岁时增重为 100%，2 岁时增重仅为 1 岁时的 70%，3 岁时增重只有 2 岁时的 50%。

（二）选择合适年龄的架子牛

幼龄牛育肥增重快，饲料报酬高，肉质好。成年牛育肥增重慢，以沉积脂肪为主，饲料报酬低，肉质差。所以最好选择 1 ~ 2 岁的牛进行育肥。在生产实践中，应把年龄的选择与饲养计划、生产目的及经济效益结合起来加以考虑。例如，计划饲养 3 ~ 5 个月便出售，应选购 1.5 ~ 2 岁的架子牛；秋天购买架子牛，第二年出栏，应选购 1 岁左右的牛，而不宜购大牛（冬季用于维持的饲料多而不经济）；利用大量粗饲料育肥时，选购 2 岁牛较为有利。

（三）架子牛的年龄识别

架子牛的年龄对育肥的效果影响很大。在外貌上，年轻的牛与年老的牛在外貌上有很明显的差别：年轻的牛被毛光泽，粗硬适度，皮肤柔润而富有弹性，眼盂饱满，目光明亮，举止活泼而富有生气；年老的牛皮肤干枯，被毛粗刚，缺乏光泽，眼盂凹陷，目光呆滞，眼圈上皱纹多并混生长毛，行动迟钝。根据外貌只能大致鉴定牛的老幼，不能知道其确切的年龄。

识别牛的年龄最准确的方法是查找可靠的系谱记录。但在缺乏资料的情况下，可根据牛的牙齿、角轮、外貌等来判定。牛的年龄鉴定，可参见项目三的相关内容。

三、架子牛体重的选择

1. 肉牛的体重对育肥效果的影响

肉牛育肥时的体重对育肥效果有重要影响。体重的大小影响到育肥时间、饲料报酬、增重等。肉牛的体重与年龄相关，体重指标必须考虑年龄因素，在哪个年龄阶段就应该有相应的体重。一般认为，在同一年龄阶段，体重越大、体况越好，肥育时间就越短，育肥效果也好。品种是体重选择的重要考虑因素，是早熟品种还是晚熟品种；是大型品种还是小型品种；等等。一般杂交牛在一定的年龄阶段其体重范围大致为：6 月龄 120 ~ 200kg，12 月龄 180 ~ 250kg，18 月龄 220 ~ 310kg，24 月龄 280 ~ 380kg。

2. 挑选合适的体重

肉牛育肥时的体重是影响育肥效益的第三大因素。体重过大或过小都不利于提高育肥效益,一般选择体重250~300kg的肉牛育肥效益最高。架子牛体重小于250kg时,则不耐粗,需要更高营养水平的饲料,达到肥膘体况所需育肥时间长,成本高。架子牛体重大于400kg时,则增重慢,饲料报酬低。

3. 架子牛体重的测定

测定架子牛体重的方法中活体称重法较准确。在无称重设备时可以估测体重,计算公式如下:

肉牛或肉乳兼用型牛:体重(kg) = [胸围(m)]^2 ×体直长(m) ×100

役用牛:体重(kg) = [胸围(cm)]^2 ×体斜长(cm) ÷10 800

牦牛:体重(kg) = [胸围(m)]^2 ×体斜长(m) ×70

水牛:体重(kg) = [胸围(m)]^2 ×体斜长(m) × 90

以上公式仅供参考,实际生产中估测系数可通过实测得出,估测系数 = [胸围(m)]^2 ×体斜长(m)/体重(kg),体斜长用卷尺测量。

对肉牛可通过测胸围来估测体重:胸围每增加2~3cm,体重增加17~20kg。350kg体重的架子牛,一般体高115~118cm,胸围在162~165cm。

四、架子牛性别的选择

1. 肉牛性别对育肥效果的影响

过去,为了便于饲养管理并获得优质牛肉,一般习惯将公牛去势后再育肥。近年来的研究表明,不去势公牛的生长速度和饲料转化率均明显高于阉牛,且胴体的瘦肉多,脂肪少,但会影响牛肉的大理石状花纹。一般公牛的日增重比阉牛高14.4%,饲料利用率高11.7%。与公牛相比,阉牛沉积脂肪能力强,胴体中脂肪分布均匀,肉质得以改善。现在许多国家都用公牛直接育肥,以高效率生产大量优质牛肉。在我国市场上一头阉牛比相同体重的公牛多卖50元。

2. 架子牛性别的选择

肉牛性别的选择取决于肉牛生产与市场需求,可根据实际情况选择。一般集市买卖下,可选择未阉割的公牛或选择阉牛。如果肉牛育肥后出口到香港等地,则必须选择公牛;如果肉牛育肥后用于生产高档牛肉供应星级饭店需要,则必须选择阉牛。

五、架子牛体型外貌的选择

架子牛体型外貌性状与育肥期增重有密切相关,选择要以骨架为重点,而不过于强调其膘情的好坏。体型上注意如下几点：

(1) 嘴阔、唇厚，上、下唇对齐，牙坚强有力，采食能力强。

(2) 体高身长，胸宽而深，尻部方正，背腰宽广，后裆宽，十字部略高于体高，载肉面积大。

(3) 皮肤松弛柔软，皮毛柔软密实。

(4) 四肢粗壮，蹄大有力，性情温顺。

六、架子牛健康状况的选择

(1) 精神状态。精神不振、两眼无神、眼角分泌物多、胆小易惊、鼻镜干燥、行动倦怠的牛往往健康状况不佳。

(2) 发育情况。若牛被毛粗乱，体躯短小，浅胸窄背、尖尾，表现出严重饥饿、营养不良，说明早期可能生过病或有慢性病，生长发育受阻，不宜选购。

(3) 肢蹄。看牛站立和走路的姿势，检查蹄底。若出现肢蹄疼痛，肢端怕着地，抬腿困难，前肢、后肢表现明显的"X"形或"O"形，或蹄匣不完整，要谨慎选购。当拴系饲养，地面较硬时，该病可导致牛中途淘汰。

(4) 其他疾病。观察牛的采食、排便、反刍等，初步确立是否患有消化道疾病等。

七、架子牛的运输

架子牛在运输过程中，不论是赶运还是车辆装运，都会因生活条件及规律的变化而改变牛正常的生活节奏，导致生理活动的改变，而处于适应新环境条件的被动状态，这种反应称为应激反应。长距离运输时架子牛的体重减少，运输距离和时间越长，对架子牛发育的影响越大，并且疾病发生率升高。

运输中的体重损失主要包括牛排泄物和体组织损失两部分，二者约各占一半。牛运输后体重的恢复所需平均时间，犊牛为13d，1岁牛为16d。运输过程中如过度拥挤、气温过高或过低、有风雨等都会引起减重增加。不同条件下的减重量见表6-3。

表6-3　不同条件下的减重量

条件	8h不饮不食	16h不饮不食	16h不饮水	24h不饮不食	8h卡车运输	16h卡车运输	24h卡车运输
减重(%)	3.3	6.2	2.0	6.6	5.5	7.9	8.9

架子牛的应激反应越大，损失也越大，因此架子牛在运输途中应尽量减少应激反应，以减少体重的损失。运输前的准备、具体运输方法和要求见项目一之任务五。

任务四　架子牛育肥技术

阅读与认知

肉牛的饲养管理规程

肉牛业是我国畜牧业的重要组成部分。为了科学饲养肉牛,提高日增重和饲料报酬,维持正常的生产秩序,肉牛生产必须制定和执行一整套规章制度。其中饲养管理操作规程尤为重要,下面以一牛场的操作规程为例进行介绍。

一、饲养规程

饲喂肉牛必须做到定时、定量、定序、定人,并掌握以下要点:

(1) 饲喂次数:日喂2次,早晚各1次。

(2) 喂料顺序:先喂粗料,再喂精料,最后饮水。每班工喂料前后要清洗食槽。

(3) 喂量:按不同饲养阶段设计饲料配方。精料定量,粗料可酌情放开,少喂勤添,真正做到使每头牛吃饱、饮足。

(4) 饲料加工调制:稻麦草必须铡短后氨化或与酒糟类拌匀发酵。玉米秸秆青贮后饲喂。注意配合比例,谨防杂物混入饲料。

(5) 饮水:喂精料后必须饮足清洁水,晚间增加饮水1次。炎热夏季要保持槽内有充足的饮水。饲料中添加尿素时,喂料前后0.5~1h禁止饮水。

二、管理规程

1. 合理分群

育肥前应根据育肥牛的品种、体重大小、性别、年龄、体质强弱及膘情情况合理分群。采用圈群散养时,一群牛头数以15~20头为宜。

2. 适时去势

2岁前的公牛宜采取不去势育肥,2岁以上的公牛及高档牛肉的生产,宜去势后育肥。去势时间最好在育肥开始前进行。去势牛恢复正常状况后,方可进入育肥期。

3. 五看五注意

看牛吃料注意食欲;看牛肚子注意吃饱;看牛动态注意精神;看牛粪便注意消化;看牛

反刍注意异常。发现异常情况及时向技术员汇报。

4. 编号

凡购进牛必须全部换缰绳、编号,并经常检查牛绳是否结实,随时更换。

5. 称重

购进牛2d内称重入栏,以后每月定期抽样称重,最后称重出栏。在早晨喂料前空腹称重。

6. 定期驱虫

包括体内、外驱虫,分观察期和育肥前2次。

7. 限制运动

到肥育中、后期,每次喂完后,将牛拴系在短木桩或休息栏内,缰绳系短,长度以牛能卧下为宜,缰绳长度一般不超过80 cm。

8. 加强卫生防疫工作

每年春秋检疫后对牛舍内外及用具进行消毒;每出栏一批牛,都要对牛舍进行一次彻底清扫消毒;严格防疫卫生管理,谢绝参观;结合当地疫病流行情况,进行免疫接种。

(1) 每天上、下午刷拭牛体1次,每次5~10min。

(2) 牛粪及时清运到粪场,清扫牛床、清洗牛床,夏季上下午各1次,冬季上午1次。

(3) 下班前清扫料道、粪道,保持清洁整齐。

(4) 工具每天下班前应清洗干净,集中到工具间堆放整齐。清粪、喂料工具应严格分开,定期消毒。

(5) 牛舍周围应保持整洁,定期清扫,清除野杂草。

(6) 夏季做好防暑降温工作,冬季做好防寒保暖工作。

(7) 保持牛舍环境安静。

9. 及时出栏

膘情达一定水平、增重速度减慢时应及早出栏。

三、新进肉牛饲养管理规程

新进肉牛第一天喂清洁水,并加适量盐(每头牛约30g);第二天喂干净草,最好饲喂青干草,并逐渐开始加喂酒糟或青贮料,使用少量精料,至5~7d时,可增加到正常量。2~3周观察期结束,无异常时调入育肥牛舍。

牛在观察期内要特别注意食欲、饮水、大小便情况,发现异常及时报告。

四、作息时间表(可根据冬、夏季做适当调整)

1. 喂料工

上　午	下　午	工作内容
6:00—6:30	17:00—17:30	清洗牛槽,检查牛缰绳
6:30—8:30	17:30—18:30	运、喂粗料,并逐渐添加
8:30—9:30	19:30—20:00	拌、运、喂精料,喂水
9:30—10:00	20:30—21:00	清扫过道,交接班

2. 辅助工

6:00—7:30	15:00—16:30	清运牛粪
7:30—8:30	16:30—17:30	刷拭牛体
8:30—9:30	17:30—18:30	牛床刮粪,清扫粪道
9:30—10:00		牵牛下槽运动
	18:30—19:00	交接班

3. 值班

除上班时间外,肉牛场应留专人值班。

五、操作要求

要做到六净:草料净、饲槽净、饮水净、牛体净、圈舍净、牛场净。

1. 喂料工

按规定顺序喂料、喂水,少喂勤添,不喂发霉变质料,及时发现和清除料中铁钉、铁丝,塑料绳、塑料袋及畜禽毛等杂物,保证清洁饮水;做好牛槽、中间过道的清洁卫生工作和场区主干道保洁;注意牛缰绳松紧和牛采食草料情况。发现异常及时向技术员汇报。

2. 辅助工

清除牛床牛粪,并装车运送到粪场;洗刷牛床,保持牛床清洁卫生,随时清粪,发现大小便异常及时汇报。牵牛下槽运动。

每天上、下午定时梳刷牛体,方法是从左到右、从上到下、从前到后顺毛刷梳,特别注意背线、腹侧的刷梳,清理臀部污物。注意牛体有无外伤、肿胀和寄生虫。刷拭工具要定期清洗消毒;定期大扫除、消毒和清理粪尿沟。

3. 值班

负责本班的牛舍卫生,定时清理牛粪;观察牛群动态,检查缰绳,以防牛只跑出,确保牛群安全;保管好用具;保证牛槽内有充足饮水,夏季中午做好防暑降温工作,定时给牛床、牛头淋水。

4. 拌料工

要求各种饲料称重准确，按配方比例拌和均匀；对用量较少的矿物质和添加剂等，采用逐级混合方法充分拌匀。

5. 交接班内容

要做好肉牛动态清洁卫生及工作用具、安全保卫等方面的交接工作。

体验与实践

架子牛的肥育

架子牛肥育是指犊牛断奶后采用中低水平饲养，使牛的骨架和消化器官得到较充分发育，至14~20月龄，体重达250~300kg后进行肥育，用高水平饲养4~6个月，体重达400~450kg时屠宰。这种肥育方式可使出生后一直在饲料条件较差的地区以粗饲料为主饲养相对较长时间的牛，转到饲料条件较好的地区肥育，在加大体重的同时，增加体脂肪的沉积，改善肉质。犊牛期和架子牛期在草原地区放牧饲养或农区分散饲养，育肥期转到集约化育肥场饲养，这样既可在较小投入的情况下提高牧民和农民的收入，又可使育肥场利用补偿生长而获得较大的经济效益，因而适合我国目前条件下的肉牛生产。

一、新购进架子牛的饲养管理

1. 消毒

在准备好育肥计划、出发收购架子牛前一周，应将牛舍粪便清除，用水清洗好；用2%的氢氧化钠溶液对牛舍地面、墙壁进行喷洒消毒；用0.1%的高锰酸钾溶液对器具进行消毒，最好再用清水清洗一次。

2. 饮水

架子牛经过长距离、长时间的运输，应激反应大，胃肠内食物少，体内严重缺水。因此，这时补水是第一位的工作。第一次饮水量限制为15~20 L，切忌暴饮；第二次饮水应在第一次饮水后3~4h；第三次饮水可采取自由饮水。第一次饮水时，每头牛补人工盐100g；第二次饮水时，水中掺些麸皮效果更好。

3. 饲喂优质干草

当架子牛饮水充足后，便可饲喂优质干草、氨化秸秆。第一次饲喂量，每头牛4~5kg；2~3d后逐渐增加饲喂量；5~6d以后才能让其充分采食。

4. 分群饲养

根据架子牛大小强弱分群饲养，在围栏饲养时分群较容易成功。分群当晚应有管理人员不定时到围栏观察，如有抢斗现象，应及时处理。

5. 围栏内铺垫草

在分群前，围栏内铺些垫草，优质干草更好。其优点是：可让牛只采食干草，从而减少格斗现象；可以减少架子牛到新环境的陌生感；减轻架子牛的应激反应；铺垫干草后，架子牛躺卧更舒服，有利于恢复运输疲劳。牛舍要保持干燥，以利于架子牛的健康。

6. 混合精料的饲喂

架子牛到达育肥场的第1d，只饲喂优质干草，第2～3d起开始饲喂混合精料。混合精料的饲喂量为牛活重的0.5%，第5d之后为架子牛活重的1%～1.2%，第14d之后为1.6%。过渡期过后便可进入育肥阶段的饲养。

7. 入栏后立即进行驱虫

常用的驱虫药物有阿费米丁、丙硫苯眯唑、敌百虫、左旋咪唑等。驱虫应在空腹时进行，以利于药物吸收。驱虫后架子牛应隔离饲养2周，对粪便消毒后进行无害化处理。

8. 编号

架子牛进场后要进行编号、称重，并做好记录。

9. 架子牛育肥时间的确定

架子牛育肥时间的长短是根据架子牛开始育肥时的体重、体质、育肥目标等来确定的。育肥开始时体重大的育肥时间要短，体重小的育肥时间则长。大型育肥场育肥架子牛几千头甚至几万头，购进的架子牛体重大小不一，差别较大。因此，除了要及时分群育肥外，还要做好架子牛育肥计划。例如，购进的架子牛体重300kg以上，个体大小差异较大时，育肥时间是不相同的。架子牛的育肥时间可参考表6-4。

表6-4　架子牛的育肥时间

架子牛体重/kg	过渡期		育肥前期		育肥后期	
	育肥时间/d	日增重/g	育肥时间/d	日增重/g	育肥时间/d	日增重/g
300	15	800～900	110	1000～1200	115	1100～1250
350	15	800～900	60	1200～1300	90	1150～1250
450	15	900～1000	–	–	90	1200～1300

二、架子牛的快速育肥技术

当架子牛过渡饲养结束后，进入育肥阶段。要想生产出高质量的牛肉，每天饲喂的饲料就必须强调科学性、营养性和安全性。一般采用定时、定量饲喂和自由采食两种方法。

（一）青贮料肥育

青贮料制作方便，肥育效果好，不仅适用于青年牛的肥育，也适用于成年牛的催肥。

由于玉米青贮在日粮中分量大，饲喂中开始时日喂10kg，经1周时间逐步达到计划定量。增重的高低取决于混合精料中豆饼（也可用棉子饼、菜子饼代替）的比例，如精料中豆饼占50%以上，日增重可达1.2kg以上。

（二）酒糟肥育

以酒糟为主要饲料喂架子牛，是我国传统的育肥方法。用酒糟喂牛应注意的事项：

（1）酒糟要新鲜，温度适中。

（2）酒糟喂量要逐渐增加。

（3）干草要铡短，将酒糟拌入，一起让牛采食。

（4）要定期补盐，以刺激牛的食欲。

（5）饲喂顺序应先喂酒糟，再喂精料，精料在七八成饱时拌入；如发现牛体出现湿疹，膝部、球关节红肿，腹部膨胀等症状，应暂停喂给，适当增加干草喂量，以调整其消化机能。

架子牛精饲料每日给量为100kg体重1～1.5kg。此外，日粮中添加瘤胃素及0.5%的碳酸氢钠，每日每头喂2万国际单位维生素A及50g食盐，以提高牛的食欲和消化能力。

（三）混合精料育肥

即用高能日粮强度育肥，用于大型良种及改良牛效果较好，而一般黄牛品种饲料报酬低，不宜采用。精饲料的添加要逐渐进行，注意观察牛的消化情况，防止膨胀和腹泻。

氨化秸秆育肥、甜菜渣育肥、放牧育肥等，也是肉牛育肥的好方法，在适宜的地区也应大力提倡和推广。

拓展与延伸

成年牛肥育技术

在养牛生产中，因各种原因而淘汰的乳用母牛、肉用母牛和役牛一般年龄较大，肉质较粗，膘情差，屠宰率低，经济价值较低。如在屠宰前用较高的营养水平进行2～4个月的育肥，不但可增加体重，还可改善肉质，大大提高其经济价值。这种淘汰牛在屠宰前所进行的育肥称成年牛育肥。育肥前，应对这类牛进行详细检查，认定其确有育肥价值才可育肥。如牛的年龄太大，消化器官等有严重影响育肥效果疾患的牛不应进行育肥。育肥时间不宜过长,否则会得不偿失。

一、成年牛的特点

用于育肥的成年牛往往是役牛、奶牛和肉用母牛群中的淘汰牛。这类牛一般年龄较大,产肉率低,肉质差,经过育肥,增加肌肉纤维间的脂肪沉积,以改善肉的味道和嫩度。

二、成年牛的肥育

1. 健康检查

育肥前要进行全面检查,剔除患消化道疾病、传染病及过老、无齿、采食困难的牛。

2. 驱虫

老年牛的体内外寄生虫较多,在育肥前,要有针对性地进行驱虫。

3. 健胃

经过驱虫,对食欲不旺、消化不良的牛,须投服健胃药,以增进食欲,促进消化。

4. 育肥期限

成年牛育肥期限以60~90d为宜。最好进行舍饲强度育肥。

5. 饲料选择

日粮以能量饲料为主,其他营养物质只要满足基本生命活动的需要即可。

一般日粮精料配方为玉米72%,饼粕类15%,糠麸8%,矿物质5%。混合精料的日喂量以体重的1%为宜。

粗饲料以青贮玉米或氨化秸秆为主,任其自由采食。日粮中可补饲一定量的尿素。

6. 饲养技术

(1) 对膘情较差的牛,可先用增重较低的营养物质饲喂,使其适应育肥日粮,经过一个月的复膘后再提高日粮营养水平,这样可避免发生消化道疾病。

(2) 附近有草坡、草场,在青草期可先将瘦牛放牧饲养,利用青草使牛复壮,然后再进行育肥,这样可节省饲料,降低成本。

拓展与延伸

肉牛的营养需要

(一) 肉牛常用饲料

牛的常用饲料有干草、青贮料、作物秸秆、糟粕、块根以及添加剂等。

(二) 肉牛营养需要标准

我国肉牛的营养需要标准见表6-5。

表6-5　我国肉牛的营养需要推荐量

体重/kg	日增重/g	日粮粗蛋白质/g	干物质/kg	可消化粗蛋白质/g	净能/MJ	钙/g	磷/g	胡萝卜素/mg
150	0	210	2.7	110	13.6	5	5	15
	250	340	3.1	220	15.9	8	7	17.0
	500	390	3.2	260	18.9	12	10	17.5
	750	430	3.2	290	21.3	17	13	17.5
	900	450	3.5	300	23.1	21	15	19.5
200	0	260	3.3	140	17.2	6	6	18.2
	250	450	4.5	270	20.1	8	8	25.0
	500	540	4.9	350	23.1	13	10	27.0
	700	560	5.0	360	26.6	18	14	28
	1000	610	5.0	410	30.2	23	17	28
300	0	350	4.5	190	22.5	8	8	25
	250	540	6.1	320	27.2	11	11	34
	500	770	7.7	470	31.4	14	14	43.6
	750	890	8.6	570	37.9	17	17	44.5
400	0	440	5.6	240	28.4	10	10	31
	250	640	7.7	350	33.7	14	14	43
	500	860	9.7	500	39.0	17	17	54
	750	880	9.9	510	44.8	18	18	55

任务五　高档牛肉生产技术

阅读与认知

高档牛肉通常是指优质牛肉中的精选部分，其嫩度、风味、多汁性等主要方面均须达到规定的等级标准，是高级饭店制作牛排的原料。生产高档牛肉，经济效益很高，在北京市场，每千克高档牛肉价值数百元。一般牛肉在各地市场也是猪肉价格的1.5～2倍。而牛是草食动物，饲料成本比猪低得多，其他方面更无特殊要求。因此，利用农牧区丰富的饲草和秸秆资源,发展肉牛生产,有着广阔的前景,是农民致富的可靠门路。目前,我国肉牛和牛肉等级标准尚未统一规定,但已有很多高档牛肉的生产实践。高档牛肉一般包括牛柳、西冷和眼肉。高档牛肉生产技术要点主要包括高档肉牛肥育技术、高档牛肉冷却配套技术、分割技术、操作规程和冷却保鲜技术等方面。

一、高档牛肉的标准

1. 活牛

年龄在30月龄内;屠宰前活重在500kg以上;膘情满膘(即看不到骨头突出点);体形外貌为长方形,腹部不下垂,头方正而大,四肢粗壮,蹄大,尾根下平坦无沟,背平宽;手触摸肩部、胸垂部、背腰部、上腹部、臀部皮较厚,并有较厚的脂肪层。

2. 胴体

胴体体表覆盖的脂肪颜色洁白;胴体体表脂肪覆盖率80%以上;胴体外形无严重缺损;第12~13肋骨处脂肪厚10~20mm,脂肪坚挺。

3. 牛肉的品质

(1) 嫩度。用肌肉剪切仪测定的剪切值,3.62kg以下的,出现次数应在65%以上;咀嚼容易,不留残渣,不塞牙;完全解冻的肉块,用手指触摸时,手指易进入肉块深部。

(2) 大理石花纹。根据我国试行的大理石花纹分级标准应为1级或2级。

(3) 其他性状。多汁性:牛肉的质地松软,多汁而味浓。风味:具有我国牛肉鲜美可口的风味。肉块重量:每条牛柳2.0kg以上,每条西冷5.0kg以上;每块眼肉6.0kg以上。

二、高档肉牛肥育技术要点

1. 选择优良品种

生产高档牛肉最好的牛源是安格斯、利木赞、夏洛莱、皮埃蒙特等专门化肉用品种或西门塔尔等乳肉兼用品种以及它们与本地黄牛的杂交后代。秦川牛、鲁西牛等地方良种也可作为生产高档牛肉的牛源。

2. 年龄与性别要求

(1) 生产高档牛肉最佳的开始育肥年龄为12~16月龄,终止肥育年龄为24~27月龄。

(2) 以阉牛最好,阉牛虽然不如公牛生长快,但其脂肪含量高,胴体等级高于公牛,而又比母牛生长快。

(3) 其他方面的要求以达到一般育肥肉牛的最高标准即可。

3．育肥期和出栏体重

(1) 一般12月龄牛的育肥期为8～9个月,18月龄牛为6～8个月,24月龄牛为5～6个月。

(2) 出栏体重应达500kg以上,否则牛肉的品质就达不到应有的级别。

4．强度育肥

(1) 犊牛及架子牛阶段可以放牧饲养,也可以围栏或拴系饲养,在这一阶段,日粮以粗饲料为主,精料占日粮的25%左右,日粮中粗蛋白质含量为12%。

(2) 最后阶段必须经过100～150d的强度肥育,日粮以精料为主。此期间所用饲料必须是品质较好的、对胴体品质有利的饲料。

5．胴体脂肪颜色

高档肉牛胴体脂肪要求为白色。脂肪色泽等级按颜色深浅分为9个等级,其中1、2级为最好。

6．饲养与饲料

(1) 1岁左右的架子牛阶段可多用青贮、干草和切碎的秸秆。

(2) 当体重300kg以上时逐渐加大混合精料的比例。

(3) 最后2个月要调整日粮,不喂含各种能加重脂肪组织颜色的草料,如大豆饼粕、黄玉米、南瓜、胡萝卜、青草等。多喂能使脂肪白而坚硬的饲料,如麦类、麸皮、麦糠、马铃薯和淀粉渣等;粗料最好用含叶绿素、叶黄素较少的饲草,如玉米秸、谷草、干草等。并提高营养水平,增加饲喂次数,使日增重达到1.3kg以上。

三、屠宰工艺

(1) 宰前处理:屠宰前先进行检疫,并停食24h,停水8h,称重,然后用清水冲淋洗净牛体,冬季要用20℃～25℃的温水冲淋。

(2) 屠宰的工艺流程:电麻击昏—屠宰间倒吊—刺杀放血—剥皮(去头、蹄和尾)—去内脏—胴体劈半—冲洗、修整、称重—检验—胴体分级编号。测定相关屠宰指标后进入下道工序。

四、胴体嫩化处理

牛肉嫩度是高档与优质牛肉的重要质量指标。嫩化处理又叫排酸或成熟处理,是提高嫩度的重要措施。其方法是:在专用嫩化间,温度0℃～4℃,相对湿度80%～85%条件下吊挂7～9d(称吊挂排酸)。这样牛肉经过充分的成熟过程,在肌肉内部一些酶的作用下发生一系列生化反应,肉的酸度下降,嫩度得到极大提高。

五、胴体分割与包装

严格按照操作规程和程序,将胴体按不同档次和部位进行切块分割,精细修整。高档部位肉有牛柳(里脊)、西冷(外脊)和眼肉(牛体背部,一端与外脊相连,另一端在第5~6胸椎间)3块,均采用快速真空包装,然后入库速冻,也可在0℃~4℃冷藏柜中保存销售。

拓展与延伸

小牛肉生产技术

一、小白牛肉生产技术

1. 小白牛肉

小白牛肉是指犊牛从出生到出栏,经过90~100d,完全用脱脂乳或代用乳饲养,不喂任何其他饲料,让牛始终保持单胃(真胃)消化和贫血状态(食物中铁含量少),体重达100kg左右屠宰后获得的牛肉。

2. 具体生产方法

(1) 犊牛选择。要选择优良的肉用品种、乳用品种、兼用品种或高代杂交牛所生的公牛犊。要求初生重为38~45kg,生长发育快,身体健康,消化吸收功能强。

(2) 育肥技术。

①犊牛出生后1周内,一定要吃足初乳。

②出生3d后应与母牛分开,实行人工哺乳,每日哺喂3次。

(3) 管理技术。

①牛栏多采用漏粪地板,不接触泥土。

②圈养,每栏10头,每头占地2.5~3.0m^2。

③舍内要求光照充足,干燥,通风良好,温度为15℃~20℃。

二、小牛肉生产技术

1. 小牛肉

小牛肉是指犊牛出生后饲养至7~8月龄或12月龄以前,以乳为主,辅以少量精料培育,体重达到250~400kg屠宰后获得的牛肉。

(1) 小胴体。犊牛育肥至7~8月龄,体重达到250~300kg,屠宰率58%~62%,胴体重 130～150kg，称为小胴体。

（2）大胴体。育肥至 8～12 月龄，屠宰活重达到 350kg 以上，胴体重 200kg 以上，则称为大胴体。

2. 具体生产方法

（1）犊牛选择。选择荷斯坦牛公犊和肉用牛与本地牛高代杂交犊牛为主。性别以公犊牛为佳，不去势，要求初生重在 35kg 以上，健康无病，无缺陷。

（2）育肥技术。

① 犊牛出生后 3d 内可以采用随母哺乳，也可以采用人工哺乳。

② 出生 3d 后必须改由人工哺乳，1 月龄内按体重的 8%～9% 喂给牛奶。

③ 精料量从 7～10 日龄开始练习采食后逐渐增加到 0.5～0.6kg，青干草或青草任其自由采食。

④ 1 月龄后喂奶量保持不变，继续增加精料和青干草，直至到 6 月龄为止。可以在此阶段出售，也可以继续育肥至 7～8 月龄或 1 周岁出栏。出栏时期的选择根据消费者对小牛肉口味的喜好而定。

（3）管理技术。

① 犊牛在 4 周龄前要严格控制喂奶速度、奶温（37℃～38℃）及奶的卫生等，以防发生消化不良或腹泻。

② 5 周龄以后可拴系饲养，减少运动，每日晒太阳 3～4h。

③ 夏季要防暑降温，冬季室内饲养（最佳温度 18℃～20℃）。

④ 每天应刷拭一次，保持牛体卫生。

⑤ 在育肥期内每天喂 2～3 次，自由饮水，夏季饮凉水，冬季饮 20℃左右的温水。

项目七

牛的保健

生产中影响奶牛健康的问题有两方面——传染性疾病和非传染性疾病。传染性疾病的发生有特定的病原，如病毒、细菌等病原微生物。非传染性疾病包括蹄病、乳房炎、代谢病及繁殖障碍等疾病。大部分奶牛的疾病不是传染性疾病，而是由于我们的生产、管理、饲养条件所造成的。例如，在饲养过程中，总想高产，就加料催奶，因为过量地加精料，粗饲料进食量不足，常引起瘤胃酸中毒；由于挤奶卫生条件不好，挤奶消毒不严，发生乳房炎；饲料的加工调制不当，混入铁丝、铁钉，奶牛吃进去发生创伤性网胃炎等疾病。这些疾病的发生，是由于饲养管理失误所造成的。建立和完善牛群健康体系，第一是对传染病的控制，建立奶牛场疫病防控体系；第二是对常见病的控制。对常见病的控制主要采用奶牛的肢体保健技术、奶牛乳房保健技术、围产期保健技术等。

任务一　牛疫病的综合防治

牛疫病的综合防治是养牛业成败的关键，要建立健全奶牛防疫、免疫体系，规模化牛场管理是关键，防疫是基础，健康是保证。规模化牛场必须做好奶牛传染病检疫、免疫工作，确保牛群无任何重大传染性疾病（包括布鲁氏杆菌病、结核副结核病）。一经检出，一律淘汰，严格净化牛群，同时按时、按期注射各类专用疫苗，提高奶牛的免疫力，保证牧场奶牛安全、健康发展。全场职工必须进行身体健康检查，防止人畜共患病的交叉感染。严格消毒制度，出入车辆须经消毒池，出入人员须经消毒室，外来人员必须采用穿防护服及鞋套等防护措施。

阅读与认知

一、牛场的奶牛保健

奶牛保健是指运用预防医学的观点，对奶牛实施各种防止疾病发生和卫生保健的综合措施和方法，以保证奶牛稳产、高产、健康、长寿的系统工程，包含防疫体系和保健体系。

（一）防疫体系

防疫体系是指为净化牛群，防止疫病发生、流行、蔓延所采用的综合措施及方法，包括建立防疫机构与实施防疫制度。建立防疫机构，如建立兽医室、站、总站，形成防疫网；做好器械、药品贮备，如消毒剂、血清、疫苗的贮备；做好防疫监督，如防疫制度的实施、落实情况的检查与监督。实施卫生防疫制度，如消毒制度，包括春、秋大消毒，定期对牛棚、运动场、食槽进行消毒；实施检疫制度，如贯彻农业部《畜禽疫病检疫条例》精神，对奶牛进行口蹄疫、结核、布鲁氏杆菌病、IBR、BVD、蓝舌病、副结核、白血病、牛肺疫等检疫，严格检疫操作程序；做好各项免疫工作，包括对口蹄疫、布鲁氏杆菌病、传染性鼻气管炎、病毒性腹泻、黏膜病、炭疽、破伤风等疫病的免疫。

（二）保健体系

保健体系是指在正常生产情况下，为保持奶牛健康，防止或减少隐性、临床性疾病发生所采取的措施和方法。要以预防为主，防、治、管相结合，把发病率降到最低。

1. 营养供应

犊牛出生后1h内饲喂初乳，初乳首次喂量要充足，3.5～4kg灌服，以后每次2kg，每天3次，喂5～7d。尽早补喂精料和干草，训练采食能力，增强瘤胃发育。育成牛按营养需要供应日粮，防止过肥或过瘦；成年牛按营养需要合理供应日粮，重视和加强干奶期饲养管理。

2. 产后加强监护

对胎衣不下应及时正确处理，给予抗菌消炎，防止感染；对子宫进行监控，减少子宫疾病的发生。

3. 管理措施方面

牛舍要建在僻静、人员和车辆来往较少的地方，运动场地面应保持平整、干净、干燥；牛场种草、种树，使环境优美；创造人工小气候，防寒保暖，如架设风障，褥草勤垫；防暑降温，如用排风扇，用清水刷拭牛体；切断传染源及传播途径，如消灭蚊、蝇、鼠类。

犊牛要做标记、去角，切除副乳头，实行单圈饲养法，如1头牛1圈。

成年牛要进行乳房卫生保健，如乳房清洗；严格执行挤奶操作规程，挤奶后进行乳头药浴。做好隐性乳房炎监测，奶牛停乳时，每个乳区注射1次抗菌药物。防止发生乳房外伤。有吮吸癖的牛应从牛群中挑出。对临床型乳房炎病牛应隔离饲养，奶桶、毛巾专用，用后消毒。做好蹄卫生保健。做好营养代谢疾病监控，定期抽查血样。要定期监测酮体，监测尿pH，尿呈酸性、酮体阳性反应者应及时处理。加强临产牛的监护，对高产、年老、体弱及食欲缺乏的牛，经临床检查未发现异常者，产前一周可用糖钙疗法防控。注意奶牛高产时的护理，高产牛在泌乳高峰时，日粮中可添加碳酸氢钠1.5%（按总干物质计），与精料混合直接饲喂。

饲养是基础，健康是保证。牛群生产状况的好坏通过保健体系的实施与否来体现；而保健体系的实施效果又以牛群生产状况来验证。应加强建立、实施奶牛保健体系，保证牛的健康、高产、长寿。

二、奶牛场卫生消毒

（一）设施要求

奶牛场大门口、生产区通道应设不小于3.8m×3m×0.1m的消毒池，并经常保持足量有效的消毒液。生产区通道口应建有更衣室、洗手消毒盆和紫外线消毒设施。奶牛场有隔离牛舍，隔离牛舍应置于奶牛场生产区之外，并有严格的生产管理和消毒防疫制度。奶牛场应设有兽医室，并配备至少一名注册兽医师及相应的兽医人员和必要的消毒器械、常用药品和盛放生物制品的专用冰箱。

（二）人员要求

进入奶牛饲养区的工作人员，必须穿戴工作衣、帽、鞋，工作衣、帽、鞋应定期更换、清洗、消毒。保持衣、帽、鞋的整洁，工作衣、帽、鞋不准穿出生产区。外来人员和非本场生产车辆不得进入生产区。本场车辆进入生产区的，必须对车辆进行严格消毒，驾驶员和随车人员必须更换工作衣、帽、鞋，并严格洗手消毒。

（三）消毒制度与实施要求

奶牛场必须建立完善的消毒制度，并由专人负责。选用广谱、高效、低毒消毒药。所有的消毒工作均应在清扫、冲洗的基础上进行。奶牛饲喂的料槽每月进行不少于三次消毒。牛棚内每月进行两次大消毒。牛舍内外每年进行两次刷白消毒。产房每天进行一次消毒。隔离牛舍每次挤奶后消毒。全场的大消毒每季度进行一次，在疫情严重期间，每月进行一次。每年进行两次灭鼠、驱虫工作，建立经常性的灭蚊蝇工作制度。

1. 选用安全高效的消毒剂

消毒剂应选择对人、奶牛和环境比较安全，没有残留毒性，对设备没有破坏和在牛体内不产生有害积累的消毒剂。可选用的消毒剂有:石炭酸(酚)、煤酚、双酚类、次氯酸盐、有机碘混合物、过氧乙酸、生石灰、氢氧化钠、高锰酸钾、硫酸铜、新洁尔灭、乙醇和来苏儿等。

2. 选择科学、合适的消毒方法

(1) 喷雾消毒。用一定浓度的次氯酸盐、有机碘混合物、过氧乙酸、新洁尔灭、煤酚等,用喷雾装置进行喷雾消毒,主要用于牛舍清洗完毕后的喷洒消毒、带牛环境消毒、牛场道路和周围及进入场区的车辆消毒。

(2) 浸浴消毒。在一定浓度的新洁尔灭、有机碘混合物或煤酚的水溶液中,进行洗手、药浴乳头、洗工作服或胶靴。

(3) 紫外线消毒。在人员入口处常设紫外线灯照射,以起到杀菌效果。

(4) 喷洒消毒。在牛舍周围、入口、产床和牛床地面撒生石灰或喷洒氢氧化钠溶液杀死细菌或病毒。

(5) 热水消毒。用35℃ ~ 46℃ 温水及70℃ ~ 75℃ 的热碱水清洗挤奶机器管道,以除去管道内的残留矿物质。

3. 制定消毒制度,做好消毒工作

(1) 环境消毒。牛舍周围环境(包括运动场)每周用2%氢氧化钠消毒或撒生石灰1次;场周围及场内污水池、排粪坑和下水道出口,每月用漂白粉消毒1次(1立方米污水加6~10g漂白粉)。在大门口和牛舍入口设消毒池,使用2%~4%氢氧化钠。为保证药液的有效,应15d更换一次药液。

(2) 人员消毒。工作人员进入生产区应更衣和用紫外线消毒。外来参观者进入场区参观应彻底消毒,更换场区工作服和工作鞋,并遵守场内防疫制度。

(3) 牛舍消毒。牛舍在每班牛群下槽后应彻底清扫干净,定期(夏季2周,冬季1月)用高压水枪冲洗牛床,并进行喷雾消毒。

(4) 用具消毒。定期(夏季2周,冬季1月)对饲喂用具、料槽和饲料车等进行消毒,可用0.1%新洁尔灭或0.2%~0.5%过氧乙酸消毒;日常用具(如兽医用具、助产用具、配种用具、挤奶设备和奶罐车等)在使用前后应进行彻底清洗和消毒。

(5) 产房、犊牛舍每次使用前后应彻底清洗和消毒。

(6) 带牛环境消毒。定期进行带牛环境消毒(特别是传染病多发季节),以减少环境中的病原微生物。用于带牛环境消毒的消毒药有:0.1%新洁尔灭,0.3%过氧乙酸,0.1%次氯酸钠。对带牛环境消毒可以减少传染病和蹄病等发生。带牛环境消毒时应避免消毒剂污染牛奶。

(7) 牛体消毒。挤奶、助产、配种、注射治疗及任何对奶牛进行接触操作前,应先将牛有关部位如乳房、乳头、外阴和后躯等进行消毒擦拭，以降低牛乳的细菌数，保证牛体健康。

最后要做好消毒记录，内容包括日期、消毒药名、有效成分、有效成分含量、使用浓度（用水量）、消毒场所、面积、方式、责任人。对消毒池和洗手盆等定量投放消毒药时，应记录日期、消毒药名、浓度和投放人姓名。

体验与实践

牛疫病的预防免疫

（一）预防免疫的一般要求

奶牛场全体工作人员的要求：奶牛场全体工作人员每年必须进行一次健康检查，取得健康证之后，方可上岗。新来人员应先行体检后方可上岗。场与场之间调动的人员必须将健康证从原单位带到新的单位。患有肺结核、布氏杆菌病、病毒性肝炎等传染性疾病和其他有影响食品卫生的人员，不得进入生产区从事饲养、挤奶和饲草料加工等工作。

疫病防疫程序：制定和执行适合本场具体情况的疫病防疫程序，定期进行预防注射和药物预防，牛群定期进行驱虫。按照疫苗说明书的要求保存疫苗，严禁使用过期、破损、变质的疫苗。为保证免疫质量，应严格规范操作，做到一牛一针，注射部位要准确，剂量要足。

奶牛场一旦发生一类传染病疫情，应立即全场封锁，采取综合性扑疫措施，扑杀病牛和同群牛。原料奶另行处理，不得作消毒奶销售。

场兽医应做好防疫记录，完成兽医日志、防检疫记录、消毒记录、疫苗进出库记录及驱虫、灭鼠、灭蚊蝇记录等。

对奶牛实施免疫标志管理制度。每头奶牛必须加挂免疫标志，建立牛籍卡，做到一牛一卡一号，记录牛的编号、出生日期、外表、生产性能、免疫、检疫、病历等原始材料。

防疫检疫记录包括免疫记录和检疫记录。免疫记录的内容包括疫苗名称、免疫接种日期、免疫总数、接种剂量、接种方法、疫苗批号、责任人签名。检疫记录的内容包括检疫日期、检疫病名、检疫总头数、阴阳性、可疑数。疫苗进出库记录的内容包括日期、疫苗名称、数量、规格、批号、来源、去向及剩余数等。

（二）奶牛的预防接种

1. 牛传染性鼻气管炎疫苗

传染性鼻气管炎有弱毒苗和灭活苗两种，灭活苗免疫期短，不能抵抗强毒攻击，弱毒苗保护效果好,免疫期长,但有可能弱毒变强。

牛传染性鼻气管炎疫苗接种时间:犊牛 4 ~6 月龄接种,空怀青年母牛在第一次配种前 40 ~60d 接种,妊娠母牛在分娩后 30d 接种,免疫期 6 个月。怀孕牛不接种。

奶牛已注射过该疫苗的牛场,对 4 月龄以下的犊牛,不接种任何疫苗。

2. 牛病毒性腹泻疫苗

牛病毒性腹泻灭活苗任何时候都可以使用,妊娠母牛也可以使用,第一次注射后 14d 应再注射一次;牛病毒性腹泻弱毒苗,犊牛 1 ~6 月龄接种,空怀青年母牛在第一次配种前 40 ~60d 接种,成年母牛在分娩后 30d 接种,免疫期 6 个月。

3. 牛副流感疫苗

牛副流感 Ⅲ 型疫苗,犊牛于 6 ~8 月龄时注射一次。

4. 牛布氏杆菌病疫苗

牛布氏杆菌 19 号菌苗,母犊牛 5 ~ 6 月龄接种,免疫期 12 ~ 14 个月;牛型布氏杆菌 45 / 20 佐剂菌苗,不论年龄、怀孕与否皆可注射,接种 2 次,第一次注射后 6 ~ 12 周再注射一次;猪型布氏杆菌 2 号菌苗,口服,用法同 19 号菌苗,免疫期 3.5 年;羊型布氏杆菌 5 号菌苗,可口服,免疫期 14 个月。

5. 魏氏梭菌病(牛猝死症)疫苗

皮下注射 5 mL 魏氏梭菌灭活苗,免疫期 6 个月。

6. 口蹄疫疫苗

每年春、秋两季各用同型的口蹄疫弱毒疫苗接种 1 次,肌肉或皮下注射,6 月龄以下 1mL,6 月龄以上 2mL。注射后 14d 产生免疫力,免疫期 4 ~6 个月。也可以每年 3 次以上注射口蹄疫 A 型、O 型、亚洲 Ⅰ 型疫苗,可获得较高免疫力。新生犊牛断奶后应及时补免。

还有,奶牛流行热一般多发于南方,夏季南方湿热,蚊蝇大面积滋生,给流行热的发生和传播创造了条件。每年夏季来临之前奶牛场都会提前做好防控工作,除了防暑降温和灭蚊蝇外,注射流行热疫苗是预防流行热行之有效的一种方法。

(三) 奶牛的驱虫

驱虫是一项重要的预防措施。每年春、秋各进行一次疥癣等体表寄生虫的检查,6 ~9 月份,焦虫病流行区要定期检查并做好灭蜱工作,10 月份对牛群进行一次肝片吸虫等的预防驱虫工作,春季对犊牛群进行球虫的普查和驱虫工作。犊牛 45 日龄左右转群,转群前犊牛单独饲养,最佳用药时机为 45 日龄,即断奶转群时使用。

1. 体内寄生虫

(1) 4 ~ 6 月龄犊牛用左旋咪唑、芬苯达唑。

(2) 配种前 30d 用左旋咪唑、芬苯达唑驱虫一次。

(3) 产后 20d 用哈罗松或蝇毒灵驱虫一次。

2. 体内外寄生虫

(1) 4 ~ 6 月龄犊牛用阿维菌素驱虫一次。

(2) 配种前 30d 用阿维菌素驱虫一次。

(四) 疫病监测

每年春、秋两季(5 、10 月)进行两次结核病、副结核病、布氏杆菌病的检疫,方法按农业部颁发的《动物检疫操作规程》进行,检出阳性反应的牛应送隔离场或场外屠宰,可疑反应者隔离复检后按法规处置。在牛群中应定期进行传染性鼻气管炎和牛病毒性腹泻/黏膜病的血清学检查。当发现病牛或抗体阳性牛时,应隔离观察,必要时注射疫苗。结核病在我国也大有存在,主要跟病牛捕杀不干净有关,在预防与控制牛结核病方面应采取以"监测、检疫、扑杀和消毒"相结合的综合性防治措施。2011 年布氏杆菌病在人间传染病类中排第 9 位,在 42 个定点监测的县中,有 33 个县出现新发人间感染病例;在家畜布氏杆菌病定点流行性调查结果分布中看到,羊、牛感染率高,且羊高于牛,猪处于稳定的控制状态,牛、羊、鹿处于局部暴发状态。从区间分布看,除了海南不存在外,其他地方都存在阳性显示。

拓展与延伸

一、奶牛布氏杆菌病的防控

奶牛布氏杆菌病(以下称布病)是由布氏杆菌所引起的一种慢性人畜共患传染病,世界动物卫生组织(OIE)将其列为 B 类动物疫病,我国将其列为二类动物疫病。以奶牛生殖器官、胎膜发炎、流产、不育等为主要特征,对奶牛养殖影响巨大。同时,奶牛布病可以通过病牛传给人类,直接危害人民群众的健康,应引起广大从业者的高度重视。

(一) 病原及流行特点

布氏杆菌,即布鲁氏杆菌,是一种小的、不运动、不形成芽孢的革兰氏阴性、球形、球杆形或短杆状的细菌。布氏杆菌病在家畜中以牛、羊、猪最为常发,而且能传染给人。布氏杆菌分牛型、羊型和猪型,各种布氏杆菌对家畜及人都有致病性,其中,以羊型布氏杆菌对人的致病性最强,危害性最大。

布氏杆菌对热、各种常用消毒剂、紫外线和各种射线都很敏感,对各种抗生素和化学药物有不同程度的敏感性,但对低温和干燥有很强的抵抗力。阳光直射数分钟,最长 4h 即可杀死该菌。布氏杆菌对热非常敏感,湿热 60℃ 下 15 ~ 30min 即可杀死该菌。在

0.1%新洁尔灭和2%来苏儿中可存活时间为30s和1~3min。布氏杆菌对四环素最敏感,其次是链霉素和土霉素。

传播途径主要是消化道,其次是生殖系统、呼吸道、皮肤和黏膜等。当牛采食了被病牛污染的饲料、饮水、乳汁,接触了污染的环境、土壤、用具、粪便、分泌物,以及屠宰过程中对废弃物、血水、皮肉等处理不当时,均可造成感染。由公牛与病母牛或病公牛与母牛配种,或在人工输精、助产过程中消毒不严,以及人工输精使生殖道损伤而造成的感染发病尤为常见。人类主要是在缺乏消毒及防护条件下进行接产、护理病畜,或饮用了未经消毒的牛乳而感染。具有全身性感染和处于菌血症期的病畜,其肉及内脏含有大量的病原体,可使加工人员受到感染。

(二) 症状及诊断

奶牛布病是由牛型布氏杆菌侵染奶牛而引起的传染病,不但影响奶牛的生产力,而且威胁人的身体健康。奶牛布病的主要传染源是病牛及其皮毛、乳汁、尿液和流产的胎儿、胎衣、羊水等。其传播途径主要通过为病牛接产进行感染。从事屠宰病畜、挤奶等工作的人员均可经过皮肤破损处感染细菌,也可经过消化道、呼吸道、结膜、性器官黏膜感染。我国是布病感染较为严重的国家,近年来,布病感染率在逐年上升,情况不容乐观。

1. 症状

布氏杆菌病的潜伏期一般为14~21d。当奶牛感染此病后,主要症状以病原菌侵害生殖系统为特征,具体可引发子宫、腹膜、关节、睾丸、淋巴结等炎症,最显著的症状则是怀孕母牛发生流产或不孕症,有些奶牛还会从阴道流出恶臭的分泌物。人若患此病,表现为平均2~3周的发热期,发热反复,产生波浪状的热型。患者全身软弱,乏力,食欲不振,有白色痰,可听到肺部干鸣,关节发生无红肿的疼痛,肌肉酸痛。男性患者病灶发生在生殖器官,睾丸肿大,影响生育,严重者可引起死亡。

2. 诊断

布氏杆菌病实验室通常采用血清学检验进行确诊。初筛试验一般采用动物布病虎红平板凝集试验。正式试验用动物布病试管凝集试验(SAT)。

虎红平板凝集试验(RBPT)主要是利用被检奶牛的血清与虎红平板抗原混合,反应后根据凝集程度判定结果。若出现凝集现象,就可以判断是布病阳性。如果是阳性,就要通过SAT进一步确认。

(三) 综合防治措施

布氏杆菌病可以采用抗生素结合维生素的方法来治疗,但为了防止病原传播,还是建议将患病奶牛全部扑杀,并进行焚烧深埋。下面是几种药物治疗方法,可供参考。

（1）口服四环素，50mg/kg 体重，2～3 次/日。

（2）口服土霉素片，0.1g/kg 体重，2 次/日。

（3）注射硫酸卡那霉素，5×10^4IU/kg 体重，2 次/日。

（4）注射硫酸庆大霉素，8000IU/kg 体重，2 次/日。

（5）口服维生素 C，10～15mg/kg 体重，2 次/日。

彻底控制奶牛布氏杆菌病，主要还是以预防为主，可以从以下几个方面着手：

1. 科学防疫

接种疫苗是控制布氏杆菌病的有效措施。这种方法主要适用于疫病高发区。其中猪布氏杆菌 2 号苗，对奶牛免疫效果比较好。一般在牛犊出生后 6 个月左右接种一次，18 个月左右再接种一次，免疫期可达数年之久。

2. 加强疫病净化

对于非疫病高发区，通常采用普检的方法。每年春、秋两季要对奶牛按 100% 的比例进行布病检测净化。也就是对每头奶牛都要经血清学检验进行确诊。检出的阳性奶牛都必须及时扑杀，然后对其所在的牛舍进行消毒，并做焚烧、深埋等无害化处理，确保净化率达到 100%。

3. 加强消毒工作

每个养殖场门口，应设置消毒间或消毒通道，人员车辆经彻底消毒后，方能进入奶牛场。每三天用 3% 的消毒威或 20% 的生石灰对场地栏舍进行消毒，最好每月再进行一次全场的消毒，包括饮水槽也要经常刷洗干净，并更换为干净的饮用水。另外，每天要及时清理栏舍内的剩余草料以及粪便。如果粪便需要用来做肥料，须堆积发酵后才能使用。只有消毒工作做好了，才能防范可能带来的病原污染，防止疫病传播。

4. 加强引种管理

引进患病奶牛是感染该病的潜在威胁，应严格加强奶牛的引种管理。原则上建议各奶牛场实行自繁自养，尽量减少从外面引进种牛。

5. 加强人员管理

由于布氏杆菌病是人畜共患病，会在人畜间交叉感染，因此需要加强养殖场内的人员管理。动物饲养者应有健康证，要定期进行身体检查。由于各种活疫苗对人有不同程度的残余毒力，防疫过程中应注意自身防护。禁止在养殖场内屠宰动物、烹饪动物产品。限制外来人员随意进出养殖场，避免与生产无关的人员进入养殖舍内。

二、奶牛口蹄疫的防控

口蹄疫是由口蹄疫病毒引起的偶蹄类动物共患的急性、热性、接触性传染病。其临床特征是口腔黏膜、乳房和蹄部出现水泡。

(一) 病原及流行特点

1. 病原

口蹄疫病毒属小核糖核酸病毒科口疮病毒属，根据血清反应的抗原关系，可分为O、A、C、亚洲Ⅰ及南非Ⅰ、Ⅱ、Ⅲ共7个不同的血清型和60多个亚型。

口蹄疫病毒对酸、碱都特别敏感。在pH为3时，瞬间丧失感染力，pH为5.5时一秒钟内90%被灭活；1%～2%的氢氧化钠或4%的碳酸氢钠溶液1min内可将病毒杀死。-70℃～-50℃条件下病毒可存活数年，85℃下1min内即可杀死病毒。牛奶经巴氏消毒(72℃15min)能使病毒感染力丧失。在自然条件下，病毒在牛毛上可存活24d，在麸皮中能存活104d。紫外线可杀死病毒，乙醚、丙酮、氯仿和蛋白酶对病毒无杀伤作用。

2. 流行特点

自然感染的动物有黄牛、奶牛、猪、山羊、绵羊、水牛、鹿和骆驼等偶蹄动物；人工感染可使豚鼠、乳兔和乳鼠发病。

已被感染的动物长期带毒和排毒。病毒主要存在于食管、咽部及软腭部。羊带毒6～9个月，非洲野牛个体带毒可达5年。带毒动物成为传播者，可通过其唾液、乳汁、粪、尿及病畜的毛、皮、肉和内脏将病毒散播。被污染的圈舍、场地、草地、水源等为重要的疫源地。

病毒可通过接触、饮水和空气传播。鸟类、鼠类、猫、犬和昆虫均可传播此病。各种污染物品如工作服、鞋、饲喂工具、运输车、饲草、饲料、泔水等都可以传播病毒引发疾病。

奶牛口蹄疫以冬、春季发病率较高。随着商品经济的发展，畜及畜产品流通领域的扩大，人类活动频繁，口蹄疫的发生次数和疫点数增加，造成口蹄疫的流行无明显的季节性。

(二) 症状与诊断

口蹄疫病毒侵入动物体内后，经过2～3d，有的则可达7～21d的潜伏期，才出现症状。

1. 症状

症状表现为：口腔、鼻、舌、乳房和蹄等部位出现水泡，12～36h后水泡破溃，局部露出鲜红色糜烂面；体温升高达40℃～41℃；精神沉郁，食欲减退，脉搏和呼吸加快；流涎呈泡沫状；乳头上水泡破溃，挤乳时疼痛不安；蹄水泡破溃，蹄痛破行，蹄壳边缘溃裂，重者蹄壳脱落，犊牛常因心肌麻痹死亡，剖检可见心肌出现淡黄色或灰白色、带状或点状条纹，形如虎皮，故称“虎斑心”。有的牛还会发生乳房炎、出现流产症状。

2. 诊断

(1) 临床诊断：根据本病传播速度快，典型症状是口腔、乳房和蹄部出现水泡和溃烂等表现，即可初步作出诊断。

(2) 鉴别诊断:本病的症状与水泡性口炎的相似,不易区分,故应鉴别。其方法是:采集典型发病的水泡皮,研细,以 pH7.6 的磷酸盐缓冲液(PBS)制成 1:10 的悬液,离心沉淀,取上清液接种牛、猪、羊、马、乳鼠。如果仅马不发病,其他动物都发病,即为口蹄疫。

(3) 实验室诊断:取牛舌部、乳房或蹄部的新鲜水泡皮 5 ~ 10g,装入灭菌瓶内,加 50% 的甘油生理盐水,低温条件下保存,送有关单位鉴定。

(三) 综合预防

1. 未发生口蹄疫时采取的措施

(1) 严格执行卫生防疫制度,保持牛床、牛舍的清洁与卫生;及时清除粪便;定期用 2% 的苛性钠对全场及用具进行消毒。

(2) 加强检疫制度,保证牛群健康。不从病区引购牛只,不把病牛引入牛场。为防止疫病传播,严禁羊、猪、猫、犬混养。

(3) 定期接种口蹄疫疫苗。

2. 已发生口蹄疫时采取的措施

(1) 尽快确诊,并及时上报兽医和监督机关,建立疫情报告制度和报告网络,按国家有关法规对口蹄疫进行预防和控制。

(2) 及时扑杀病畜和同群牛只,在兽医人员的严格监督下对病畜进行扑杀和尸体进行无害化处理。

(3) 严格封锁疫点疫区,消灭疫源,杜绝疫病向外散播。场内应定期、全面进行消毒。

(4) 对疫区内最后 1 头病畜进行扑杀后,经一个潜伏期的观察,未再发现新病畜时,经彻底消毒,报有关单位批准,才能解除封锁。

三、奶牛流行热的防控

牛流行热(又名"三日热")是由牛流行热病毒引起的一种急性传染病。其临床特征为突然高热、呼吸促迫、流泪和消化器官的严重卡他炎症和运动障碍。感染该病的大部分病牛经 2 ~ 3d 即恢复正常,故又称"三日热"或"暂时热"。该病病势迅猛,但多为良性经过。过去曾将该病误认为是流行性感冒。该病能引起牛群发病,明显降低乳牛的产乳量。

(一) 病原及流行特点

1. 病原

牛流行热病毒属于弹状病毒属。病毒的核酸为 RNA 型,对氯仿、乙醚敏感。发热期病毒存在于病牛的血液、呼吸道分泌物及粪便中。该病主要侵害牛,黄牛、乳牛、水牛均可感染发病。以 3 ~5 岁壮年牛、乳牛、黄牛易感性最大。水牛和犊牛发病较少。

2. 流行特点

病牛是该病的传染源,其自然传播途径尚不完全清楚。人工感染时,静脉注射病牛血能引起发病,而其他途径接种的结果则不一致。一般认为,该病多经呼吸道感染。此外,吸血昆虫的叮咬,以及与病畜接触的人和用具的机械传播也是可能的。

该病的流行具有明显的季节性,多发生于雨量多和气候炎热的6—9月份。流行迅猛,短期内可使大批牛只发病,呈地方流行性或大流行性。流行上还有一定的周期性。每3~5年大流行一次。病牛多为良性经过,在没有继发感染的情况下,病死率为1%~3%,严重时可达5%以上。

(二)主要症状及诊断

1. 症状

流行热的潜伏期为3~7天。病初,病畜震颤,恶寒战栗,接着体温升高到40℃以上,稽留2~3天后体温恢复正常。在体温升高的同时,可见流泪,有水样眼眵,眼睑和结膜充血、水肿。呼吸促迫,呼吸频率每分钟可达80次以上,呼吸困难,患畜发出呻吟声,呈苦闷状。这是由于发生了间质性肺气肿的缘故,有时患牛可因窒息而死亡。

食欲废绝,反刍停止。第一胃蠕动停止,出现鼓胀或者缺乏水分,胃内容物干涸。粪便干燥,有时下痢。四肢关节浮肿、疼痛。病牛呆立、跛行,之后起立困难而伏卧。

皮温不整,特别是角根、耳翼、肢端有冷感。另外,颌下可见皮下气肿。流鼻液,口炎,显著流涎。口角有泡沫。尿量减少,尿液浑浊。奶牛产乳量下降或泌乳停止。妊娠母牛患病时可发生流产、死胎。

该病大部分为良性经过,病死率一般为1%~3%,部分病例可因四肢关节疼痛、长期不能起立而被淘汰。急性死亡多因窒息所致。剖检可见气管和支气管黏膜充血和点状出血,黏膜肿胀,气管内充满大量泡沫黏液。肺显著肿大,有程序不同的水肿和间质气肿,压之有捻发音。全身淋巴结充血、肿胀或出血。直胃、小肠和盲肠黏膜呈卡他性炎症和出血。其他实质脏器可见混浊、肿胀。

2. 诊断要点

(1) 由牛流行热病毒引起,主要侵犯黄牛和奶牛。有明显的周期性,通常3~5年流行1次,大流行之后,常有1次小流行。多发于蚊蝇活动频繁的季节(6—9月份)。

(2) 病牛突然出现高热(40℃以上),一般维持2~3d,并出现流泪,眼睑和结膜充血、水肿等表现。

(3) 呼吸急促,发出哼哼声,流鼻液;食欲废绝,反刍停止,多量流涎,粪干或下痢;四肢关节肿痛,呆立不动,呈现跛行;孕牛可流产;奶牛泌乳量下降或停止。发病率高,病死率低,常呈良性经过,2~3d即可恢复正常。

(4) 剖检可见呼吸道黏膜充血、水肿和点状出血;间质性肺气肿以及肺充血,肺水肿,淋巴结充血、肿胀、出血,真胃、大肠和盲肠呈卡他性炎症和渗出性出血。

(5) 发热初期采血进行病毒分离鉴定,或采集发热初期和恢复期血清进行中和试验和补体结合试验。

(6) 应与传染性鼻气管炎、茨城病、牛副流感、牛恶性卡他热加以鉴别。

(三) 综合防治措施

加强牛的卫生管理和对该病的预防具有重要作用。卫生管理不良时,发病率高,并容易成为重症,病死率高。对病牛应立即隔离并进行治疗;对假定健康牛和受威胁牛,可用高免血清进行紧急预防注射。高热时,可肌肉注射复方氨基比林 20 ~ 40mL,或 30% 的安乃近 20 ~ 30mL。对重症病牛给予大剂量的抗生素,常用青霉素、链霉素,加入葡萄糖生理盐水、林格氏液、安钠咖、维生素 B1 和维生素 C 等药物,静脉注射,每天 2 次。对伴有四肢关节疼痛的病牛,可静脉注射水杨酸钠溶液。对于因高热而脱水和由此而引起的胃内容干涸,可静脉注射林格氏液或生理盐水 2 ~ 4L,并向胃内灌入 3% ~ 5% 的盐类溶液 10 ~ 20L。加强消毒,搞好消灭蚊蝇等吸血昆虫的工作,应用牛流行热疫苗进行免疫接种。

1. 对症治疗

(1) 对体温升高、食欲废绝的病牛

① 5% 的葡萄糖生理盐水 2000 ~ 3000mL,一次性静脉注射,每日 2 ~ 3 次。

② 10% 的磺胺嘧啶液 100mL,一次性静脉注射,每日 2 ~ 3 次。

③ 30% 的安乃近 30 ~ 50mL,百尔定 30 ~ 50mL,一次性肌肉注射,每日 2 ~ 3 次。

(2) 对伴有呼吸困难、气喘的病牛

① 输氧:速度为 5 ~ 6L/min,持续 2 ~ 3h。初期速度宜慢,一般为 3 ~ 4L/min,后逐渐增快。

② 对兴奋不安、呼吸困难的牛只,取 25% 的氨茶碱 20 ~ 40mL,6% 的盐酸麻黄素液 10 ~ 20mL,一次性肌肉注射,每 4 小时 1 次。

③ 地塞米松 50 ~ 70mg,加入 1500mL 糖盐水中混合,缓慢静脉注射。

④ 危重情况下,可皮下注射盐酸肾上腺素 10mL。

(3) 对瘫痪卧地不起的病牛

① 解毒、祛风湿处方:25% 的葡萄糖液 500mL,5% 的葡萄糖生理盐水 1000 ~ 1500mL,10% 的安钠咖 20mL,40% 的乌洛托平 50mL,10% 的水杨酸钠 100 ~ 200mL,一次性静脉注射,每日 1 ~ 2 次,连用 3 ~ 5d。

② 20% 的葡萄糖酸钙 500 ~ 1000mL,一次性静脉注射。当多次用钙制剂效果不明显时,可静脉注射 25% 的硫酸镁 100 ~ 200mL。

③ 0.2% 的硝酸士的宁 10mL、康母朗 30mL,百会穴注。

2. 预防措施

切断病毒传播途径。针对流行热病毒由蚊蝇传播的特点，可每周两次用5%的敌百虫液喷洒牛舍和周围排粪沟，以杀灭蚊蝇。另外，针对该病毒对酸敏感、对碱不敏感的特点，可用过氧乙酸对牛舍地面及食槽等进行消毒，以减少疾病的传染。

任务二　牛的护理保健

阅读与认知

一、牛的肢蹄护理

蹄是奶牛重要的支持和运动器官，蹄的健康直接关系到奶牛的高产、稳产和利用年限。肢蹄病是引起奶牛被迫淘汰的三大原因之一，仅次于乳房炎和繁殖系统疾病。引起奶牛肢蹄病主要是营养因素、环境因素、管理因素等。奶牛肢蹄病发病率为5%～50%，而80%的奶牛发生肢蹄病时在奶牛后肢，在这之中的80%发生于外蹄部。每头肢蹄病奶牛大约会多损失3000元（包括治疗费用和产奶量下降的损失）。牛场每年因蹄病被迫过早淘汰的奶牛占淘汰总数的20%～30%，给牛场造成了巨大的经济损失。肢蹄护理的综合措施有：

（一）科学设计、建造运动场地，合理设立专用卧床

奶牛活动场地的地面结构直接影响奶牛的肢蹄健康。水泥地面比土地面更易引起奶牛肢蹄的擦伤，新浇的水泥地对奶牛肢蹄磨损更大，尤其是刚修过蹄的奶牛在最初的两个星期内，更不应在水泥地上走动。太光滑的地面还易引起奶牛打滑、损伤牛蹄，甚至导致奶牛摔伤、双前肢或双后肢大劈叉，造成奶牛严重残废而淘汰。水泥地面应当刻有防滑用的纹路小沟。保持奶牛运动场的清洁，潮湿粪污的环境易引起奶牛蹄软化，软化的蹄角质易受损伤且细菌容易侵入。运动场不整洁，泥土、粪尿中的砖块、草根、石头、树枝等杂物会磨损、刺伤蹄间组织，极易引起蹄间隙发炎和细菌感染。奶牛的运动场地面要排水良好。应让奶牛有尽可能多的时间在排水良好的泥土地面运动场上走动，这对牛蹄很有好处。有条件的牧场可在牛卧床处、挤奶过道、待挤厅铺设橡胶防滑垫。

采用散栏养殖模式，在牛棚内设有专用卧床。牛床舒适度非常重要，牛床设计应方便奶牛的起卧，牛床的长度和运动区域的大小必须恰当，牛床垫料必须每天进行平整，90%以上的奶牛愿意在牛床上卧下和反刍，这是判断牛床设计是否合理的一个标准。干净和

干燥的牛床可减少细菌繁殖和蹄病的发生。在奶牛舍的出入口处设一消毒池,池内放入配制好的消毒液,药液的深度以淹没奶牛的蹄部为宜,让奶牛在出入牛舍时自行消毒。

（二）科学配制饲料,饲喂平衡日粮

日粮搭配不合理,为追求高奶量而在饲料中过量使用精料,会使奶牛长期处于酸中毒状态,及缺钙、缺磷或是高钙低磷、高磷低钙导致钙、磷代谢障碍,从而引起奶牛蹄病。饲料中缺乏微量元素硒和维生素E造成免疫力下降,使奶牛肢蹄易受细菌的侵蚀,维生素D和钙的缺失常导致奶牛骨骼合成障碍,造成骨质软化病;硫和锌对保持牛蹄的健康非常重要,锌还可以帮助伤口愈合,铜是构成关节、骨骼和角蛋白的一部分;钴和维生素B_{12}有利于骨骼的合成。定期在奶牛的日粮中添加0.01%~0.02%的硫酸锌,每次持续1个月以上,每年进行5次,可使奶牛的肢蹄病发病率降低40%。

应尽可能让其食用优质牧草如苜蓿、羊草等。若长期大量饲喂玉米类能量饲料,优质粗纤维饲喂过少,极易造成奶牛瘤胃中微生物的数量和比例变化,使乳酸菌数量大量增加,使得瘤胃内pH下降,导致瘤胃酸中毒。pH下降使得革兰氏阴性菌大量死亡并产生大量的内毒素,内毒素进入血液后在肢蹄部蓄积,引起肢蹄组织内毛细血管的扩张和收缩,进一步引起肿胀和疼痛,导致蹄组织软化和畸形,蹄底磨损加快。蹄组织软化可进一步引起白线病发病率上升、蹄底溃疡和蹄踵的腐烂。产奶高峰期,连续饲喂高能量饲料的时间不可太长,一般不能超过50d,并且要及时进行奶牛修蹄,饲喂的粗料不应铡得太短,一般长度掌握在2~3cm,以促使奶牛咀嚼,增加唾液的分泌和瘤胃缓冲液的产生。对泌乳早期的奶牛,精、粗比例(干物质)应为50:50。

奶牛日粮中精料含量较高的牛场,患蹄病的比例较高,而且治疗效果不理想。日常饲料中补充一些小苏打类,以及喂精料之前先喂干草(先粗后精)可降低瘤胃酸中毒的发病率,继而减少肢蹄病。定期进行饲料分析,将奶牛日粮或原材料进行化验,通过科学配比,饲喂平衡日粮,采用TMR技术可以使奶牛均匀地采食精粗饲料,保持瘤胃环境及pH的稳定,从而有效地防止高产奶牛的胃酸过多,保持稳定的牛奶产量和降低肢蹄病的发病率。

（三）坚持定期修蹄和药物预防

1. 每年应对奶牛进行修蹄

在每年的春季,要对奶牛的叉蹄、裂蹄等进行修整,以防造成蹄伤。春、秋季要坚持集中修蹄,对修蹄工要定期培训。做好修蹄前的准备工作,修蹄工具和设备有修蹄刀、蹄铲、蹄剪、蹄钳、蹄锉、动力砂轮和角磨机、凿和蹄锤、电动修蹄刨、蹄凳,还有修蹄前的检查、保定、洗蹄。修蹄的方法有Blowey修蹄方法、电刨修蹄法、患病蹄的修削和治疗处理、蹄底的修整。对各种变形蹄如过长蹄、翻卷蹄、低蹄、高蹄、山羊蹄、平蹄、丰蹄、狭蹄、弯蹄、倾蹄、猪蹄、芜蹄、广蹄、外向蹄、内向蹄、开蹄等采用不同的修蹄技术。

2. 坚持蹄浴

蹄浴池设计要合理，以3m长、15cm深为宜，在挤奶通道上要设两个，第一个浴池放清水，先洗掉奶牛蹄部牛粪，第二个浴池放药物，达到浸泡消毒牛蹄的目的。药物选用5%的硫酸铜溶液或5%的甲醛溶液，根据污染程度及时更新药液。平时应定期向奶牛运动场抛洒生石灰粉，以便中和运动场中的酸性腐败物质，保持运动场碱性环境。另外，多雨雪的泥泞季节，还应设专人对奶牛蹄部进行日常专项消毒，即用液体喷雾器定期向奶牛的每个蹄叉处喷洒5%的硫酸铜溶液，将致病菌消灭在萌芽状态。一旦发生肢蹄病，应首先将病牛置于干燥清洁的环境中，请专职兽医进行对症治疗，并对污染物严格清理后消毒。

3. 落实好护蹄措施

如打蹄绷带，装置木块或橡胶块，穿蹄靴，蹄尖固定，蹄匣涂油。

(四) 及时治疗蹄病，积极预防相关疾病

1. 奶牛肢蹄病的基本治疗技术

基本治疗方法有封闭疗法、肌内注射、皮下注射、静脉注射、腹腔注射、口服灌药、胃管投药等。蹄病防治常用药物有新洁尔灭、氯己啶、过氧化氢、高锰酸钾、硫酸铜、磺胺结晶粉、鱼石脂、松馏油、聚维酮碘、甲紫、魏氏流膏、木瓜酶粉、蹄炎膏等。

2. 奶牛常见的蹄病

常见的蹄病有蹄冠蜂窝组织炎、蹄裂、蹄底刺创、蹄底挫伤、蹄底脓肿、蹄底溃疡、蹄糜烂、白线病、角壁肿、空壁、假蹄底、疣性皮炎、指(趾)间皮肤增殖、指(趾)间皮炎、泥浆热、蹄叶炎、羊茅草中毒性蹄坏疽、指(趾)间蜂窝组织炎。

3. 扩创、清创治疗奶牛肢蹄病

如用0.1%高锰酸钾或0.1%新洁尔灭溶液洗净患蹄后将蹄底修平，然后沿创腔修挖蹄底黑色角质或触之有弹性并有痛感的角质部，创口大小以充分暴露创腔为宜，彻底除尽坏死组织后用3%的过氧化氢溶液和生理盐水冲洗创腔。

4. 局部用药治疗奶牛肢蹄病

用10%碘酒涂搽创腔后将高锰酸钾粉撒在创面上，然后用小块纱布浸松馏油填在创腔内，最后用绷带将患蹄包扎好。重症病牛可局部注射普鲁卡因青霉素。方法是：用注射用水4mL稀释8×10^5IU青霉素后再抽取2mL氢化可的松、2%普鲁卡因注射液2mL作一次性注射。在患蹄的悬蹄与蹄踵间软组织处消毒皮肤，用16号针头刺入皮下后向蹄踵方向平行前进至针尖全部进入皮下，回抽无血时边注射边退针。用药后应加强护理，防止患蹄受粪尿等污物侵蚀。治疗一周未愈者再按上述方法治疗。如伴发关节化脓则治疗困难。全身症状明显者，进行对症治疗。

5. 及早诊治奶牛肢蹄病

平时要多留心对牛群的观察，对于在饲喂时不愿走动吃东西，喜卧，站立时间短，走路时跛行的奶牛，要及时进行隔离，单独饲养。对于隔离的场地要选择沙土地或干燥柔软的地面。对于患病蹄的奶牛，要将蹄部修理平整，找出病变部位（腐败化脓病灶要排除渗出液及脓汁），合理扩创，经碘酊清洗后用高锰酸钾填塞创口止血，然后涂以松馏油、鱼石脂软膏，外加消炎药，缠好绷带，3～4d 更换 1 次，数次可见效。对于病情严重的、治疗意义不大的及时淘汰。

综合治疗方法还有：10% 硫酸铜浴蹄，涂抹抗菌药膏。清理蹄患部及蹄间隙，清创，将中药血竭粉抹入空洞创面，烙铁烧热，在血竭粉表面轻轻烙一下，血竭粉即可溶化形成一层保护膜，用绷带包扎。消炎粉（膏）抹入创面，然后绷带包扎，一天换一次药。用抗菌药全身注射治疗。对蹄球部的脓肿，切开皮肤，挤净脓液，创面抹上消炎粉（膏），然后包扎好，注射抗菌类药物治疗。

对于奶牛产前肥胖症、产后胎衣不下、子宫复旧不全、子宫炎、乳房炎、酮症等病，一旦发生，应及时治疗。若久治不愈，病牛体产生的血液内毒素易通过血液循环沉积在肢蹄部，造成蹄冠红肿，继发肢蹄病。

二、牛的乳房健康护理

奶牛乳房炎是一种常见的、复杂的、造成奶牛业经济损失最严重的疾病，也是奶牛养殖过程中常见病、多发病之一，多因环境卫生差，乳房不洁，细菌感染引起，或因挤奶技术不熟练、挤奶方法不当、挤不尽奶、受外伤等使乳房受损所造成。乳房炎有多种，临床表现多为急性，以局部红、肿、热、痛、奶变质、奶中有絮状物或血丝为特征。严重者有全身症状：体温上升，不食草料，乳房硬如石，乳房上出现紫斑等症状。生产中，奶牛乳房炎导致产奶量下降、鲜奶品质下降，增加了药品费用，加大了奶牛的淘汰率，直接影响牛场的效益。乳房炎被认为是淘汰高产奶牛的第二大原因。

乳房健康护理措施有：

（一）营造良好的生产和休息环境

减少一切不良应激，是增强奶牛体质的根本保证。

1. 牛舍地面、料道、颈枷与采食面

根据奶牛的习性，每天自由采食，每次 20～30min，全天累计采食 6～8h，因此与采食有关的一切设施要让牛感到舒服、方便，否则就会减少采食次数、时间，而无法保证采食量。这就涉及每头牛的采食空间，颈枷宽窄、高低，牛舍地面与饲槽的高度等都要精心、科学地设计，与牛的体尺相符。

2. 牛卧床、运动场

牛采食后需要舒适的地方休息、反刍，而且喜欢在干燥、松软处卧息、反刍，不喜欢在坚硬、潮湿处休息。如果有舒适的休息环境，牛卧息的时间会超过10h，否则会减少。而且奶牛卧息时乳房直接接触地面，坚硬的地面或有硬块会损伤乳房，松软、透气性良好的场地可以保护乳房。因此，第一，要合理设置卧床的尺寸，让牛能起卧自如、舒适休息；第二，选择良好的细沙土，而且要经常平整，拣去硬块；第三，运动场要经常清理、耙松。

3. 通道

主要包括运动场与饲槽、水槽之间，运动场与挤奶厅之间的通道，奶牛一天要在这些通道上往返十几次，一定要消除通道上的一切障碍，让牛感到放心、自如。特别要注意防滑。一旦滑倒，首先是乳房着地，就很可能造成乳房机械性损伤，由此造成的淘汰也不在少数。

4. 人、牛之间的和谐

牛喜欢安静地休息，人一旦打扰就会影响牛的休息，影响反刍，影响消化吸收，同时不良的刺激会引起维生素消耗增加、降低体质。因此，牛场要以牛为主，消除一切不良刺激，避免人为打扰及各种噪音等。

（二）保持牛场、牛舍环境卫生，加强挤奶的卫生管理

奶牛生产的环境中，如牛舍、牛床、运动场、草料道、牛槽、水槽等经常有粪、尿、奶、草、料以及牛的排泄物污染，会滋生各种病菌，这些病菌随时会威胁奶牛乳房的健康，因此要及时清理、定期消毒。

牛床内要铺足够的细沙以保持松软，并及时更换添加；奶牛的饲养密度要合理，并注意通风换气。

擦拭乳房的毛巾和奶具，在使用前后必须彻底清洗消毒，毛巾在使用前要烘干，实行一牛一巾，不准一条毛巾多牛混用。清洗乳头时先要把乳头上的脏东西淋洗掉，再用干毛巾擦干。废弃最初的前3把奶，废弃奶要用专门的容器盛装，避免污染牛床。及时发现新发的乳房炎，还可以减少对环境的污染。挤奶前要对每个乳头用0.3%的碘液药浴，药浴时间为30s。

严格遵守挤奶操作规程。挤奶先挤健康牛，后挤有病的牛。应控制吸奶器的压力，定期维护吸奶设备，及时更换需要更换的配件。

（三）定期检查隐性乳房炎，加强干奶牛的防治

定期检查奶牛的隐性乳房炎，每月做1~2次隐性乳房炎检测，针对体细胞超过50万的，连续喂服蓝环清（黄芪多糖和左旋咪唑合剂）5~7次，每次50g。

干奶前检查奶牛是否有隐性乳房炎，并及时注入干奶药。进入围产前期的奶牛，观察

乳房情况并对漏奶的做产前药浴。先治疗后干奶，大剂量灌注长效抗生素。

干奶后 2～3 周内和产前 2 周内，乳腺组织非常容易感染，因此这期间的预防、治疗是控制乳房炎的有效途径，同时有助于受损乳腺组织的修复，降低下一个泌乳期乳腺炎的发病率，而且比泌乳期治疗一些致病菌有较高的治愈率。

乳房炎的治疗方法有冷敷疗法、热敷疗法、按摩乳房疗法、用抗生素治疗、中西药结合疗法、鱼石脂疗法、止血疗法、封闭疗法和全身疗法。

（四）调整饲料配方

加强饲养管理，科学配制日粮，增强奶牛机体的抗病能力，增强体质，是奶牛获得高产和减少疾病发生的根本。应根据奶牛的生物学特性和生理特点以及在不同时期对养分的需求，有针对性地选择不同饲料、不同的日粮配给，最大限度地满足其营养需求。

对发生乳房炎的牛，饲料中要减掉一部分多汁饲料或含蛋白高的精饲料，使产奶量下降一些，这样可提高乳房炎的治愈率。

（五）减少应激，加强疾病的治疗

引起奶牛应激的因素很多，如妊娠、分娩、不良气候、惊吓、饲料霉变等，它们都可以使奶牛产生应激反应，这在一定程度上都会影响奶牛的正常生理机能，致使隐性乳房炎的发病率增高。为此，要尽量避免这些不良因素的发生，同时加强对相关病的治疗，如奶牛结核病、子宫内膜炎、胎衣不下等，这些病有时可继发乳房炎。

体验与实践

牛的繁殖健康护理

繁殖力低下被认为是高产奶牛面临的第一大挑战，也是很多牛场所关注的主要健康问题。牛的繁殖健康护理主要做好以下工作。

（一）加强发情监控，保证正常配种繁殖

1. 增加发情观察和检查次数

勤查看配种卡，熟悉牛群，掌握重点牛，细心观察重点牛，多进行直检，了解子宫形态、质地及卵巢周期活动的变化，减少隐性发情头数。子宫检查时发现黏液量很多呈条状的发情牛，可能是隐性子宫内膜炎，配种前 2h，用青霉素 1.60×10^6IU、链霉素 1.00×10^6IU 加生理盐水 20mL，从子宫输入，可有效提高受胎率。

2. 把好输精关

提高情期受胎率，增加配种后护理。输精后肌注 LHRH－A3 100～200mg，同时肌注催产素 30 ~ 50IU。对配种三次以上未孕的牛,进行清宫,配后用药。

3. 做好妊娠诊断,减少空怀

配种后 45 ~ 60d 做妊检,配种后 150d 再妊检一次,减少死胎牛、空怀牛。产后生殖系统监控可有效提高繁殖率。

(二) 坚持产后监控,及时治疗繁殖疾病

1. 产前、产后及时预防、治疗繁殖疾病

产前 15 ~ 21d 肌注亚硒酸钠 VE10 ~ 20mL,降低胎衣不下的发病率。产后立即肌注催产素 100IU,亚硒酸钠 VE 30mL,维生素 A、D、E 合剂 10mL。产后 2h 内进行补液:25% 葡萄糖 500 ~ 1000mL,5% 氯化钙或 10% 硼葡萄糖酸钙 500mL,5% 碳酸氢钠 500mL,口服大黄酊 100 ~ 150mL。灌服“产后汤”40 ~ 60kg(丙酸钙 450g,丙二醇 300mL,硫酸镁 100g,氯化钠 50g,益康 XP200g,温水 40 ~ 60kg),一次性胃导管投服。

2. 坚持做好“三检”工作

一检:对产后 7 ~ 15d 的牛进行第一次产科检查,重点监控恶露情况,从颜色、气味、数量观察炎症分泌物。二检:对产后 30 ~ 35d 的牛进行产科检查,对子宫异常、子宫复旧不全、子宫内膜炎、卵巢疾病及时治疗。三检:对产后 40 ~ 45d 的牛重点监控卵巢情况,及时发现发情母牛并适时输精,对于未发情母牛,可使用激素诱导发情。

3. 胎衣不下的治疗护理

产后 12h 内胎衣没有完全排出就意味着胎衣滞留。引起胎衣滞留的原因主要有:难产、早产、双胎及营养不平衡,包括用药引产和细菌感染等。

(1) 胎衣正常排出后子宫内放入宫康栓剂 2 ~ 3 枚可帮助子宫修复和防止细菌感染。

(2) 胎衣排出不及时或未排出的母牛,注射 50 ~ 100IU 的催产素有助于胎膜的排出,也可减少子宫炎的发生。

(3) 胎衣不下母牛,上午肌注雌二醇 10 ~ 20mg,下午肌注催产素(100IU),连用 3d。子宫内灌注 10% 盐水 500mL,土霉素 10g,每日一次或隔日一次。

4. 子宫内膜炎的治疗护理

鱼石脂 2g,加水 200mL 注入子宫。

(三) 加强围产期及产后营养

营养对胎儿正常发育、母牛正常妊娠及产后生殖系统恢复具有重要作用。营养不平衡,如蛋白质、能量、维生素和矿物质缺乏会导致早产和产出发育不全的犊牛。例如,日粮中钙缺乏或钙、磷不平衡及硒缺乏等会引起胎衣不下及子宫弹性降低,延长恶露排出时间,增加产后感染的概率,尤其是硒缺乏会引起早产或胎儿孱弱,产后乳房炎及子宫炎的发病率升高。

日粮中含过量精饲料(粗饲料不足)会引起真胃变位、酮病以及其他产后疾病。产后60d以内给予过瘤胃脂肪300g/d,能有效地减少能量负平衡,促进母牛发情。产后乳房炎要及时治疗,乳房炎可能影响受胎率。

拓展与延伸

动物福利

“动物福利”一词由美国人休斯于1976年提出,是指农场饲养中的动物与其环境协调一致的精神和生理完全健康的状态。一般认为,动物福利是指保护动物康乐的外部条件,即由人所给予动物以满足其康乐的条件。国际上,动物福利的观念经过发展,已经被普遍理解为让动物享有免受饥渴的自由,生活舒适的自由,免受痛苦、伤害和疾病的自由,生活无恐惧感和悲伤感的自由以及表达天性的自由。这五个自由,又被广泛地归纳为动物福利保护的五个基本原则。通俗地讲,我们要在奶牛的繁殖、饲养、挤奶、运输、实验、展示、陪伴、工作、防疫、治疗等过程中,尽可能减轻其痛苦,避免其承担不必要的伤害和忧伤,使奶牛在福利环境中健康、愉悦地生活、生产,实现泌乳和繁殖能力在数量和质量上最优化。欧盟、美国和加拿大等动物福利先进国家和地区通过立法保障动物福利。而我国的动物福利保护法尚在孕育之中。

新西兰奶牛福利条例适用于所有奶牛,包括犊牛和后备牛;鼓励所有牧场主采用最高的管理、照顾和处理标准;设定照顾的一般原则,并根据行业良好做法指南予以增强。痛苦饲养管理程序条例:程序必须合理;痛苦和紧张必须最小化,其中包括幼牛除角最好采用切角法。切角如果无止痛措施,必须在9月龄之前进行;阉割如果无止痛措施,必须在6月龄之前进行;剪尾只能去除尾部最后2~3根椎骨。奶牛最低标准包括:棚舍要求;日常食物和水的质量和足够数量;畜牧业者与足够的培训要求;操作和居住设施的适当设计、建造和维护;病(包括残疾)畜的有效预防和治疗;适当的膘情;隔放区和饲喂区;挤奶和挤奶设备要求;关于照顾产犊的要求;犊牛的适当管理;对运输前挑选动物的要求;紧急人道毁灭程序。另外,还有运输条例。

项目八

牛场的经营管理

牛场生产与经营管理主要包括奶牛生产管理、计划管理、财务管理、市场营销等，还包含奶业发达国家的规模化奶牛场经营理念，对推动我国奶牛养殖业的可持续发展，提高奶牛场的综合生产经营效益，有一定的指导和促进作用。

任务一 牛场的生产管理

牛场的生产管理主要包括奶牛场生产经营管理的基本条件、牛场的规章制度、牛场经营管理考核案例分析等内容。下面从牛场条件、职责制度、操作规程等了解牛场基本的生产管理流程。

阅读与认知

一、奶牛场生产经营管理的基本条件

经营管理是奶牛规模化生产的重要组成部分。经营是指面对市场的需要，根据奶牛场自身的内部条件、外部环境，科学、合理地确定奶牛场的经营目标，以及合理组织奶牛场的产、供、销，以求用适宜的人、财、物消耗取得最合理的产出和经济效益。管理是指根据奶牛场经营的总目标，对奶牛场生产总过程的经济活动进行目的明确的计划、组织、指挥、调节、控制、监督和协调等工作。经营确定管理的目的，管理是实现经营目标的手段；管理要精细，经营要目标准确。

（一）规模化奶牛场的基本软件条件

1. 生产经营者的经营观念

要遵循生物学、经济学和社会学三方面的各自规律，要有良好的身心素质和职业道

德,要有自己的经营观念,如要有市场观念、科技观念、效益观念、生态观念、质量观念、营养观念、健康观念、安全观念、品牌观念、创新观念、卫生防疫观念等。

2. 正确的经营决策

要有正确的经营方向、灵活的经营形式和适度的经营规模。

3. 要有科学的组织与管理制度

(1) 规模化奶牛场的组织结构。组织结构要合理,职责要分明,功能要完善,制度要健全。实行场长负责制,明确职、权、利。组织结构基本包括:指挥机构,即场长、副场长、主任或科长、班组长等;职能机构,即生产部门(包括奶牛生产、饲料生产、牛乳加工等)、购销部门(产品的销售、原材料的采购等)、后勤服务部门(生产、生活方面的物质供应、管理、维修等)及财务部门等。此外,还应设畜牧师、兽医师、产品质量监督员若干人。

(2) 规模化奶牛场的劳动组织管理。科学安排和使用劳动力,合理组织劳动分工和协作,提高劳动效率。确定合理的劳动定额和劳动报酬,建立岗位责任制,明确规定各部门、各岗位人员的职责范围。对干部实行聘任制、年薪制。明确责、权、利三者的关系,调动各方面的积极性,有效地提高经济效益。

(二) 现代化奶牛场的基本硬件条件

1. 建设按现代国际标准设计的奶牛场

奶牛场按先进性、示范性、实用性、经济性、生态安全性、休闲观光性的理念进行设计和修建。牛舍采用通风透气、排湿良好的钟楼式(天窗式)设计,安装可调速、可喷雾降温的风扇系统,运动场以硬度较低、不易伤牛的土地面上铺垫河沙,每头牛都有相对应的采食区、挤奶区、休息区,各牛舍都安装专供牛只欣赏的音乐系统,并在待挤厅、牛舍安装电动牛体刷。病牛治疗区远离饲养区,确保生产的牛奶不仅安全卫生而且营养指标高。

2. 采用现代化的挤奶机

采用先进且实用的转盘式挤奶机和并列式挤奶机,并配套直冷式的冷藏罐。自动化转盘机的使用将明显地减少牛只的乳房疾病,保证原料奶的品质。

3. 实行现代化的饲喂系统

全混合日粮饲喂车(TMR),按照营养比例提供的日粮配方,把所需饲料分门别类地取料、铡碎、充分搅拌、均匀混合而调制成平衡日粮再供给牛只,增加采食量,提高利用率,提高奶产量(10%以上),饲料成本和疾病发生率降低,用药量减少,还可有效防止奶牛挑食。采食真正全价日粮,满足其营养需要,确保牛只健康成长、正常生产。

4. 创建装备智能化的管理系统

奶牛场机器挤奶、机器取料、混料、喂料相配套,所有生产过程由电脑软件管理(阿菲金智能牧场管理系统)及 DHI 检测系统,根据科学的数据指导生产,提高生产水平。

5. 通过良好农业规范一级认证(GAP＋)

如焦作多尔克司示范乳业有限公司是良好农业规范认证(GAP＋)示范牧场。通过良好农业规范认证(GAP＋),示范牧场管理更规范,保证了原料奶质量,具有生态奶的品质。

6. 生态绿色环保的牧场

重视环保问题,建设蚯蚓养殖、有机肥生产、沼气发电、污水净化达标排放、牧草种植等循环经济模式。生产有机肥,养蚯蚓生产蛋白质饲料,污水处理后可灌溉牧草,沼气发电。生产健康、营养、安全的奶产品。注意不影响当地居民的生活,不影响牛场职工的生活,不影响当地良好的景观。

二、牛场的规章制度

制定和实行岗位责任制、分级核算制、养牛生产技术操作规程,建立有效合理的奖惩制度。其中养牛生产技术操作规程是各项规章制度的核心内容。

(一) 牛场的劳动纪律

(1) 严格遵守奶牛场内部各项规章制度,坚守岗位,尽责尽职,积极完成本职工作。

(2) 服从领导,听从指挥,严格执行作息时间,做好出勤登记。

(3) 认真执行生产技术操作规程,做好交接班手续。

(4) 上班时间严禁喧哗打闹,不擅离职守。

(5) 上班时间必须穿工作服。挤奶工不留指甲、不戴戒指。

(6) 严禁在养殖区吸烟及明火作业,安全、文明生产,爱护牛只,爱护公物。

(二) 牛场防疫消毒制度

(1) 坚持防重于治原则,制订完善的防疫计划。即根据各种传染病在本地区目前和以前的发生与流行情况,结合本场具体条件,制订切实而合理的防疫计划。

(2) 加强兽医监督,防止传染病由外地带入本场。对新购入的牛,必须隔离检疫,观察一段时间,在确定无病情况下,方可归入本场。

(3) 定期检疫。对健康牛原则上每4个月检疫一次,及早发现传染病,防止传播。

(4) 加强预防接种。每年接种布氏杆菌病弱毒疫苗一次(犊牛时注射1次终生免疫)、卡介苗一次、口蹄疫疫苗2.5次,其他疫苗根据当地情况再定。

(5) 发现疫情,及时报告有关领导,采取隔离、封锁等措施,防止传播,并根据危害性大小采取相应的扑灭措施。

(6) 对牛舍、运动场、车间应定期消毒,如每年对牛经常活动的地面用2%的氢氧化钠消毒1次,每季度用生石灰消毒1次。

(7) 生产区与生活区分开。

(8) 场门口设消毒室(池),并经常保持有效消毒状态。

(9) 对牛群每年进行定时检疫和防疫。

(10) 严禁饲喂霉变或其他有毒饲料。

(三) 奶牛场的饲养管理规程

对养牛生产及牛产品加工的各个环节,提出基本要求,制定技术操作规程,要求职工共同遵守执行。可实行岗位培训。

1. 奶牛养殖场工作日程

奶牛场的工作日程依劳动组织形式、母牛挤奶和饲喂次数而不同。目前我国采用的饲养日程大致有以下几种:两次上槽、两次挤奶和三次上槽、三次挤奶。前者适合产奶量较低的奶牛场,对总的营养物质和饲料量需要较少,因此采用两次上槽。对产奶量较高的奶牛,宜采取三次上槽、三次挤奶。

2. 常规工作要点

1月份:防寒保暖工作,尤其要注意弱牛、妊娠牛和犊牛的安全越冬。舍内要勤换垫草,保持清洁干燥,防止寒风贼风。饮温水,防暴雪。

2月份:积极开展春季防疫、检疫工作,分解落实生产计划,继续做好防寒保暖工作。重点处理难孕牛,及时配种。检查繁殖配种工作中存在的问题,制定相应对策。加强犊牛的补饲和饮水工作。评定在群牛的膘情,重点抓好瘦弱牛的复膘。

3月份:进行彻底消毒。从环境到牛舍,都要彻底清扫、消毒。落实青贮玉米的种植计划,签订收购合同,普查泌乳牛的乳房完好状况。开展环境和牛舍的春季大消毒。进行牛结核、布氏杆菌病检疫;注射炭疽疫苗、口蹄疫疫苗、气肿疽疫苗。

4月份:强化奶牛的饲养管理。清理库房,将贮存时间长或水分含量高、尚未变质的饲料翻库重堆,并抓紧饲喂;做好饲草料变动的过渡,以免发生消化失调、鼓胀等,以提高产奶量和促进幼牛生长发育。清理运动场积粪,更换新土。开展春季修蹄,检查牛群体质状况,淘汰日产奶量低和经济价值低的牛。繁殖母牛驱虫。安排奶牛修蹄工作。

5月份:应增喂青饲料,如大麦苗、苜蓿等,也可制作青贮饲料。检查干草贮存情况,露天干草要垛好封泥,防止雨季到来被淋湿而发生霉烂变质。地沟和低洼潮湿处喷洒杀虫剂,消灭蚊蝇,开展场内全面消毒工作。做好天气骤热的应急措施。

6月份:天气日渐炎热,要做好防暑降温的准备工作。修理运动场凉棚,检修电风扇和淋水装置。整理青贮窖,检修青贮机械,准备夏季加工青贮。做好大量使用青贮玉米的准备工作,以防粗饲料脱节。做好精饲料配方的大幅度调改的准备,确保夏季饲料的能量浓度。对后备牛进行一次鉴定筛选;对使用的公牛冻精,排出名次等级,择优使用。淘汰体质差、奶量低,多病的老弱奶牛。

7月份:防暑降温,使奶牛安全度夏。重点工作应放在防暑降温上,做到水槽不断水,运动场不积水,日粮要求少而质量好,给牛创造一个舒适的条件,减缓产奶量的下降,力争暑天不降奶。检查饲料品质,注意奶量变化,防止产奶量大幅度下降和乳房炎暴发。加强防疫,预防乳房炎、蹄病、流产及流感的发生。制作青贮玉米。注射口蹄疫疫苗。

8月份:防暴雨和台风,防暑降温,保持牛舍和运动场清洁、干燥。继续做好防暑降温工作。清理排水系统。加强对难孕牛的处理、治疗。积极开展技术人员和工人的培训。重视对干奶牛效果的观察。

9月份:检修青饲切割机和青贮窖,抓紧准备过冬的草料,制作青贮饲料,调制青干草。准备种植饲草。清理、消毒产房,开展核心牛的选定工作。重点处理生殖道有疾患的奶牛。做好三季度牛群乳房的普查。

10月份:加强不孕牛的治疗工作。做好制作青贮玉米等工作。全场进行秋季大消毒,开展年内的第二次结核病检验工作。对初选的核心牛进行等级评定,确定选留。针对牛群中存在的不足,寻找在相关性状上优秀的公牛,待开配期使用。订购冬季使用的苜蓿干草。做好下半年的修蹄工作。

11月份:做好块根饲料、胡萝卜等的贮存工作。繁殖母牛群秋季驱虫。进行牛群多种性状的检查核定工作,准备编制下一年度的育种繁殖方案。做好冬季块根饲料的收购和贮备工作,落实冬、春季青绿饲料的供应计划。检修水电气设备,做好防寒保暖的准备工作。注射口蹄疫疫苗。运动场内铺垫干燥褥草。

12月份:总结全年工作,制订下年的生产计划。牛舍门窗、运动场的防风墙检修。冬季日粮要进行调整。实施各种防寒保温措施,后备牛进行第二次筛选,总结全年工作。

(四) 奶牛场的岗位责任制度

建立岗位责任制,明确主要职责和严格的考核制度。

1. 场长的主要职责

贯彻执行国家有关发展养牛生产的路线、方针、政策和法规。

负责制订年度生产计划和长远规划,审查本单位基本建设和投资计划,掌握生产进度,提出增产降耗措施。

制定各项畜牧兽医技术规程,并检查其执行情况。

对于违反技术规程和不符合技术要求的事项有权制止和纠正。

对重大技术事故,要负责做出结论,并承担相应的责任。

负责拟订全场各项物资(饲料、兽药;奶加工原料等)的调拨计划,并检查其使用情况。

组织奶牛场职工进行技术培训和科学试验工作。

对生产方向、改革等重大问题向董事会提供决策意见。

每周亲自分析研究产奶量和牛群健康与繁殖动态变化，发现问题，及时解决。

对奶牛场畜牧、兽医等技术人员的任免、调动、升级、奖惩，提出意见和建议。

执行国家各种法规，合理安排职工上岗、生活安排等。

做好员工思想政治工作，关心员工的疾苦，使员工情绪饱满地投入工作。

提高警惕，做好防盗、防火工作。

2. 畜牧技术人员的主要职责

根据牛场生产任务和饲料条件，拟订本场的奶牛生产计划和牛群周转计划。

制定牛的饲料配合方案及选种选配方案。

善于总结生产经验，传授新的科技知识。

填写好种牛档案，认真做好各项技术记录。

准确称量和记载牛的产奶量、乳脂率、日增重等。

对养牛生产中出现的事故，及时向场领导提出报告，并承担相应的责任。

3. 人工授精员的职责

每年年底制定翌年的逐月配种繁殖计划，每月末制订下月的逐日配种计划，同时参与制订选配计划。

负责做好发情鉴定、人工授精、妊娠诊断、不孕症的防治及进出产房的管理工作。

严格按技术操作规程进行无菌操作，不漏配一头牛。

严格执行选种、选配计划，防止近亲配种。

认真做好发情、配种、妊娠、流产、产犊等各项记录，填写繁殖卡片等。建立发情鉴定和妊娠的制度。

减少空怀天数，按时发放停奶、分娩通知单。

经常检查精液活力和液氮贮量，发现问题及时上报，并积极采取措施；人工授精器械必须保持清洁。

整理、分析各种繁殖技术资料，掌握科技信息，推广先进经验。

人工授精员的考核：受配率达80%以上；总受胎率达95%以上，产犊率90%以上；个体每次妊娠平均所需输精次数少于1.6次；牛群的平均产犊间隔在13个月以下；牛群中有繁殖障碍的个体不超过10%；牛群中有70%的个体在产后60d内出现发情。

4. 兽医工作职责

负责牛群卫生保健、疾病监控和治疗，贯彻防疫制度，做好牛群的定期检（免）疫工作。

每天对进出场的人员、车辆进行消毒检查，监督并做好每周星期一下午牛场的一次全面消毒工作。建立每天现场检查牛群健康的制度。

制订药品和器械购置计划。

认真细致地进行疾病诊治，填写病历。每次上槽巡视牛群，发现问题及时处理。

配合人工授精员做好产科病的及时治疗，减少不孕牛。

做好乳房炎的防治工作。

配合畜牧技术人员共同搞好饲养管理，预防疾病发生。

掌握科技动态，开展科研工作，推广先进技术。

对购进、销售活牛进行监卸监装，负责隔离观察进出场牛的健康状况，驱虫，加设耳牌号，填写活牛健康卡，建立牛只档案。

按规定做好活牛的传染病免疫接种，并做好记录，包括免疫接种日期、疫苗种类、免疫方式、剂量、负责接种人姓名等工作。

遵守国家的有关规定，不得使用任何明文规定的禁用药品。将使用的药品名称、种类、使用时间、剂量、给药方式等填入监管手册。

发现疫情立即报告有关人员，做好紧急防范工作。

要做到：场内不发生严重传染病，场内每头牛的平均年医疗费小于100元，牛群的体内外寄生虫病发病率接近零。

5. 乳加工技术人员的职责

做好原料乳的收贮、制冷、保管及运输、加工、销售工作。

做好产品入库、出库的数量记录。要求数据准确，实事求是。

负责监督各车间产品质量。

按照食品卫生法及各种产品的国家标准进行生产。

发现质量问题及时向主管领导报告，并采取解决措施。

负责全厂质量管理与技术培训。

掌握科技动态，组织科技攻关，解决生产中存在的问题，不断开发新产品。

6. 配料员的职责

严格按照科技人员制定的饲料配方配合饲料，保质、保量供应到车间。

搞好饲料的贮备、保管，做到饲料不霉不烂。

保证饲料清洁、卫生，严禁饲料中混入铁钉等锐利异物和被有毒物质污染。

7. 饲养员、挤奶员职责

(1) 犊牛饲养员职责。

饲养员应依章行事，一切行动为牛只着想，体贴、关心、爱护牛，不允许虐待、打骂牛。

按时作息:早6:00—9:00,下午14:00—17:00,晚上21:00—23:00。

引槽:先关闭其他门,盖好精料袋,添入饲草,再打开运动场门,赶牛入槽,定槽,拴槽,清扫过道。

喂奶:对哺乳的犊牛,按照场方的哺乳期和哺乳量计划的规定喂奶。

喂奶技术:先把牛奶加热到95℃,持续3min,晾到38℃再喂,喂奶持续时间不少于1min,喂毕擦干净牛嘴巴周围,及时纠正有吸吮恶癖的犊牛。

喂料:对不哺乳的犊牛,按照场方规定,做到定量饲喂精饲料。

刷拭:对每一头牛按一定顺序(如按牛号或位置等)刷拭,保留头部不刷拭,重点刷拭臀部。

调教吃草料:犊牛10日龄后即开始调教吃草料,直至能正常采食为止。

瘤胃微生物接种:与调教吃草料同时,接种瘤胃微生物。

勤添饲草,在牛下槽时,牛槽内应剩有可吃的草。注意检查饲草料中有无铁钉、铁丝、碎玻璃、塑料布和霉烂的饲草料等。一经发现,立即捡除。

牛下槽后,清除粪便,清扫牛床,关灯、关窗,经过检查后方可离开牛舍。

放水:对运动场的水槽放水。

定期清洗运动场上的水槽。

发现牛有发病等异常情况,立即报告有关人员,并协助有关人员解决。

协助有关人员驱虫、去角、防疫注射等。

犊牛饲养员考核:犊牛饲养定额为25~30头;犊牛平均日增重0.6kg以上;犊牛成活率达95%以上;牛体表部位无寄生虫等皮肤性疾病。

(2)育成牛饲养员职责。

饲养员应依章行事,一切为牛着想,体贴、关心、爱护牛,不允许虐待、打骂牛。

按时作息:早6:00—9:00,下午15:00—17:00,晚上21:00—23:00。

引槽:先关闭其他门,盖好精料袋,添入饲草,再打开运动场门,赶牛入槽,定槽,拴槽,清扫过道。

喂料:按照场方规定,做到定量饲喂精饲料。

刷拭:对每一头牛按一定顺序(如按牛号或位置等)刷拭,保留头部不刷拭,重点刷拭臀部。

按摩乳房:对每一头育成牛实施乳房按摩2min。

勤添饲草,在牛下槽时,牛槽内应剩有可吃的剩草。注意检查饲草料中有无铁钉、铁丝、碎玻璃、塑料布和霉烂的饲草料等。一经发现,立即捡除。

牛下槽后,清除粪便,清扫牛床,关灯、关窗,经过检查后方可离开牛舍。

发现牛有发病等异常情况，立即报告有关人员，并协助有关人员解决。

协助兽医进行驱虫、防疫注射，协助配种员进行发情鉴定，使育成牛能及时配种。

放水：对运动场的水槽放水。

定期清洗运动场上的水槽。

育成牛饲养员考核：育成牛饲养定额为25～30头；育成牛阶段平均日增重0.68kg以上；18月龄受配率达90%以上；育成牛成活率达98%以上；牛体表部位无寄生虫等皮肤性疾病。

（3）成年牛饲养员职责。

饲养员应依章行事，一切为牛着想，体贴、关心、爱护牛，不允许虐待、打骂牛。

按时作息：早6:00—8:30，下午15:00—17:30，晚上21:00—23:00。

引槽：先关闭其他门，盖好精料袋，添入饲草，再打开运动场门，赶牛入槽，定槽，拴槽，清扫过道。

刷拭：对每一头牛按一定顺序（如按牛号或位置等）刷拭，保留头部不刷拭，重点刷拭臀部。

喂精饲料：做到依产奶量确定喂精饲料量，不得随意饲喂。

作挤奶准备工作：清除牛床粪便，用45℃～50℃温水在牛体右侧洗乳房，用一次性纸巾擦干，按摩乳房，每头牛应用不同的洗涤桶和洗涤用水。

挤奶：蹲在牛体右侧，先把每个乳头的前三把奶挤在专用桶内，如无乳房炎奶，就先挤两个前乳头，再挤两个后乳头，争取在6min内挤完一头牛。

消毒乳头：挤完奶后，用乳头消毒液（如碘液、洗必汰、新洁尔灭等）消毒乳头。

挤完一头牛后，称重牛奶，记录该牛的产奶量。整个牛群挤完后，清洗挤奶用具并进行消毒。

先挤健康牛的奶，再挤病牛的奶；患乳房炎的牛，一般用手工挤奶，不用机器挤奶。

手工挤奶应用拳握式方法，特殊情况下（乳头过短）可用下滑式方法。

机器挤奶时，应先接后乳头杯，再接前乳头杯，操作人员不得离开现场，避免空吸引起乳房炎。

挤奶完毕，勤添饲草，在牛下槽时，牛槽内应剩有可吃的草。注意检查饲草料中有无铁钉、铁丝、碎玻璃、塑料布和霉烂的饲草料等。一经发现，立即捡除。

放水：对运动场的水槽放水。

牛下槽后，清除粪便，清扫牛床，关灯、关窗，经过检查后方可离开牛舍。

发现牛发情、产犊、发病等异常情况，立即报告有关人员，并协助有关人员解决。

协助兽医进行驱虫、乳房炎检查等工作。

要节约饲草、饲料，爱护公共财物，经常检修牛运动场等活动场所。

成年牛饲养兼挤奶员考核：成年牛饲养兼挤奶员的定额为手工挤奶 9～12 头，机器（提桶式或推车式）挤奶 12～16 头，中央挤奶台 60～160 头，自动脱落鱼骨式挤奶厅 100～160 头；乳房炎发病率，手工挤奶低于 10%，机器挤奶低于 15%；成年牛死亡率低于 3%；牛发病 8h 内检出率为 100%；对未检查出的发情牛负次要责任；对因饲喂冰冻饲草料、饮冰冻水而引起的流产负全部责任，对因其他原因引起的流产一般负次要责任。

体验与实践

牛场经营管理考核案例分析

奶牛场需要有科学合理的人员配置，合理的劳动定额和报酬。奶牛场工作的技术性很强，伸缩性也很强，工种繁多，脏、苦、累以及精神生活差等。因而奶牛场的劳动管理定额非常难以制定，它受多种因素影响，如奶牛场的规模、机械化程度、技术水平以及当地员工的收入水平等。劳动管理定额制定得好，既能调动员工的劳动积极性、提高劳动效率、提高员工收入，又能增加产值、节约开支、提高经济效益，使奶牛生产形成一个良性循环。主要干部可实行年薪制，每年考核一次。

例如，牧场年均饲养奶牛头数一般都在 600 头左右，采用散放 TMR 机械饲养，鱼骨式挤奶台挤奶，全场人均养牛头数一般定额在 20 头左右，成母牛年单产一般在 7t 左右。

首先给全场确定预期工资总额，然后制定各项考核定额。每个场再根据具体情况制定各个不同岗位的岗位系数以及奖惩定额。可结合本地最低工资标准考虑，同时又要考虑调动职工的劳动积极性，加大绩效工资的奖励，用好人、留住人，做到人员工资与企业发展同步增长。

1. 非年薪制畜牧管理人员考核定额

（1）畜牧管理人员是指场长助理、车间主任、生产班长及畜牧兽医技术主管人员。

（2）通过努力全年完成公司下达的商品奶任务不奖不罚，每超过任务 10000kg 奖励 200 元，每低于任务 10000kg 罚 100 元，年终考核兑现；奖罚分配比例：场长助理、车间主任占 60%，生产班长及畜牧兽医技术人员占 40%。

（3）科学管理，合理用工，精心饲养，确保奶牛健康。如果全年圆满完成公司下达的各项生产指标，另奖以上管理人员 5000 元。

2. 繁殖技术人员考核定额

（1）根据牛场规定，合理安排分娩季节，努力钻研繁殖技术，尽心尽责搞好繁殖工作。

(2) 劳动报酬:每分娩 1 头牛给报酬 50 元,妊娠 210d 内流产牛不计,每配妊 1 头给报酬 50 元(若流产,付报酬 30 元)。若在正常分娩误差之外,每误差 1 头罚 5 元。

(3) 精液用量:每配妊 1 头牛,精液指标为:经产牛 2.8 支/头,青年牛 2 支/头,超减按精液的成本价罚奖。

(4) 繁殖药费及器械费(液氮除外)指标为:应配牛每头每月 1.5 元,超减按其 50% 罚奖。

(5) 分娩头数:全年指标为 327 头,每超 1 头按 150 元给予报酬,低于 300 头,每减 1 头按 150 元进行罚款。

(6) 遇不可抗拒的自然灾害除外。

(7) 遵守场规场纪,参与场里一些生产经营及义务性活动,及时报告繁殖情况。

3. 兽医技术人员考核定额

(1) 药费限额:成母牛 0.41 元/头日,育成牛、犊牛 0.10 元/头日,此项限额不包括疫苗、两病检疫、繁殖、消毒池、环境消毒以及大的流行病等用药。药费超减,按其超减额部分的 10% 罚奖兽医人员。以上按生产报表饲养日每月兑现。

(2) 被迫淘汰(包括因乳房炎、蹄病等)率为:成母牛每年 12%,育成牛、犊牛每年 3%。大的流行病或出生七日内的犊牛死亡或特殊意外死亡以及育种主动淘汰等不计数。每超过 1 头罚 100 元,每少 1 头奖 100 元,按生产报表总饲养日年底兑现。

(3) 以上奖罚额由生产车间主任会同技术人员计算后,报场长核批。

4. 产房乳房护理人员及挤奶操作员考核定额

(1) 全场奶牛停奶由产房乳房护理人员负责,停奶认真,分娩时无临床性乳房炎,每乳区奖 1 元;若有临床性乳房炎自己治愈,每乳区罚 2 元;若治不好造成瞎乳区,每乳区罚 100 元;若造成奶牛死亡每头罚 200 元。头胎牛乳房炎,挤好每乳区奖 20 元;若造成瞎乳区,每乳区罚 100 元;若造成奶牛死亡,每头罚 200 元(注:每个月给两个瞎乳区指标,无新增瞎乳区每月奖 200 元)。

(2) 产房隐性乳房炎小于 12% 奖 100 元,大于或等于 12% 罚 50 元,大于或等于 15% 罚 100 元,大于或等于 20% 罚 200 元。

(3) 挤奶台转到产房的临床性乳房炎,产房乳房护理人员挤好每乳区奖 20 元;若挤不好造成瞎乳区,每乳区罚 20 元,同时罚挤奶台挤奶员 80 元;若造成奶牛死亡每头罚 40 元,同时罚挤奶台挤奶员 160 元。

(4) 挤奶台临床性乳房炎小于 2%,每乳区奖 20 元;大于 2% 每乳区罚 20 元。隐性乳房炎小于 12% 奖 200 元,大于或等于 12% 罚 100 元,大于或等于 15% 罚 200 元,大于或等于 20% 罚 400 元(挤奶台用药,青霉素 8×10^{5}IU 18 支即一个疗程,算为 1 个临床性乳房炎)。

(5) 由产房转入挤奶台3d内发生的临床性乳房炎,罚产房乳房护理人员和挤奶台挤奶员各20元。若临床性乳房炎转到挤奶台,挤奶台挤奶员挤好每乳区奖挤奶台挤奶员20元;若挤不好造成瞎乳区,每乳区罚挤奶台挤奶员20元,同时罚产房乳房护理人员80元;若造成奶牛死亡每头罚挤奶台挤奶员40元,同时罚产房乳房护理人员160元。

(6) 兽医人员每月20日左右检查统计临床性和隐性乳房炎一次,奖罚核算日期以每月25日止,并在28日前上报场部,月底造工资表兑现。繁殖人员每月初把本月要停奶的牛号交给产房乳房护理操作人员,以利及时停奶。

(7) 加强产房牛体及乳房卫生管理:产房笼内牛体及牛床卫生由产房饲养员负责;栓系牛床上的牛体及牛床卫生由产房乳房护理人员负责。产房饲养员每天要3次清理牛粪及牛舍卫生,并每周对产房消毒1次。产房乳房护理人员每天对牛体干刷干刨、剪尾,确保牛体干净卫生;挤奶要严格按挤奶程序操作,洗乳房要干净,勤换敷奶水,乳头要两次消毒。

(8) 挤奶台挤奶操作员要严格按照挤奶操作程序挤奶,乳头两次消毒;严禁空挤,严禁上杯漏气,严禁奶挤不净放牛,严禁打牛。负责所属区域卫生的清理工作。

拓展与延伸

牛场解雇工作的执行

牛场里最为棘手的一项工作就是解雇员工。其实任何行业都是这样,谁都不愿意干这种工作。任何企业都希望较低的人员流动和较高的稳定性。如果你常解雇自己的员工,只能说明你是个差劲的经理,因为你不会选人。

不论何时,只要企业失去一名员工,将是费时又费钱。解雇员工之后,你得去找替补人员,这得花上几周甚至几个月的时间。之后,你得培训替补的新员工如何工作。即使在最好的情况下,也得花上好几个月的时间。如果此人所肩负的工作责任重大,那么培训的时间可能会更长。

如果新招聘的员工不喜欢这份工作或者无法胜任,该怎么办呢?又会浪费好多时间。因此,企业最好不要随便解雇员工,而是应该寻找方法培训员工或者激励他们把工作做好,对企业而言,这也是一个非常大的经济动机。

虽然如此,有时候你还是得不可避免地解雇一些员工。因为有些情况不得不这样考虑,诸如欺诈、糟糕的职业道德、较差的工作态度或者严重违规等情况。

有时候你也许知道何时该解雇某个员工，而且执行起来也不算困难。但是其他一些更糟糕的情况也可能存在，这时就必须关注的底线问题。例如，如果管理者未能果断决策，致使有些员工有可乘之机，在企业内部制造一种消极的氛围，传播给其他员工，搞得别人也想辞职。如果延迟决定，那么最后牛场不是失去一名员工，而很可能是数名员工。

当表现较差的员工在几个月前被告知需要离职的时候，有时会出现这样的情况：一旦要把公司决定的消息公布出来时，这些员工在解雇前突然开始攻击你，通过工伤索赔、性骚扰或者其他方式索赔等。那么，你该怎么办呢？

如果一个员工麻烦不断，那么最好不要拖延决策，应该尽快让他们直接走人。

当然，解雇员工一定要具体问题具体分析，因为你这是在和真正需要依赖牛场养家糊口的员工打交道。可能有些情况你还需要花几周时间观察，而非单纯地草草决定或者当场武断地解雇员工。

实际上，每个问题员工其实都会提前意识到自己的职位岌岌可危，知道自己的工作干得不达标。有一种比较理想的办法就是采用渐进性惩处来解决，不过也并非总能管用。

作为雇主，一定切记：大多数法律诉讼并不是发生在招聘过程中，而是往往出现在解雇的时候。所以，你必须倍加小心地处理“解雇”工作。如果处理不当，将会导致你的牛场陷入极为长期的负面影响之中。

当解雇工作执行到最后一步时，建议你：最好尽量缩短处理时间并且始终保持坦诚，一定要现场面对面地处理此事，千万不要光是依赖信件或者电话；确保把解雇的原因解释清楚、直接明了。如果员工在工作中存在任何积极的方面，请你一定说出来，并且肯定员工的这种做法，这会一定程度地缓解现场劳资双方的紧张局面。

多数情况下，当你公布不好消息的时候，让另外一个人在场是一个好主意。不过即使有目击证人在场，你也要记住：解雇属于私人事务。所以，你得维护员工的尊严，不要在其他人面前羞辱他们或者让他们感到没有面子。

在通知员工解雇决定的同时，你应该主动协助员工将东西搬走，比如员工的个人物品等。一方面，给员工时间自己清理私人物品；另一方面，确保你收回了公司的所有财物。另外，一定要在最后的 24h 内把薪水结算完毕。注意：千万不要把薪水交给员工的配偶或者亲属，一定要确保把最终结算的薪水交给当事人，否则他们会声明自己没拿到钱。

在你开始着手解雇手续之前，记住要控制好你的情绪，保持冷静。在与员工面对面时，你不得不做好思想准备，因为有时候事态的发展可能不可控。考虑几天比贸然做出决定要好。要控制好局势，解雇过程的执行不能混乱，要公平地对待每一个人。

任务二　牛场的计划管理

牛群管理工作要详细地记录和分析：产奶、牛群胎次分布、繁殖、乳房健康、转群与淘汰。对牛场的数据进行系统的分析，目的就是找出牛群未能发挥其最大遗传潜力的原因，明确影响产量的瓶颈问题。依据牛场基本数据、基本条件和基本目标、规模效益等，制订牛场的主要生产计划，如牛群配种产犊计划、牛群周转计划和饲料供应计划等。

阅读与认知

一、奶牛场的牛群配种产犊计划

牛场生产计划是在总结分析上年度生产计划完成情况的基础上，经过市场调研，分析生产技术条件，根据各项技术经济指标和定额，编制的指导全场新年度的生产计划。奶牛生产计划包括：配种分娩计划，牛群周转计划，产奶计划和饲料计划。

配种产犊计划是选种、选配后完成育种繁殖任务的保障，也是调节牛奶产、销的前提和依据。乳用母牛最理想的情况下是年产一胎，即产犊后在 1～3 个月配种，泌乳约 305d 停奶，停奶 2 个月左右产犊。也即配种后 9 个月产犊（牛预产期计算是根据其妊娠期为 285d 左右来推算的。一般根据配种月份加 9 或减 3，配种日期加 6 来推算，定计划时仅考虑月份加 9）。每年 1～3 月份配种的母牛，产犊日期会在本年度的 10～12 月份。育成母牛则应在 14～17 月龄配种。

（一）材料

（1）牛场上年母牛的分娩和配种记录（由日报表汇总成月报表）。

（2）牛场前年和上年所生的育成母牛出生日期等记录（日报表汇总月报表）。

（3）计划年度内预计淘汰的成年母牛和育成母牛的头数及时间。

（4）牛场配种产犊类型、饲养管理条件及牛场的繁殖性能、健康状况等条件。

（5）计划年初各类牛的实有头数。

（6）计划年末各类牛按计划任务要求达到的头数。

（二）编制方法

实际配种和产犊情况由于各种原因，首先应该根据本计划年度内的母牛配种产犊记录或母牛动态表所记录的情况，列出本年度牛场实际配种产犊情况表。然后根据本年度实际配种情况，即可推算出其在下一计划年度产犊的月份。上年 4～12 月份配种的母牛和初配母牛，其产犊月份相应地在计划年度的1～9月份。前年10～12月份产犊的母牛，其配种月份在计划年度的1～3月份，其产犊则又该落在该年度的10～12月份。

其次，育成母牛在第17个月（或14～17月龄）时应该配种。本计划年初存栏的1～2岁青年母牛（前年出生），年龄达第17个月渐次配种。去年生未满周岁的母牛，年龄达第17个月时，在计划年度渐次配种；年龄不够的，在下一计划年达到配种年龄时配种。

再者，计划年出生的母犊，应在以后计划年度中的达成熟时按时配种。淘汰的母牛数配种时减去，或购入的母牛数配种时加上。

生产上习惯把已产第一胎的母牛叫初产牛或叫头胎牛。青年母牛生下第一胎后，再配种时应归并在成年母牛数目内。头胎母牛，产后2个月配种。成年母牛产后1个月配种。犊牛出生后，第14～17个月配种。配种后第10个月内分娩。

（三）案例

1. 牛场资料

（1）某奶牛场现有奶牛152头，其中母牛121头，青年母牛7头，1～2岁青年母牛11头，未满周岁母犊牛13头。为学习方便，假设配种率、妊娠率与分娩率，以及后期的淘汰率、成活率，均是100%。

（2）上年母牛配种的时间为，4月、5月、6月、7月、8月、9月、10月、11月、12月，其中成年母牛分别为9头、11头、16头、8头、3头、5头、5头、28头、20头，计105头，成熟后备牛分别为0头、1头、2头、1头、0头、0头、0头、2头、1头，计7头。

（3）育成牛前年出生的月份为，9月、10月、11月、12月，1～2岁青年母牛的头数分别为2头、3头、3头、3头，计11头；未满1岁幼母牛去年出生的月份为1月、2月、3月、4月、5月、6月、7月、8月、9月、10月、11月、12月，出生的头数分别为2头、0头、1头、1头、1头、1头、1头、0头、0头、2头、3头、1头。

（4）计划年初淘汰老母牛16头，计划年出生小母牛选留18头，其余出售。计划年出生小公牛全部出售。

2. 编制方法

（1）采用陆续分娩。产后第一次分娩的后备母牛，产后2个月配种。成母牛产后1个月配种。后备母牛出生后第16个月配种。配种后第10个月内分娩。

（2）填写牛群配种产犊计划表。如上年4～12月份配种的母牛和初配母牛，其产犊月份相应地在计划年度的1～9月份。

（3）填牛群配种产犊计划表。前年9～12月份产犊的母牛，其配种月份在计划年度的1～3月份，其产犊则又该落在该年度的10～12月份。4月配种的，将不在计划年内分娩。去年生未满周岁的母牛，年龄达第16个月时，在计划年度渐次配种；年龄不够的，在下一计划年达到配种年龄时配种。

(4) 依要求填表并检查、合计,完整填写牛群配种产犊计划表(表8-1)。

表8-1 牛群配种产犊计划表

分娩时间	分娩头数			各月配种头数												配种头数
	母牛	后备母牛	合计	1	2	3	4	5	6	7	8	9	10	11	12	
上年分娩母牛																
今年产犊母牛																
1月份	9		9		9											9
2月份	11	1	12			11	1									12
3月份	16	2	18				16	2								18
4月份	8	1	9					8	1							9
5月份	3		3						3							3
6月份	5		5							5						5
7月份	5		5								5					5
8月份	28	2	30									28	2			30
9月份	20	1	21										20	1		21
10月份		2	2												2	2
11月份	9	3	12												9	9
12月份	11	3	14													
1~2岁的青年母牛				2	3	3	3									11
未满周岁的幼母牛								2		1	1	1	1	1		7
合计	125	15	140													141

二、奶牛场的牛群周转计划

编制牛群周转计划是编好其他各项计划的基础,它是以生产任务、远景规划和配种分娩初步计划作为主要根据而编制的。由于牛群在一年内有繁殖、购入、转群、淘汰、出售、死亡等情况,因此头数经常发生变化,编制计划的任务是使头数的增减变化与年终存栏头数保持着牛群合理的组成结构,以便有计划地进行生产。例如,合理安排饲料生产,合理使用劳动力、机械设备和牛舍等,防止生产中出现混乱现象。

（一）基本材料

（1）本年度初和年终的牛群头数和组成结构是牛群中各种性别、年龄、用途不同的牛所占比例，一般可分为种公牛、繁殖母牛、后备牛（包括育成牛、青年牛）、哺乳犊牛（包括公母犊）等，在不同生产方向及用途的牛场其牛群也有不同组成结构，如以繁殖与乳用为主的牛场中，其繁殖母牛比例可达 60%；在役用或肉用为主的牛场中，其繁殖母牛可少至 40%，应用冷冻精液人工授精的牛场可不养公牛。

（2）本年度预计出售和淘汰牛的头数及时间。

（3）牛群配种分娩计划。

（4）预计购入牛的头数及时间。

（二）编制方法

（1）根据上述材料可综合得出计划年度内各月各类牛群的实有头数。

（2）根据牛场现有的设备、劳动力、牛舍设备、饲料供应等条件调整各月牛群的组成结构。

（3）进行牛只转群时应全面考虑，如牛场生产需要，年终合理的牛群结构，拟购入牛的数量和淘汰头数等因素，其中关键性问题是犊牛和后备母牛的转群，并须考虑其性成熟及初配适龄。

（三）案例

1. 资料

本年度初和年终的牛群头数和组成结构：某奶牛场年初有奶牛 152 头，其中成年母牛 121 头、成熟后备牛 7 头、1 ~ 2 岁青年母牛 11 头、未满周岁母牛 13 头。计划年终存栏头数为奶牛 154 头，其中母牛 120 头、成熟后备牛 10 头、1 ~ 2 岁青年母牛 6 头、未满周岁母牛 18 头。计划年初淘汰老母牛 16 头，计划年出生小母牛选留 18 头，其余出售。计划年出生小公牛全部出售。

2. 方法

填牛群周转计划表。

（1）填写计划年初牛的头数栏。

（2）计划年终牛的头数可先填写。

（3）计算计划年内出生犊牛数，用该年计划分娩母牛数除以 2，即为犊母牛和小犊公牛数并填写在繁殖栏，与出售数与选留数计算平衡，出售数填入出售栏，选留的 18 头小母牛转出到未满周岁母牛的转入栏，未满周岁母牛年终栏为 18 头。

（4）采用平衡法：年初的头数 + 增加数 - 减少数 = 年终的头数。

未满周岁母牛年初 13 头，计划年有 7 头配种，转到青年母牛的转入栏，有 6 头计划年未配种,转到 1 ~2 岁后备母牛的转入栏,其年终栏填写 6 头。

年初 1 ~2 岁后备母牛 11 头,计划年有 8 头分娩,转到母牛的转入栏,有 3 头计划年配种但不分娩,转到青年母牛的转入栏。

青年母牛的转入栏有计划年 7 头配种当年不分娩和 3 头计划年配种当年不分娩的母牛数相加,共计 10 头,青年母牛年终栏填写 10 头。

年初成熟后备牛 7 头,计划年分娩,转出到母牛的转入栏。母牛年初 121 头,转入 15 头,淘汰 16 头,年终为 120 头。采用平衡法计算并填表,最后检查数据是否平衡正确。表 8-2 为该案例的牛群周转计划表。

表 8-2　牛群周转计划表

组别	计划年初头数	增加			减少			计划年终头数
		繁殖	购入	转入	出售	转出	淘汰	
母牛	121			15			16	120
青年母牛	7			10		7		10
1 ~2 岁后备母牛	11			6		11		6
未满周岁母牛	13			18		13		18
计划年内出生母犊牛		70			52	18		
计划年内出生公犊牛		70			70			
合计	152	140		49	122	49	16	154

体验与实践

牛群产奶计划和牛场饲料计划的制订

1. 牛群产奶计划的制订

产奶计划是奶牛场的主要生产计划之一,是制订牛奶供应计划、饲料计划、财务计划及计酬的主要依据,是组织人力和物力的依据,是保证牛场能按计划生产和销售牛奶的依据。

牛场产奶计划的拟订由两方面因素决定,第一个因素是牛群本身产奶的性能,第二个因素是市场对牛奶生产量的要求,其中第一个因素是基本的因素。因而在一般情况下,个体产奶计划集中每个饲养员的计划、班组计划、车间(队)计划,最后形成全牛场下计划年度产奶量的最主要基础。

如果要求在下一个计划年度提高产奶量,就要改善牛群的饲养管理,充分满足牛的产奶营养需要，创造适宜的生产条件。在制订奶牛产奶计划时，不应超过母牛的生产潜力，应保护动物福利，减少病害，注重产品质量。

利用牛群配种产犊计划表，按每个月的每头母牛的产奶指标，直接计算并填写年度奶牛场产奶计划表。

2. 牛场饲料计划

饲料是牛生产可靠的物质基础，养牛场必须每年制订饲料生产和供应计划。编制饲料计划应参考牛群周转计划、各类牛群饲料定额等资料，并需要考虑本地区的气候条件及各季节饲料种类的变化等情况。全年饲料总需要量要在计划需要量的基础上增加5%～10%，留有余地地制订饲料计划是奶牛全年高产稳产的保证。要在确定每天平均饲养头数的基础上制订。

(1) 确定平均饲养头数：

年平均饲养头数(成母牛、育成牛、犊牛)=全年饲养头日数/365

(2)各种饲料需要量参考指标：

混合精料：成母牛基础料2kg/d。

产奶料：1kg精饲料产奶3～5kg。

育成牛：3kg/d。

犊牛：1.5kg/d。

玉米青贮：成母牛15～20kg/d。

育成牛：10～12kg/d。

1m^{3}青贮窖生产玉米青贮450～500kg。

(3) 其他各种饲料需要量的参考指标：

干草：成母牛5～6kg/d，育成牛3～4kg/d，犊牛2kg/d。

多汁饲料：成母牛15～20kg/d(半年)。

青饲料：成母牛20～40kg/d(半年)。

糟渣类：成母牛10kg/d。

青饲料：育成牛15～20kg/d。

矿物质：按混合精料的5%～7%。

牛场饲料计划也可以根据本场情况，按每头奶牛的饲料消耗定额，计算并填表，制订年度饲料计划。根据需要量计划，再制订生产、采购、仓储、供应等计划。

拓展与延伸

规模化奶牛场档案微机化的管理

集约化奶牛场，奶牛周而复始地妊娠、产犊、产乳、干奶、配种和疾病诊疗，并伴随着青年母牛不断进入生产角色和对牛只的主动淘汰，使得牛群结构和生产过程的数字化管理势在必行。为发挥牛群的整体生产潜力，运用计算机软件对规模化奶牛场进行科学的管理，及时准确地收集、加工、存贮、分析每个奶牛的信息，不仅为奶牛遗传改良（DHI）提供了第一手数据，而且可以科学预测奶牛个体对养分的需要，最终服务于科学配制日粮和按奶牛个体实施精细饲养，还可为制定牛场的饲料采购计划提供依据。随着奶牛场管理水平的提高和生产的发展，信息量急剧增加，奶牛场实现数据的计算机软件管理是时代发展的必然要求和趋势。

（1）设置档案室，购置计算机及其管理软件，采用现代化信息管理技术。

（2）建立完整的牛群档案，认真做好奶牛技术资料的记录和管理工作，对每头奶牛都要做详细记录。

（3）繁殖育种主管人员每月对档案室记录的所有技术资料进行详细分析，发现问题及时解决，并拟订下月的繁殖计划。

任务三　牛场的财务管理

目前奶牛场的经营特点是投入较高，饲料成本占总成本的50%以上。降本增效是奶牛场财务管理的关键点，管理者需要在第一时间作出正确的决策，并建立激励性的考核机制。

阅读与认知

一、牛场的成本核算对象和科目的设置

1. 成本核算对象

奶牛场不同于其他牧场，它是以取得牛奶为目的而进行的奶牛饲养，在会计核算上奶牛场有如下特点：

（1）奶牛既是产品又作为生产资料——固定资产来进行核算，它是牛场成本核算的

基础。

(2) 牛奶是牛场的主要产品,是成本核算的中心内容。

(3) 奶牛核算周期长。

(4) 奶牛作为活体动物,其经营风险较大,在账务处理时,应严格遵守"谨慎原则"。

因此,在进行成本核算时,应注意上述特点,根据牛场的实际情况,实行分群核算,以群别作为成本核算对象,分别设置成本核算的生产明细账,分步结算生产成本。牛群具体分为:犊牛(出生至6月龄)、育成牛(6月龄至配种)、青年牛(初孕至初次分娩前一天)、成母牛(初次分娩产奶后至淘汰)。

2. 牛奶成本核算科目的设置

(1)"农业生产成本"科目:本科目核算各群牛发生的饲养费用。该科目包括4个明细科目:

A. 农业生产成本——犊牛,本科目汇集犊牛群所发生的一切生产费用。

B. 农业生产成本——育成牛,本科目汇集育成牛群所发生的一切生产费用。

C. 农业生产成本——青年牛,本科目汇集青年牛群所发生的一切费用。

D. 农业生产成本——奶牛,本科目汇集奶牛群所发生的一切生产费用。

(2)"辅助生产成本"科目:本科目核算企业的辅助生产单位在生产产品(牛奶)和提供劳务(如防疫、治疗、饲料加工、供应电力、水、热及运输、修理)等过程中所发生的生产费用。本科目分如下明细科目:

A. 辅助生产成本——兽医室,本科目汇集牛群防疫、治疗及奶牛配种所发生的一切费用。

B. 辅助生产成本——饲料库,本科目汇集饲料加工、收发所发生的一切费用。

C. 辅助生产成本——奶库,本科目汇集为牛奶保质库存而发生的一切费用。

D. 辅助生产成本——电力供应,本科目汇集为生产送电、发电及电力设备维修而发生的一切费用。

E. 辅助生产成本——锅炉,本科目汇集锅炉及配套设施为生产供气、供水所发生的一切费用。

F. 辅助生产成本——运输部门,本科目汇集企业运输部门为保证生产而发生的一切费用。

(3)"幼畜及育肥畜"科目:本科目核算企业所有幼畜和育肥畜价值的增减变动和结存,该科目按幼畜和育肥畜的种类和群别设置明细账如下:

A. 幼畜及育肥畜——犊牛,本科目汇集犊牛自出生至183日龄期间所发生的一切费用。

B. 幼畜及育肥畜——育成牛，本科目汇集育成牛自从183日龄转入育成牛饲养至548日龄期间内所发生的一切费用。

C. 幼畜及育肥畜——青年牛，本科目汇集育成牛548日龄转入青年牛后至犊牛出生前一天，在此期间所发生的一切费用。

（4）“制造费用”科目：本科目核算牛场为生产产品（牛奶）和提供劳务而发生各项无法直接摊入成本项目的间接费用。包括工资及福利费、折旧费、修理费、办公费、水电费、机械物料消耗、劳动保护费、季节性修理期间的停工损失及产品的盘亏和毁损等。企业管理部门为组织和管理生产经营活动而发生的管理费用，应作为期间费用，计入“管理费用”科目，不在本科目核算。

二、牛场的成本开支范围和生产成本项目

（一）成本开支范围

1. 生产成本开支范围

（1）牛场生产经营过程中实际消耗的原材料、农用材料、辅助材料、备用配件、外购半成品、燃料、动力、疫病防治药品等的实际成本。

（2）牛场固定资产的折旧、修理费、租赁费等。

（3）低值易耗品的摊销。

（4）按国家规定列入成本费用的职工工资、奖金、津贴、补贴和按规定比例提取的职工福利费、工会经费等。

（5）牛场生产过程中发生的制造费用和按受益原则应分摊的辅助生产成本。

2. 不得计入生产成本的支出

（1）属于递延资产的各项支出，包括在筹建期间发生的筹办人员的工资和福利费、办公费、差旅费、培训费、注册费、利息支出等开办费用和属于应分期摊销计入管理费用的技术转让费、新产品开发费等待摊费用。

（2）购建固定资产、无形资产等资本性支出及未消耗的存货购置成本。

（3）应由提取职工福利费开支的职工医疗费、生活困难补助及医疗卫生、职工福利事业设施的经费支出。

（4）应属营业外支出范围的被没收财物、各项罚款（不含个人负担的罚款）、赞助、捐助、防汛抢险支出、中小学经费、非常损失、非季节性和非修理期间停工损失。

（5）应属管理费用、营业费用、财务费用等期间费用开支的各项开支。

（6）购买债券、股票及联营企业投资等投资支出，以及向投资者分派红利（股利）支出。

（7）依法交纳的各种税金。

（8）国家规定不得计入生产成本的其他支出。

（二）牛场生产成本项目

牛场生产成本应设置以下成本项目，以反映生产费用的用途和成本的构成。

（1）直接费用：包括企业直接从事生产经营人员的工资、奖金、津贴、补贴。

（2）饲料费：用于牛群饲养过程中用的自产和外购的各种动植物饲料、矿物饲料、维生素、微量元素、氨基酸等。

（3）直接材料：企业生产过程中实际消耗的原材料、农用材料、辅助材料、备用配件、外购半成品、燃料、动力以及由辅助生产部门分配来的动力费用和交纳的水电资源费。

（4）提取的职工福利费：指按直接从事生产人员的工资总额提取的职工福利费。

（5）疫病防疫费：指用于牛群疫病防治的外购疫苗、药品、消毒剂及治疗费、检疫费、配种费等。

（6）固定资产折旧费：指牛舍、饲养专用机械设备、成奶牛等固定资产按规定提取的基本折旧费、租入上述固定资产的租赁费等。

（7）固定资产修理费：指牛舍、专用机械设备日常修理费及大修理费用。

（8）其他直接费用：除上述以外能直接判明成本对象的各种费用。

（9）制造费用：指分配计入的由各相关生产单位发生的各项间接费用。

体验与实践

牛场生产成本的核算

1. 牛群饲养生产成本的核算

奶牛场作为较特殊的生产单位，其养殖目的是生产牛奶，一头奶牛从出生到产奶要经历犊牛期 183d，育成牛期 365d，青年牛期 283d 的基本饲养期，配种产犊后才能产奶，开始成为成奶牛，因此核算成奶牛产奶的成本，既要考虑成奶牛在产奶前的饲养成本摊入量，又要科学、合理地核算各群牛的盘存价格及确定成奶牛作为活的固定资产的折旧额，成本计算对象是按饲养日成本计算。牛群在其犊牛期、育成牛期、青年牛期的核算大致一样，即每月把各群的饲养费用，通过“农业生产成本”有关三级账户“农业生产成本——犊牛”、“农业生产成本——育成牛”、“农业生产成本——青年牛”进行归集，月末相应转入“幼畜及育肥畜——犊牛”、“幼畜及育肥畜——育成牛”、“幼畜及育肥畜——青年牛”的账户内，连同各群牛期初结转的“幼畜及育肥畜”的价值之和，分别除以期初结转各群牛的饲养日和本期本群的饲养日之和，得出转群的单位成本，各群根据其单位成本乘以本期应转群的牛饲养日数，即得到转群的总成本转入下一牛群。（不含青年牛转群）

$$饲养日成本 = \frac{期初结存总成本 + 本期发生的总成本}{期初结存总饲养日 + 本期发生饲养日}$$

各群牛的期末盘存价格采用实际价格计算，避免因牛群的盘存价格不实，造成牛场利润的潜亏和虚涨。因此科学、合理、真实地核算牛场期末盘存价格是成本核算的一个重要环节。

（1）犊牛身价按上年青年牛怀孕期的25%计算，即

犊牛的成本 = 上年青年牛的饲养日成本 ×270 ÷4

A. 犊牛出生后是公犊牛。

第一胎出生后即出售的账务处理为：

借：营业外支出

　贷：幼畜及育肥畜——青年牛

借：货币资金

　贷：营业外收入

第二胎及以后各胎出生后即出售的账务处理为：

借：营业外支出

　贷：农业生产成本——牛奶

借：货币资金

　贷：营业外收入

B. 犊牛出生后为母犊牛。

第一胎的账务处理为：

借：幼畜及育肥畜——犊牛

　贷：幼畜及育肥畜——青年牛

第二胎及以后各胎的账务处理为：

借：幼畜及育肥畜——犊牛

　贷：农业生产成本——牛奶

（2）育成牛的饲养日成本 =（期初饲养成本 + 本期饲养成本）/（期初饲养日 + 本期饲养日）

育成牛转到青年牛群时的转群价格 = 育成牛的饲养日成本 × 转群牛的饲养日

（3）青年牛的饲养日成本与育成牛的计算方法一样。

青年牛生第一胎后，转到成奶牛群的价格 = 青年牛群的转群价格 - 犊牛身价 - 摊到

成奶牛的期间费用。

（4）成奶牛作为固定资产核算。

饲养日成本＝本期成奶牛群饲养总成本/成奶牛群累计饲养日；本期牛奶总成本＝成奶牛的饲养总成本－二胎以后犊牛转群身价＋摊到牛奶的期间费用。

2．关于成奶牛的折旧问题

成奶牛作为固定资产管理、核算，使用期限一般为4年，考虑到农牧业的特点及财务谨慎原则，规定成奶牛折旧期限为3～5年。各牛场可根据实际情况，确定折旧年限，一经确定不得任意更改。如变动和对成奶牛进行加速计提折旧须报财政局审批。

每月月末，会计人员应根据资料人员提供的成奶牛的本月饲养日数计算折旧额，折旧应当按饲养日计提。残值定为原值的20%，按直线法计算折旧额的公式为：（折旧计提可按综合折旧率计算）

$$\text{饲养日折旧额} = \frac{\text{成奶牛原值} - \text{预计残值}}{\text{折旧年限} \times 365}$$

$$\text{月折旧额} = \text{饲养日折旧额} \times \text{本期成奶牛饲养日}$$

借：农业生产成本——牛奶

　贷：累计折旧

3．牛场副产品核算

奶牛场副产品主要是牛粪和死淘牛。

（1）出售牛粪收入直接冲减牛奶成本。

会计分录如下：

借：货币资金

　贷：农业生产成本——牛奶

（2）出售死淘牛（不包括成奶牛的其他三群牛），根据市场交易价格进行账务处理。

借：营业外支出——各群牛

　贷：幼畜及育肥畜——各群牛

借：货币资金

　贷：营业外收入

月末结转利润：

借：营业外收入

　贷：本年利润

借：本年利润

　贷：营业外支出

成奶牛由于作为固定资产管理,因此它在出售死淘牛时,进行如下会计处理:

借:固定资产清理(净值)

　累积折旧

　贷:固定资产

借:货币资金

　贷:固定资产清理(售价)

借:固定资产清理(售价 > 净值)

　贷:营业外收入

反之则:

借:营业外支出

　贷:固定资产清理(售价 < 净值)

4. 间接费用的分配办法

生产过程中发生的间接费用要根据基础数据进行分配。

(1) 辅助生产的分配。辅助生产的分配应以各部门发生的基本费用为依据,如畜医配种室的费用分配以各群牛发生的基本费用为依据,按比例分配其他费用(工资、电费等)。再如,饲料库费用的分配应以各牛群发生的饲料消耗额为依据,按比例进行分配其他相关费用。

(2) 制造费用的分配。制造费用的分配同样也应以各牛群发生的基本费用为计算依据,按比例进行分配相关费用。

(3) 副产品的分配。副产品的分配可将各牛群饲养日折合成成奶牛饲养日作为标准饲养日来计算分配。即犊牛饲养日 4d 折合 1 个标准饲养日,育成牛、青年牛饲养日 2 个折合成 1 个标准饲养日,成奶牛 1 个饲养日即为 1 个标准饲养日。

(4) 期间费用按本期从青年牛转到成奶牛的营业成本和本期牛奶的营业成本进行分摊,分别摊到成奶牛的身价和牛奶的成本中。

5. 根据牛群饲养周转编制会计分录

(1) 结转本月犊牛饲养成本:

借:幼畜及育肥畜——犊牛

　贷:农业生产成本——犊牛

(2) 犊牛转育成牛:

借:幼畜及育肥畜——育成牛

　贷:幼畜及育肥畜——犊牛

(3) 结转本月育成牛饲养成本:

借:幼畜及育肥畜——育成牛

　贷:农业生产成本——育成牛

(4) 育成牛转青年牛:

借:幼畜及育肥畜——青年牛

　贷:幼畜及育肥畜——育成牛

(5) 结转本月青年牛饲养成本:

借:幼畜及育肥畜——青年牛

　贷:农业生产成本——青年牛

(6) 青年牛转成奶牛:

借:营业成本——青年牛

　贷:幼畜及育肥畜——青年牛

借:固定资产——成奶牛

　贷:营业收入——青年牛

6. 核算所必需的凭证及表格

为能准确掌握好此成本核算规程,在实际工作中需要依据牛群异动汇总表、饲料消耗明细表、各部门用工明细表、兽药消耗明细表、水电费分摊明细表、牛奶出入库汇总表、牛奶销售情况表、成母牛计提折旧明细表、饲料盘存情况表等原始凭证来计算编制畜群饲养周转表和畜牧饲养成本表,这些凭证、表格的取得和编制是成本核算中必不可少的重要内容。

7. 牛场的经营活动分析

奶牛场的经营活动分析按会计科目进行,如收入类包括牛奶收入、奶牛收入、淘汰牛收入、粪肥收入、贷款、暂收款等。支出类包括饲料支出、买牛支出、死亡支出、医疗费支出、配种支出、人工支出、运费支出、用具支出、其他支出、税利支出、暂付款、集体提留及公益支出等,固定资产、折旧、其他及周转资金预留及其利息等。结存类包括现金、银行(信用社)存款、固定资产、库存、其他物资等。

奶牛场的经营活动分析是不同阶段研究奶牛养殖企业经营效果的一种好办法,是为了通过分析影响效益的各种因素,找出差距,提出措施,巩固成绩,克服缺点,使经济效益更好。分析的主要内容有对生产实值(产量、质量、产值)、劳力(劳力分配和使用、技术业务水平)、物质(原材料、动力、燃料等供应和消耗)、设备(设备完好率、利用、检修和更新)、成本(消耗费用升降情况)、利润和财务(对固定资金和流动资金的占用、专项资金的使用、财务收支情况等)的分析。盈利是对养牛场(户)的生产投入、技术和经营管理的一种报偿,是销售收入减去销售成本、税金之后的余额。

开展经营活动分析，首先要收集各种核算的资料，包括各种台账及有关记录数据，并加以综合处理，以计划指标为基础，用实绩与计划对比、与上年同期对比、与本企业历史最好水平对比、与同行业对比进行分析。至于开展经营活动分析的形式，可分为场级分析、车间（牛舍）分析、班组分析。在分析中，要从实际出发，充分考虑市场动态、场内的生产情况以及人为、自然因素的影响，从而提出具体措施，巩固成绩，改进薄弱环节，达到提高经济效益的目的。

依据经营分析和主客观情况，做好计划调整与调度，安排与调整生产计划。首先，要关注市场变化，尽可能做到以销定产。在考虑国内市场时，要特别注意安排季节性生产，尽可能在重大节日的市场需求旺盛期多出好牛奶，以获取更好效益。其次，依据本场现有条件和可能变化的情况（如资金、场地、劳力）挖潜增效。其三要考虑架子牛的供应和饲料供应，做到增产节约、产供协调。例如，现在买一头牛需 2 万多元，固定资产投入需 2 万多元，等到产奶还得投入 1 万多元，养一头奶牛总共就得需要 5 万多元，经营分析非常重要。

最后，有条件的要用文字形式写出分析报告，包括基本情况、生产经营实绩、问题以及建议等，以利于进一步提高业务管理水平、经营水平和企业综合决策水平，不断增长单位效益。

拓展与延伸

一、利润的核算

（1）利润总额 = 营业利润 + 投资净收益 + 实际上缴利税 + 营业外收入 − 营业外支出

（2）营业利润 = 主营业利润 + 其他业务利润 − 管理费用 − 财务费用

（3）主营业利润 = 主营业收入 − 营业成本 − 营业费用 − 营业税金及附加

财务管理需要自学和调查，如资金的筹集和使用、效益和成本。

二、牛场制定经营计划的十条建议

1. 制作一份当前的资产负债表

如果你的牛场属于合作社、合伙经营或者其他类型的经营实体，确保自己也单独做一份个人的资产负债表。

资产负债表也称财务状况表，表示企业在一定日期（通常为各会计期末）的财务状况（即资产、负债和业主权益的状况）的主要会计报表。

2. 严格审查过去三年的资金流情况

结合起来算平均值，让自己有一个整体的理解认知。例如，我们可能知道牛场2009年的具体情况，但是，请务必把最近3年的发展情况综合起来分析。

3. 做一份损益表(利润表)

对于牛场而言，可以根据饲料和牛群的变化等进行资金调整。折旧费也是影响利润的另外一个因素。做一份统计表记录资金的来源和走向，这样你才能够真正“火眼金睛”地看明白资金的流动情况。

利润表是反映企业在一定会计期的经营成果及其分配情况的会计报表，即一段时间内企业经营业绩的财务记录，包括收入、成本投入、经营费用及税收状况等，报表结果呈现企业获得的利润或者发生的亏损。

4. 计划好你的资金流动

你肯定知道年底的结果和起初的计划会有很大的出入，但是，你可以看看自己当初的计划与年底的结果究竟有多接近。要把时间花在牛场的主要投入上。对牛场的数据进行逻辑分析，明白为什么会有这样的结果以及你预期想达到怎样的结果。

如果奶价和某些主要的收入还不能算是牛场营销计划的一部分，那么你一定要额外考虑，尽可能做好牛场的利润计划。

5. 知人善用

挑选合适的员工，根据不同的特点安排恰当的工作，了解哪些人该在奶厅干活，了解哪些人该在牧草地里干活。

6. 确保你获得专业权威顾问的建议

比如请贷款人、会计、营养师、农作物专家和兽医等专家支招。

7. 整合总结

别忘了参与牛场经营的核心员工和家庭成员，让他们根据各自负责的领域做一份工作检查表，并且召集大家对此进行讨论，然后你再根据讨论结果，整合到自己的年度计划中。

8. 早计划

尽早做好计划，得有根有据，而且每个季度还须进行回顾总结。

9. 贷款时多沟通

在贷款机构主动要求提交牛场经营计划之前，你应该主动将相关文件与之分享。他们希望知道你究竟打算如何操作自己的生意。

10. 制订好“财经蓝图”

我们知道奶牛需要关心和照顾，但是牛场的“财经蓝图”同样需要得到重视。

任务四　牛场的经营

阅读与认知

（一）独资经营模式

独资经营即个人出资经营、归个人所有和控制、由个人承担经营风险和享有全部经营收益。

设立个人独资企业的条件：投资人为一个自然人，有合法的企业名称，有投资人申报的出资，有固定的生产经营场所和必要的生产经营条件，有必要的从业人员。

独资经营的特点：

（1）企业的建立与解散程序简单。

（2）经营管理灵活自由。企业主可以完全根据个人的意志确定经营策略，进行管理决策。

（3）业主对企业的债务负无限责任。当企业的资产不足以清偿其债务时，业主以其个人财产偿付企业债务。这样有利于保护债权人利益，但独资企业不适宜做风险大的行业。

（4）企业的规模有限。独资企业有限的经营所得、企业主有限的个人财产、企业主一人有限的工作精力和管理水平等都制约着企业经营规模的扩大。

（5）企业的存在缺乏可靠性。独资企业的存续完全取决于企业主个人的得失安危，企业的寿命有限。在现代经济社会中，独资企业发挥着重要作用。

（二）合伙经营模式

1. 普通合伙企业

由2人以上普通合伙人（没有上限规定）组成，合伙人对合伙企业债务承担无限连带责任。

2. 有限合伙企业

由2人以上、50人以下的普通合伙人和有限合伙人组成，其中普通合伙人至少有1人。当有限合伙企业只剩下普通合伙人时，应当转为普通合伙企业。如果只剩下有限合伙人时，应当解散。普通合伙人对合伙企业债务承担无限连带责任，有限合伙人以其认缴的出资额为限对合伙企业债务承担责任。

（三）股份有限责任公司模式

其主要特征是：公司的资本总额平分为金额相等的股份；股东以其所认购股份对公司

承担有限责任，公司以其全部资产对公司债务承担责任；每一股有一表决权，股东以其持有的股份，享受权利，承担义务。

股份有限公司从本质上讲只是一种特殊的有限责任公司而已。由于法律规定，有限责任公司的股东只能在50人以下，这就限制了公司筹集资金的能力。而股份有限公司则克服了这种弊端，将整个公司的注册资本分解为小面值的股票（一般是人民币1元）可以吸引数目众多的投资者，特别是小型投资者。

股份有限公司的特点使得它在组织管理上有很多不同于有限责任公司的地方。股份有限公司注册资本是指登记的实收资本，最低限额为人民币500万元。

股份有限责任公司组织机构主要包括股东大会、董事会和监事会。股东大会即全体股东所组成的机构。它是公司的最高权力机构和议事机构。公司的一切重大事项均由股东大会做出决议。董事会是由两个以上的董事组成的集体机构。它是公司对内执行业务、对外代表公司的常设理事机构，向股东大会负责。董事会的职权主要有：代表公司对各种业务事项做出意见表示或决策，以及组织实施和执行这些决策；除股东大会决议的事项外，公司日常业务活动中的具体事项，均由董事会决定。监事会是对董事会执行的业务活动实行监督的机构。它是公司的常设机构，由股东大会从股东中选任，不得由董事或经理兼任。监事会的职权主要有：列席董事会会议，监督董事会的活动，定期和随时听取董事会的报告，阻止董事会违反法律和章程的行为；随时调查公司业务和财务情况，查阅账簿。

（四）公司加农户模式

“公司加农户”，顾名思义是将“大公司”与“小农户”联结起来。这种经营模式在农民学习生产技术、规避市场风险和规模经营增收等方面发挥了积极作用。

“公司+农户”模式的内涵，一般是指以具有实力的加工、销售型企业为龙头，与农户在平等、自愿、互利的基础上签订经济合同，明确各自的权利和义务及违约责任，通过契约机制结成利益共同体，企业向农户提供产前、产中和产后服务，按合同规定收购农户生产的产品，建立稳定供销关系的合作模式。

但是，由于农户与公司之间实力悬殊，不是完全平等的市场关系，又缺少其他力量予以平衡，导致这个模式在操作过程中稍有不慎，就容易暴露出它与生俱来的缺陷：农户在生产经营过程中没有话语权，自主意志得不到体现，农户与公司的权、责严重不对等，条约显失公平，利益分配完全由公司单方决定、向公司方倾斜等，这势必影响到两者“双赢”的预期效果。

（五）农民专业合作社模式

农民专业合作社是指在农村家庭承包经营的基础上，同类农产品的生产经营者或者同类农业生产经营服务的提供者、利用者，自愿联合、民主管理的互助性经济组织。

农民专业合作社以其成员为主要服务对象，提供农业生产资料的购买，农产品的销售、加工、运输、贮藏以及与农业生产经营有关的技术、信息等服务。

自愿、自治和民主管理是合作社制度最基本的特征。合作社作为一种独特的经济组织形式，在合作社内部，起决定作用的不是成员在合作社中"股金"，而是"交易"。合作社的主要功能是为社员提供交易上所需的服务。合作社与社员的交易不以盈利为目的。合作社的盈余，除了一小部分留作公共积累外，大部分要根据社员与合作社发生的交易额的多少进行分配。实行按股分红与按交易额分红相结合，以按交易额分红为主，是合作社分配制度的基本特征。当然，合作社与其他经济主体的交易会也是以营利为目的的。

体验与实践

牛场的采购

牛场采购是牛场在一定条件下从供应市场获取设备产品或服务作为牛场资源，以保证牛场的生产运作得以正常开展的一项经营性活动。

（一）制定采购计划

牛场采购计划的制订是根据当月或全年的牛场生产需要来制定的，制订采购计划必须考虑以下几个方面：

（1）当月或全年牛头数的增加或减少来制定采购量的多少。

（2）饲草、饲料采购季节的根据。

（3）饲料行情的分析和预测（价格是选择产品的重要条件）。

（4）根据本场储存地的大小合理采购。

（5）考虑国家农业产业政策与所采购原料的全年价格分布情况。

经常性采购的主要是奶牛的饲草料，采购流程是根据牛场的生产需要制定的。其采购流程为：联系货源（筛选出三家左右）—取样—检测—确定货源—定价—定量—收购。

（二）采购的原则

采购时，首先要考虑质量，其次是价格。采购的最终目的是选择最适合牛场、性价比最高的产品。首先要考虑的是产品质量，因为质量会直接影响生产的持续性和效率；其次是价格，要注重性价比，良好的性价比会降低牛场生产成本，提高牛场经营效益。例如，选择返修率低的国际品牌设备。牛场如果计划更新或购进设施、设备，那将是一笔大投入，购进设备的原则是选择返修率低的国际大品牌，即使价格高很多也没关系。很多牛场不舍得高成本投入而选择低廉的产品，结果机器不断返修，严重影响牛场运作，最后只能是得不偿失。还有，要固定两家熟悉的经销商。

（三）奶牛的购买

养殖奶牛要从优秀奶牛供应基地选购奶牛。例如，在上海已形成了奶牛高产核心群与优良种质。1994—2008 年上海从加拿大、美国、德国先后引进了一批堪称全球一流的荷斯坦北美品系与德国品系奶牛种质。包括后备公牛 18 头、母牛 75 头、冻精 1.5 万剂、冻胚 1467 枚。加上该市长期注重奶业的集约化经营、奶牛群的科学饲养管理与选种育种工作，20 世纪末上海逐渐形成了数万头规模的高产核心奶牛群与年产数百万剂良种奶牛冻精的生产能力，从而成为我国优秀奶牛遗传种质重要的生产供应基地及推广服务中心，同时成为我国稳定供应优质奶源的重要生产基地之一。

为经济生产商品原料奶及丰富奶牛基因库，2002 年 2 月上海某乳业有限公司从广州引进 42 头娟姗与荷斯坦杂交牛，并引进娟姗牛冻精与本场荷斯坦牛进行杂交。2004 年 5 月从澳大利亚引进了 30 头纯种娟姗牛。截至 2007 年 6 月，该乳业公司奶牛场养有纯种娟姗牛 26 头，娟姗杂种牛 337 头。这批牛后来迁往上海庆华奶牛场、浙江湖州和安徽练江牧场等地。2009 年 4 月上海引进挪威红牛精液 1300 剂，在 7 个奶牛场开始进行与荷斯坦牛的杂交试验。

2011 年，我国主要从新西兰、澳大利亚和乌拉圭进口奶牛 10 万头，高于 2010 年的 8 万头。2012 年，估计中国奶牛进口数量将达 12 万头，并力争向大农场转型，以提高产量和质量。种畜企业有环球种畜、北京奶牛中心、艾格威、ABS、凯风联合育种、蒙牛赛科星、诺丁林、全农精牛、上海光明荷斯坦牧业有限公司、GGI、天和荷斯坦、河北种公牛、斯门佐、河南鼎元、德国宝牛、天津奶牛中心、精英种畜、黑龙江博瑞、挪威基诺育种与 A. I. 协会、大理冻精站。

冻精的购买，要质量第一。冻精的质量非常重要，采购的冻精最好来自世界排名前 100 名的种公牛。选择冻精要查种公牛的遗传系谱，根据自己牛群的具体情况选择冻精。例如，牛群的乳房结构不好，就要选择乳房结构性状优秀的种牛冻精来改良；肢蹄不够好，就选择可以改良肢蹄性状的冻精。每次通常选择一头种公牛去改良牛群的两个弱点。有的公司以采购进口冻精为主，选择世界知名的冻精公司。我国牛场目前使用的冻精主要来自美国资源育种公司和 ABS 冻精公司以及蒙牛赛科星性控冻精公司。

（四）苜蓿草的购买

2008 年中国开始进口美国苜蓿草，2011 年进口量达 27.6 万吨，已成为美国苜蓿草第三大出口目的地。三年来苜蓿草价格一路走高，量价同步增长。到岸价达 440 美元/吨的高位，2012 年这个势头继续蔓延。2011 年美国苜蓿草播种面积增长 5%，与此同时，美国原料奶生产增加,需求不足,牛奶价格出现下降,奶农使用苜蓿草减少,苜蓿草需求下降。

中国苜蓿草进口将有更多的来源。加拿大首批苜蓿草已于2012年初进入中国,其对中国的市场有多大的影响还需要观察。有美国牧草生产商曾说,美国苜蓿与加拿大相比还是有竞争力的,但美国苜蓿如果一直涨价,可能加拿大的苜蓿就值得中国奶牛养殖业者考虑了。加拿大苜蓿的进口至少对中国的奶牛养殖业有战略意义。澳大利亚的苜蓿草也正积极准备进入中国。

苜蓿富含蛋白质,是奶牛的重要饲料。近年来,我国有关行业的专家、学者高度关注苜蓿的生产、营销与利用。2012年4月19日,美国天草、安德森、ACX、Knight,国内甘肃现代草业、宁夏贺兰山茂盛草业、北京厚德瑞、内蒙古鼎源等苜蓿草生产商;三元绿荷、上海牛奶集团、光明荷斯坦、伊利牧业等16家大型牧场;上海鼎牛、上海延华、中地种业、北京正道、深圳福加德等贸易公司以及地方政府和中国农大的专家学者等近60名业界同仁参加在北京举行的荷斯坦苜蓿草研讨会。

2012年我国开始支持苜蓿生产。种植3000亩以上的苜蓿,政府将给予180万人民币的补贴。河南是畜牧大省,苜蓿种植目前却仅有32万亩。2012年5月2日从该省畜牧局获悉,今年全省苜蓿种植面积将增加25万亩。河南省奶牛平均单产水平仅为5吨左右,而欧美等发达国家以苜蓿为饲料来源的奶牛单产水平普遍达9吨以上。根据规划,河南省至少要建设15个3000亩以上苜蓿优质高产示范基地,力争建设20个示范基地。

(五)新产品的购买

购买新产品前应做对照实验,核算投入产出比。如果供应商有新产品推出,不要立刻采用,牛场必须派员亲自做实验看效果。例如,饲料添加剂,像益生酵母以及过瘤胃的一些产品,要求供应商免费提供一些产品进行对照实验,核算投入产出比:若投入1元产出2元,就采用;若投入了却没产出甚至影响产奶量,或者投入1元也只产出1元,就不采用。一般对照组和实验组各选10头牛,挑选生产性能、产奶量、泌乳天数和胎次相近的牛只。当然,有些添加剂的效果是隐性的,当时凸显不出来,如β-胡萝卜素或者有机硒等使用后不会立刻提高产量,但是几个月后对繁殖性能有很大帮助,所以最好经常走访其他牛场取经。

牛场除了购买上述生产资料和原料、产品等外,需要采购的物品、用品还有很多:遗传物质如冻精;兽药如促排卵素3号(LHRH-A3)、牛乳安(一种干奶药);人工授精与繁殖器械如助产器、发情监测笔、50S Tringa Vet便携式兽用B超仪;收割加工设备如牵引式单搅龙TMR搅拌车;KNZ舔块,糖浆茶叶粉(配制奶牛精料用);挤奶机如转盘式挤奶机,并列式挤奶机;橡胶通道地板及牛床、牛卧栏、荷兰JOZ自动清粪系统、犊牛岛,犊牛饲养栏、湿帘等;饮水设备如MILTI-TWIN自动保温水槽;阿菲牧智能管理软件、牛奶成分分析仪、高效有机肥堆肥设施等。

拓展与延伸

牛场盈利,要具备三大关键点

国际资深营养顾问专家认为,让牛场盈利,要具备三大关键点:第一,对奶牛给予足够的关注,再多都不为过;第二,为牛群提供较好的营养;第三,拥有一个好的工作团队。

任何牛场主要面临三大关键问题:乳房炎、跛足和不孕不育。很多牛场经理只在乎如何削减成本、提高效率,如何挣更多的钱,却忽视了奶牛的感受。如果不了解奶牛的真实需要,那么就根本无法养好奶牛。尝试一下什么都不做,全天观察牛群,你会慢慢发现并掌握它们的喜怒哀乐,今后开展工作也会按奶牛喜欢的方式做。

繁殖问题是全世界的牛场面临的共同问题,不单单是中国。不孕不育不单是疾病问题,而是不良的体况、不良的管理和不良的营养状况的综合表现。我们必须为奶牛提供充足的营养,奶牛只有摄取足够的营养均衡且优质的日粮后,才能有能量开展生产,提高繁殖性能,增强免疫力,升高产奶量等。

规模化牛场的运作需要一个较好的团队,没有任何一个人能够独立完成。兽医、营养师、育种员、牛群管理者等工作人员必须共同努力,相互交流总结,才能将牛场管理好。遇到问题时,彼此间不是推卸责任,而是共同探讨解决方案。

附录一　高产奶牛饲养管理规范（中华人民共和国专业标准）

本规范适用于国营、集体和个体专业户奶牛场高产奶牛群(或个体)的饲养与管理。

1. 总则

1.1 制定本规范的目的,在于维护高产奶牛的健康,延长利用年限,充分发挥其产奶性能,降低饲养成本,增加经济效益。

1.2 本规范主要是针对一个泌乳期305天产奶量6000kg以上、含脂率3.4%(或与此相当的乳脂量)的牛群和个体奶牛。中等产奶水平的牛群或305天产奶10000kg以上的高产奶牛,也可参考使用。

1.3 本规范的各条内容应认真执行。各地也可根据这些条款,因地制宜地制定适合本地区情况的饲养管理技术操作规程。

2. 饲料

2.1 充分利用现有饲料资源,划拨饲料基地,保证饲料供给。一头高产奶牛全年应贮备、供应的饲草、饲料量如下:

a. 青干草:1100~1850kg(应有一定比例的豆科干草)。

b. 玉米青贮:10000~12500kg(或青草、青贮7500kg和青草10000~15000kg)。

c. 块根、块茎及瓜果类:1500~2000kg。

d. 糟渣类:2000~3000kg。

e. 精饲料:2300~4000kg(其中高能量饲料占50%,蛋白质饲料占25%~30%),精饲料的各个品种应做到常年均衡供应。尽可能供给适合本地区的经济、高效的平衡日粮,其中矿物质饲料应占精料量的2%~3%。

2.2 每年应对所喂奶牛的各种饲料进行一次常规营养成分测定,并反复做出饲用及经济价值的鉴定。

2.3 提倡种植豆科及其他牧草。调制禾本科干草,应于抽穗期刈割;豆科或其他干草,在开花期刈割。青干草的含水量在15%以下,绿色,芳香,茎枝柔软,叶片多,杂质少,并应打捆和设棚贮藏,防止营养损失;其切铡长度,应在3cm以上。

2.4 建议不喂青刈玉米,应喂带穗玉米青贮。青贮原料应富含糖分(如甜高粱等),干物质在25%以上。青贮玉米在腊熟期收贮。禾本科野草在结籽前收割。各种含水分较多的根茎类应经风干，或掺入 10% ~ 20% 的糠麸类饲料青贮。也可将豆科和禾本科草混贮。建议用塑料薄膜或青贮塔(窖)贮藏。制成的青贮应呈黄绿色或棕黄色，气味微酸带酒香味。南方应推广青草青贮。

2.5 块根、块茎及瓜果类应尽量用含干物质和糖多的品种，并妥为贮藏，防霉防冻，喂前洗净切成小块。糟渣类饲料除鲜喂外，也可与切碎的秸秆混贮。

2.6 库存精饲料的含水量不得超过 14%，谷实类饲料喂前应粉碎成 1 ~ 2mm 的粗粒或压扁，一次加工不应过多，夏季以 10 天内喂完为宜。

2.7 应重视矿物质饲料的来源和组成。在矿物质饲料中，应有食盐和一定比例的常量和微量矿物盐，如骨粉、白垩(非晶质碳酸钙)、碳酸钙、磷酸二钙、脱氟磷酸盐类及微量元素，并应定期检查饲喂效果。

2.8 配合饲料应根据本地区的饲料资源、各种饲料的营养成分，结合高产奶牛的营养需要，因地制宜地选用饲料，进行加工配制。

2.9 应用商品配(混)合饲料时，必须了解其营养价值。

2.10 应用化学、生物活性等添加剂时，必须了解其作用与安全性。

2.11 严禁饲喂霉烂变质饲料、冰冻饲料、农药残毒污染严重的饲料、被病菌或黄曲霉污染的饲料、黑斑病甘薯和未经处理的发芽马铃薯等有毒饲料，严密清除饲料中的金属异物。

3. 营养需要

3.1 干奶期，日粮干物质应占体重 2.0% ~2.5%，每千克饲料干物质含奶牛能量单位 1.75，粗蛋白 11% ~12%，钙 0.6%，磷 0.3%，精料和粗饲料比为 25∶75，粗纤维含量不少于 20%。

3.2 围产期的分娩前两周，日粮干物质应占体重 2.5% ~3%，每千克饲料干物质含奶牛能量单位 2.00，粗蛋白占 13%，含钙 0.2%，磷 0.3%，分娩后立即改为钙 0.6%，磷 0.3%，精料和粗饲料比为 40∶60，粗纤维含量不少于 23%。

3.3 泌乳盛期，日粮干物质应由占体重 2.5% ~3% 逐渐增加到 3.5% 以上。每千克干物质应含奶牛能量单位 2.40，粗蛋白占 16% ~18%，钙 0.7%，磷 0.45%，精料和粗饲料比由 40∶60 逐渐改为 60∶40，粗纤维含量不少于 15%。

3.4 泌乳中期，日粮干物质应占体重 3.0% ~3.2%，每千克含奶牛能量单位 2.13，粗蛋白占 13%，钙 0.45%，磷 0.4%，精料和粗饲料比为 40∶60，粗纤维含量不少于 17%。

3.5 泌乳后期，日粮干物质应占体重 3.0% ~3.2%，每千克含奶牛能量单位 2.00，粗蛋白占 12%，钙 0.45%，磷 0.35%，精料和粗饲料比为 30∶70，粗纤维含量不少于 20%。

4. 饲养

4.1 干奶期应控制精料喂量，日粮以粗饲料为主，但不应饲喂过量的苜蓿干草和玉米青贮。同时应补喂矿物质、食盐，保证喂给一定数量的长干草。

4.2 围产期必须精心饲养，分娩前两周可逐渐增加精料，但最大喂量不得超过体重的1%。干奶期禁止喂甜菜渣，适当减少其他糟渣类饲料。分娩后1～2天应喂容易消化的饲料，补喂40～60g硫酸钠，自由采食优质饲草，适当控制食盐喂量，不得以凉水饮牛。分娩后3～4天起，可逐渐增喂精料，每天增喂量为0.5～0.8kg，青贮、块根喂量必须控制。分娩2周以后，在奶牛食欲良好、消化正常、恶露排净、乳房生理肿胀消失的情况下，日粮可按标准喂给，并可逐渐加喂青贮、块根类饲料，但应防止糟渣、块根过食和消化机能紊乱。

4.3 泌乳盛期，必须饲喂高能量的饲料，并使高产奶牛保持良好食欲，尽量采食较多的干物质和精料，但不宜过量。适当增加饲喂次数，多喂品质好、适口性强的饲料。在泌乳高峰期，青干草、青贮应自由采食。

4.4 泌乳中、后期，应逐渐减少日粮中的能量和蛋白质。泌乳后期，可适当增加精料，但应防止牛体过肥。

4.5 初孕牛在分娩前2～3个月应转入成母牛群，并按成母牛干奶期的营养水平进行饲喂。分娩后，为维持营养需要，应增加20%，第二胎增加10%。

4.6 全年饲料供给应均衡稳定，冬、夏季日粮不得过于悬殊，饲料必须合理搭配。配合日粮时，各种饲料的最大喂量建议为：

a. 青干草：10kg（不少于3kg）。

b. 青贮：25kg。

c. 青草：50kg（幼嫩优质青草喂量可适当增加）。

d. 糟渣类：10kg（白酒糟不超过5kg）。

e. 块根、块茎及瓜果类：10kg。

f. 玉米、大麦、燕麦、豆饼，各4kg。

g. 小麦麸：3kg。

h. 豆类：1kg。

4.7 泌乳盛期、日产奶量较高或有特殊情况（干奶，妊娠后期）的奶牛，应有明显标志，以便区别对待饲养。饲养必须定时定量，每天喂3～4次，每次饲喂的饲料建议精、粗交替，多次喂给，并在运动场内设补饲槽，供奶牛自由采食饲草。在饲喂过程中，应少喂勤添，防止精料和糟渣饲料过食。

4.8 夏季日粮应适当提高营养浓度，保证供给充足的饮水，降低饲料粗纤维含量，增加精料和蛋白质的比例，并补喂块根、块茎和瓜类饲料；冬季日粮营养应丰富，增加能量饲料，饮水温度应保持在 12℃ ~16℃，不饮冰水。

5. 管理

5.1 奶牛场应建造在地势高燥、采光充足、排水良好、环境幽静、交通方便、没有传染病威胁和三废污染、易于组织防疫的地方，严禁在低洼潮湿、排水不良和人口密集的地方建场。

5.2 牛舍建筑应符合卫生要求，坚固耐用、冬暖夏凉，宽敞明亮，具备良好的清粪排尿系统，舍外设粪尿池。有条件的地方可利用粪尿池制作沼气。

5.3 在牛舍外的向阳面，应设运动场，并和牛舍相通。每头牛占用面积 20 平方米左右。运动场地面应平坦，为沙土地，有一定坡度，四周建有排水沟，场内有荫棚和饮水槽、矿物质补饲槽，四周围栏应坚实、美观，运动场应有专人负责清扫粪便、垫平坑洼、排除污泥积水。

5.4 牛舍和运动场周围应有计划地种树、种草、种花，美化环境，改善奶牛场小气候。

5.5 奶牛场各饲养阶段奶牛应分群（槽）管理，合理安排挤奶、饲喂、饮水、刷拭、打扫卫生、运动、休息等项工作日程，一切生产作业必须在规定时间完成，作息时间不应轻易变动。

5.6 严格执行防疫、检疫和其他兽医卫生制度，定期进行消毒，建立系统的奶牛病历档案；每年定期进行 1 ~2 次健康检查，其中包括酮病、骨营养不良等病的检查；春、秋季各进行一次检蹄、修蹄。建议在犊牛阶段进行去角。

5.7 高产奶牛每天必须铺换褥草，坚持刷拭、清洗乳房和牛体上的粪便污垢，夏季最好每周进行一次水浴或淋浴（气温过高时应每天一至数次），并应采取排风和其他防暑降温措施；冬季防寒保温。

5.8 高产奶牛每天应保持一定时间和距离的缓慢运动。对乳房容积大、行动不便的高产奶牛，可作牵行运动。酷热天气，中午牛舍外温度过高时，应改变放牛和运动时间。

5.9 高产奶牛每胎必须有 60 ~70 天干奶期，建议采用快速干奶法，干奶前用 CMT 法进行隐性乳房炎检查，对强阳性（ ++ 以上）应治疗后干奶，在最末一次挤奶后向每个乳头内注入干奶药剂，干奶后应加强乳房检查与护理。

5.10 高产奶牛产前两周进入产房，对出入产房的奶牛应进行健康检查，建立产房档案。产房必须干燥卫生，无“贼风”。建立产房值班和交接班制度，加强围产期的护理。母牛分娩前，应对其后躯、外阴进行消毒。对于分娩正常的母牛，不得人工助产，如遇难产，兽医应及时处理。

5.11 高产奶牛分娩后，应及早驱使站起，饮以温水，喂以优质青干草，同时用温水或消毒液清洗乳房、后躯和牛尾。然后清除粪便，更换清洁柔软褥草。分娩后 1～1.5h，进行第一次挤奶，但不要挤净，同时观察母牛食欲、粪便及胎衣的排出情况。如发现异常，应及时诊治。分娩两周后，应作酮尿病等检查。如无疾病，食欲正常，可转大群管理。

6. 挤奶

6.1 每年应编制每头奶牛的产奶计划，建议以高产奶牛泌乳曲线作参考，按照每头奶牛的年龄、分娩时间、产奶量、乳脂率以及饲料供应等情况，进行综合估算。

6.2 高产奶牛的挤奶次数，应根据各泌乳阶段、产奶水平而定。每天可挤奶三次，也可根据挤奶量高低，酌情增减。

6.3 挤奶员必须经常修剪指甲，挤奶前穿好工作服，洗净双手，每挤完一头牛应洗净手臂，洗手的水中应加 0.1% 漂白粉。

6.4 奶具使用前后必须彻底清洗、消毒，奶桶及胶垫处必须清洗干净，洗涤时应用冷水冲洗，后用温水冲洗，再用 0.5% 烧碱温水（45℃）刷洗干净，并用清水冲洗，然后进行蒸汽消毒。橡胶制品清洗后用消毒液消毒。

6.5 挤奶环境应保持安静，对牛态度和蔼，挤奶前先拴牛尾，并将牛的后躯、腹部及牛尾清洗干净，然后用 45℃～50℃ 的温水，按先后顺序擦洗乳房、乳头、乳房底部中沟、左右乳区与乳镜，开始时可用带水多的湿毛巾，然后将毛巾扭干自下而上擦干乳房。

6.6 乳房洗净后应进行按摩，待乳房膨胀，乳静脉怒张，出现排乳反射时，即应开始挤奶。第一把挤出的奶含细菌多，应弃去。挤奶时严禁用牛奶或凡士林擦抹乳头，挤奶后还应再次按摩乳房，然后一手托住各乳区底部，另一手把牛奶挤净。初孕牛在妊娠 5 个月以后，应进行乳房按摩，每次 5min，分娩前 10～15 天停止。

6.7 手工挤奶应采用拳握式，开始用力宜轻，速度稍慢，待排乳旺盛时应加快速度，每分钟压挤 80～120 次，每分钟挤奶量不少于 1.5kg。

6.8 每次挤奶必须挤净，先挤健康牛，后挤病牛。牛奶挤净后，擦干乳房，用消毒液浸泡乳头。

6.9 机器挤奶真空压力应控制在 350～380mmHg，搏动器搏动次数每分钟应控制在 60～70 次，在奶少时应对乳房进行自上而下的按摩，并应防止空挤。挤奶结束后，应将挤奶机清洗消毒，然后放在干燥柜内备用。分娩 10 天以内的母牛，或患乳房炎的母牛，应改为手挤，病愈后再恢复机器挤奶。

6.10 认真做好产奶记录，刚挤下的奶必须通过滤器或多层纱布进行过滤，过滤后的牛奶，应在 2h 内冷却到 4℃ 以下，入冷库保藏。过滤用的纱布每次用后应该洗涤消毒，并应定期更换，保持清洁卫生。

6.11 重视培训挤奶人员，并应保持相对稳定，不应轻易更换。

7. 配种

7.1 建立发情预报制度,观察到母牛发情,不论配种与否,均应及时记录。配种前,除作表观、行为观察和黏液鉴定外,还应进行直肠检查,以便根据卵泡发育状况,适时输精。

7.2 高产奶牛分娩后20天,应进行生殖器检查。如有病变,应及时治疗。对超过70天不发情的母牛或发情不正常者,应及时检查,并应从营养和管理方面寻找原因,改善饲养管理。

7.3 高产奶牛产后70天左右开始配种,配准天数不超过90天。初配年龄以15~16月龄,体重为成母牛60%以上为宜。

7.4 合理安排全年产犊计划,尽量做到均衡产犊,在炎热地区的酷暑季节,可适当控制产犊头数。

7.5 高产奶牛应严格按照选配计划,用优良公牛精液进行配种,必须保证种公牛精液的质量。

8. 统计记录

8.1 奶牛场应逐项准确地记载各项生产记录,包括产奶量、乳脂率、配种产犊、生长发育、外貌鉴定、饲料消耗、谱系以及疾病档案(包括防疫、检疫)等。

8.2 根据原始记录,定期进行统计、分析和总结,用于指导生产。

附录二　奶牛场卫生规范(GB 16568—2006)

1. 范围

本标准规定了奶牛场的环境与设施、动物卫生条件、奶牛引进要求、饲养管理、工作人员的健康与卫生、挤奶卫生、鲜奶盛装、贮藏及运输的卫生、免疫与消毒和监测、净化的要求。

本标准适用于所有奶牛饲养场及其所饲养的奶牛。其他奶牛饲养户(点)参照执行。

2. 规范性引用文件

下列文件中的条款通过本标准的引用而成为本标准的条款。凡是注日期的引用文件,其随后所有的修改单(不包括勘误的内容)或修订版均不适用于本标准,然而,鼓励根据本标准达成协议的各方研究是否可使用这些文件的最新版本。凡是不注日期的引用文件,其最新版本适用于本标准。

GB 7959　粪便无害化卫生标准

GB 8978　污水综合排放标准

GB 12693　乳制品企业良好生产规范

GB 16549　畜禽产地检疫规范

NY 5027　无公害食品　畜禽饮用水水质

NY 5030　无公害食品　畜禽饲养兽药使用准则

NY 5032　无公害食品　畜禽饲料和饲料添加剂使用准则

NY 5045　无公害食品　生鲜牛乳

NY 5047　无公害食品　奶牛饲养兽医防疫准则

NY/T 5049　无公害食品　奶牛饲养管理准则

中华人民共和国动物防疫法

3. 环境与设施

3.1　场址

奶牛场应建立在地势平坦、干燥、水质良好、水源充足、无有害污染源的地方,并且远离学校、公共场所、居民区、生活饮用水源保护区及国家、地方法律法规规定需特殊保护的区域。

3.2　布局与设施

3.2.1 场内应分设管理区、生产区,并处在上风向。兽医室、病牛隔离房、粪污处理区应处于下风向。

3.2.2 生产区净道和污道应分开,污道在下风向。

3.2.3 场区内的道路应坚硬、平坦、无积水。牛舍、运动场、道路以外地带应绿化。

3.2.4 场区牛舍应坐北朝南,坚固耐用,宽敞明亮,排水通畅,通风良好,能有效地排出潮湿和污浊的空气,夏季有防暑降温的设施,地面和墙壁应选用便于清洗消毒的材料。

生产区门口地面设有长、宽、深分别不低于 3.8m、3.0m、0.1m 的消毒池,人员进入生产区应通过消毒通道,消毒通道应有地面消毒与紫外线消毒设施。

3.2.5 场区内应设有牛粪尿处理设施,处理后应符合 GB 7959 的规定,排放出场的污水必须符合 GB 8978 的有关规定。

3.2.6 场区内必须设有更衣室、厕所、淋浴室、休息室。更衣室内应按人数配备衣柜。厕所内应有冲水装置、非手动开关的洗手设施和洗手用的清洗剂。

3.2.7 场内必须设有与生产能力相适应的微生物和产品质量检验室,并配备工作所需的仪器设备和经培训后由动物防疫监督机构考核认证的检验人员。

3.2.8 场内需设置危险品专用库房、橱柜,存放有毒、有害物品,并贴有醒目的"有害"标记。在使用危险品时需经专门管理部门核准并在指定人员的严格监督下使用。

3.3 场区的供、排水系统

3.3.1 场区内应有足够的生产用水,水压和水温均应满足生产要求,水质应符合 NY 5027 的规定,若配备贮水设施的,应有防污染措施,并定期清洗、消毒。

3.3.2 场区内应具有良好的排水系统,并不得污染供水系统。

4. 动物卫生条件

奶牛场必须在取得动物防疫监督机构核发的《动物防疫合格证》后方可从事奶牛的生产与经营活动。

5. 奶牛引进要求

5.1 应引进经法定检疫合格,并取得动物检疫合格证明的奶牛,并在引进前和到达后向当地动物防疫监督机构报告。

5.2 引进的奶牛应隔离饲养 45d,经观察无病后方可进入生产区。

6 饲养卫生

6.1 饲料和饲料添加剂

6.1.1 饲料和饲料添加剂的使用应符合 NY 5032 规定的要求,禁止饲喂反刍动物源性肉骨粉。

6.1.2 各种饲草应干净、无杂质。严禁从疫区调运饲草。有条件的,应对饲草进行无公害的消毒。

6.2 兽药的使用

应符合 NY 5030 的要求。

6.3 饮水卫生

应符合 NY 5027 的规定。饮水池应定期清洗、换水。

7. 饲养管理

7.1 饲喂前饲草应铡短，扬弃泥土，清除异物，防止污染；块根、块茎类饲料需清洗、切碎，冬季防冰冻。

7.2 按饲养规范饲喂，不堆槽、不空槽，不喂发霉变质和冰冻饲草饲料。

7.3 每天应清洗牛舍槽道、地面、墙壁，除去褥草、污物、粪便。清洗工作结束后应及时将粪便及污物运送到贮粪场。运动场牛粪派专人每天清扫，集中到贮粪场。

7.4 奶牛场应按照 NY 5047 的规定，加强奶牛饲养的兽医防疫管理。场区内应定期灭蚊、灭蝇、灭鼠，清除杂草，定期消毒所用药液不得直接触及牛体和盛奶用具；每年应结合当地寄生虫病流行情况进行寄生虫病的检查和驱虫；应定期对母牛进行乳腺炎检验，对病牛进行有效的治疗。发现可疑疫情时，依照《中华人民共和国动物防疫法》及有关规定处理并报告疫情。

7.5 场内不得饲养其他家畜、家禽，并防止周围其他畜、禽进入场区。

7.6 奶牛场应定期按 GB 16549 规定的技术要求，对牛群进行临床健康检查。

8. 工作人员的健康与卫生

8.1 场内工作人员每年进行健康检查，取得健康合格证后方可上岗工作。场内有关部门应建立职工健康档案。

8.2 患有下列病症之一者不得从事饲草、饲料收购、加工及饲养、挤奶和防治工作。

——痢疾、伤寒、弯杆菌病、病毒性肝炎等消化道传染病（包括病原携带者）；

——活动性肺结核、布鲁氏菌病；

——化脓性或渗出性皮肤病；

——其他影响人畜健康的疾病。

8.3 挤奶员手部受刀伤或其他开放性外伤，伤口未愈前不能挤奶。

8.4 饲养员和挤奶员工作时必须穿戴工作服、工作帽和工作鞋（靴）。挤奶员工作时不得佩戴饰物和涂抹化妆品，并经常修剪指甲。

8.5 饲养、挤奶人员的工作帽、工作服、工作鞋（靴）应经常清洗，使用前进行消毒；对更衣室、淋浴室、休息室、厕所等公共场所要经常清扫、清洗、消毒。

9. 挤奶卫生

9.1 手工挤奶

9.1.1 刨刷、冲洗牛体。

9.1.2 清除牛床上粪便，固定牛尾。使用40℃~45℃温水清洗乳房，并用干净毛巾擦干，乳头严禁涂布润滑油脂。

9.1.3 挤奶时，第一、第二把奶应弃去，应防止牛排尿或排粪污染牛奶。

9.1.4 挤奶后应对奶牛乳头逐个进行药浴消毒。

9.1.5 按先健康牛、后病牛的顺序挤奶。

9.1.6 病牛的奶，尤其是患乳房炎病牛的奶或使用抗生素后未过休药期的奶，应单独存放，另行处理。

9.1.7 盛奶用具使用前、后必须彻底清洗、消毒。

9.2 机器挤奶

9.2.1 挤奶机在使用时应保持性能良好，贮奶罐及挤奶机使用前应消毒，使用后应及时清洗干净，按操作规定放置。

9.2.2 挤奶前，应检查奶牛是否患病。对病牛尤其是患乳房炎的牛或使用抗生素后未过休药期的牛，不得上机挤奶，应转入手工挤奶，并将挤出的奶单独存放，另行处理。

9.2.3 挤奶前用温水清洗乳房和乳头，并用一次性纸巾擦干。

9.2.4 挤奶后用消毒液喷淋乳头消毒。

10. 鲜奶盛装、贮藏与运输卫生

10.1 鲜奶应设单间存放，与牛舍隔离，并且有防尘、防蝇、防鼠的设施。

10.2 鲜奶必须由过滤器或多层纱布进行过滤才能装入容器贮藏，2h内应冷却到0℃~4℃。

10.3 装运鲜奶的奶槽车或桶的卫生应符合GB 12693中的有关规定。

10.4 鲜奶从挤出至加工前防止污染，质量应符合NY 5045的规定。

11. 免疫与消毒

11.1 应严格按国家规定对奶牛实施免疫，但不得免疫接种布氏杆菌疫苗。

11.2 奶牛场应建立健全消毒制度。消毒工作按照NY/T 5049的规定执行。

12. 监测与净化

12.1 奶牛场每年应依法接受县级以上动物防疫监督机构的定期监测，对检出的结核病、布鲁氏菌病等疫病阳性奶牛及其产品应坚决予以销毁。

12.2 动物防疫监督机构对临床检查未见异常且监测合格的奶牛发放奶牛健康合格证。

12.3 奶牛场奶牛应逐头建立奶牛健康档案，如实记录奶牛健康情况、用药情况、免疫情况、监测情况等。

主要参考文献

[1] 昝林森. 牛生产学[M]. 2版. 北京:中国农业出版社,2007.

[2] 宋连喜. 牛生产[M]. 中国农业大学出版社,2007.

[3] 秦志锐. 科学养牛指南[M]. 北京:金盾出版社 ,2004.

[4] 李建国. 现代奶牛生产 [M]. 北京:中国农业大学出版社,2007.

[5] 冀一伦. 实用养牛科学[M]. 2版. 北京:中国农业出版社,2010.

[6] 付昌秀. 养牛关键技术[M]. 2版. 成都:四川科学技术出版社,2008.

[7] 朱永和,王千里. 肉牛快速养殖关键技术问答[M]. 北京:中国林业出版社,2008.

[8] 梁学武. 现代奶牛生产[M]. 北京:中国农业出版社 ,2002.

[9] 莫放. 养牛生产学[M]. 北京:中国农业大学出版社,2003.

[10] 陈幼春,吴克谦. 实用养牛大全[M]. 北京:中国农业出版社,2007.

[11] 田振洪,孙国强. 奶牛饲养新技术[M]. 北京:中国农业出版社,2004.

[12] 韩正康. 家畜生理学[M]. 北京:中国农业出版社,2001.

[13] 张忠诚. 家畜繁殖学[M]. 北京:中国农业出版社,2000.

[14] 岳文斌. 动物繁殖新技术[M]. 北京:中国农业出版社,2003.

[15] 王建华. 家畜内科学[M]. 北京:中国农业出版社,2002.

[16] 黄应样. 奶牛养殖与环境监控[M]. 北京:中国农业大学出版社,2004.

[17] 刁其玉. 奶牛规模养殖技术[M]. 北京:中国农业科学技术出版社,2003.

[18] 黄应祥. 肉牛无公害综合饲养技术[M]. 北京:中国农业出版社,2003.

[19] 蒋洪茂. 肉牛快速肥育实用技术[M]. 北京:金盾出版社,2003.

[20] 蒋国材. 养牛全书[M]. 成都:四川科技出版社,2003.

[24] 岳文斌. 高档肉牛生产大全[M]. 北京:中国农业出版社,2003.

[25] 李建国. 奶牛饲养与繁殖技术指南[M]. 北京:中国农业大学出版社,2003.

[26] 张卫宪. 当代养牛与牛疾病防治技术大全[M]. 北京:中国农业科学技术出版社,2006.

[27] 昝林森. 牛生产学 [M]. 北京:中国农业出版社,1999.

[28] 丁洪涛. 牛生产[M]. 北京:中国农业出版社,2008.